伝統が誇る 米沢牛

この美味さに歴史あり

成

言葉で有名な名君、上杉鷹山公が国の教師のチャールズ・ヘンリー・ダラス氏は、「興譲館」。ここで教鞭をとった英米沢への滞在中、自分が連れてきたコックの万吉に米沢牛の料理をオーダーして食べていました。米沢牛のおいしさには大変感激していたようです。4年間の任期を終え横浜に帰る際、コックの万吉に店を持たせたのが米沢での牛肉店の始まりとなりました。米沢牛の味を多くの人に知って欲しかったのでしょう。

米沢牛銘柄推進協議会

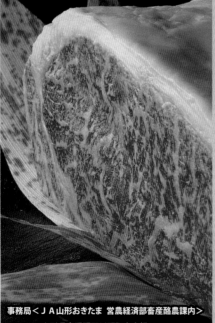

米沢牛
YONEZAWAGYU
登録日 2017/03/03
山形県 置賜地域
（米沢市、南陽市、長井市、
高畠町、川西町、飯豊町、
白鷹町、小国町）

事務局＜ＪＡ山形おきたま 営農経済部畜産酪農課内＞
山形県東置賜郡川西町上小松978-1
TEL.0238-46-5303 FAX.0238-46-5312
http://yonezawagyu.jp

米

沢は、山形県南部の置賜地方に位置し、南に吾妻、西に飯豊と四方を高い山々に囲まれ、夏は暑く、冬は寒いという季節間の寒暖差がある盆地特有の気候風土であります。最上川源流域の豊かな水資源に恵まれた肥沃な土地は、このような気候風土と相俟って、おいしい果物、野菜、米を育んで豊かな実りをもたらしてくれます。

このすばらしい肉牛を育てる環境に、先人が培った飼育技術が相俟って、肉牛は生後32ヶ月令以上の出荷されるまでの間米沢の自然を背に受けじっくりと育てられます。愛情を持って優しく健康に育てられた牛の肉質は最高級。霜降りには豊かな香りとほどよい溶け具合の旨味があり、一度食したものの心を引き付けます。米沢の人と自然と大地とが育む逸品、これこそが「米沢牛」なのです。

DELICIOUS SHINSHU GOURMET

りんご和牛

信州牛

奥信濃もの語り。

信州は、太古の昔から畜産の盛んな国でした。清流と山稜に仕切られた大地には古代朝廷の直轄牧場が置かれ、官牧三十二牧のうち実に十六牧が信州にあったといわれています。

やがてその大地には、桑や稲とともに、りんごが豊かに実るようになりました。

このりんごを食べさせると良い牛が育つことは、昔から奥信濃で広く知られていました。その伝統を優れた技術によって現代によみがえらせたのが『りんご和牛信州牛』なのです。

厳選した和牛を特製のりんご入り飼料を主として育てたりんご和牛信州牛は、良質の霜降りぐあい、キレのある味わい、独特の芳香と素晴らしい色合いを兼ね備えています。

また、りんご和牛信州牛の高い品質を保持し、安心して召し上がっていただけるよう、生産から処理加工、販売に至るまで一貫したシステムにより皆様のお手許にお届けしています。

牛肉の最高傑作『りんご和牛信州牛』、是非一度ご賞味下さい。

信州牛生産販売協議会

銘柄牛肉ハンドブック 2021　　目次

牛の主な品種

㈳日本食肉協議会「世界家畜図鑑」より
写真提供：（独）家畜改良センター、山口県農林部畜産課

黒 毛 和 種 【Japanese Black】

　黒毛和種は、古くは中国、近畿地方を主産地とする役肉用牛であったが、現在では全国に広く分布する、わが国肉用種の主流である。

　和牛の他の品種に比較して体がよくしまり、四肢強健であるが、体の幅や後躯に充実を欠くことが欠点とされている。毛色は黒毛ではあるが、毛先は褐色を帯び黒褐色に見える。

　平均的に脂肪交雑、肉の色沢、肉のきめおよび締まりなどの肉質形質に優れた遺伝的特性をもっている。肉量においても、販売可能な正肉の歩留において優れている。脂肪に関係した特徴においても、その分配、分布のパターンに独特のものがあるようであり、肉のうま味と関連していると考えられるクリーム色を帯びたねばりのある脂肪を蓄積する。「神戸ビーフ」「松阪牛」「近江牛」などのブランド名で売られる最高級の牛肉を主として生産する「但馬牛」は、黒毛和種の中でも特異な系統である。このような肉質形質における優れた遺伝子がどこから由来したかは興味のもたれる点であるが、古くから飼われてきた在来の和牛の伝えてきた能力である可能性が強く、これは朝鮮半島およびアジア大陸北部に起源をもつ品種とも共通していると想像される。

褐 毛 和 種 【Japanese Brown】

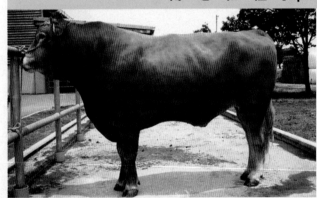

　熊本系の褐毛和種は主産地の熊本県を初め、静岡県、宮城県、秋田県、北海道などに分布している肉用種である。

　明治時代に熊本県下に飼われてきた和牛に、デボンの雄が交雑され、1907年以降はシンメンタールの雄に切り換えて交雑が進められ、それらの交雑種から選抜して「肥後牛」の基礎が固められたものである。

　体格は黒毛和種や褐毛和種の高知系の牛よりも大型を目標にしている。体積および発育には優れたものをもち、性質が温順で役用能力も優れていたため、かつては関東および東北地方の畑作地域でかなり飼育されていた。毛色は一毛で、一般に黄褐色ないし赤褐色で高知系よりうすいものが多い。

　能力面では、増体能力や飼料の利用性に見るべきものがあるが、産肉能力の中で重視されている脂肪交雑形質やその他の肉質形質において黒毛和種に比較すれば劣る点があると考えられ、肉市場での評価はあまり高くない。

　高知県の褐毛和種は、毛色によって品種区分が行われたために熊本系と共に褐毛和種として認定されたが、本系統の成立過程は、熊本来とかなり異なっている。その特徴は韓牛の影響が強く、かつては「改良韓国（朝鮮）種」と呼ばれたことがある点である。

　体格は黒毛和種と同じ程度のものを標準としており、一般に体積豊かで、発育はよいが、体躯がゆる目なものが多い。肉質面でも脂肪交雑形質において優れた雄牛が作出されている。また、重要な形質の一つであるロース芯面積においてもすばらしい結果が出されている。

無 角 和 種 【Japanese Polled】

　無角和種の作出は、元農林省畜産試験場中国市場にスコットランドからアバディーン・アンガスの雄が導入され、これを和牛と交配して得た雑種雄が1920年に山口県阿武郡に貸与されたことが発端となっている。その後、さらに同品種の雄を導入し、アバディーン・アンガスの特徴である無角性や肉用牛体型をそなえた「無角防長種」の造成が図られ、1944年に和牛の一品種と認められるに至った。

　体格はほぼ黒毛和種と同じ目標が設定されているが、体重の標準値はやや大きい。毛色は黒毛和種より濃い黒色で無角である。

　能力面では、アバディーン・アンガス同様に早熟で、飼料の利用性に優れたものをもっている。また、増体能力も優れている。肉用牛らしい体型が評価され和牛の中の優等生的存在として期待を集めたが、肉市場において脂肪交雑や肉のきめに関して劣る点があること、枝肉が厚脂気味となることなどを理由にあまり高い評価が得られず衰退した。

日 本 短 角 種 【Japanese Shorthorn】

　わが国にショートホーンが導入されたのは1871年ころといわれているが、乳用および肉用のショートホーン雄が混用された。本種は和牛の他の3品種と異なり乳肉兼用種として改良していくことが考えられた時期があり、結局飼育目的を肉用にしばってきた経緯がある。また、固定した品種と認められたのも1957年で、飼育地域全域で統一した改良に着手した時期が遅い。従って和牛の中では一番若い品種である。

　体格は和牛としては比較的大型なサイズを標準としている。毛色は濃淡様々の褐色で体下部に白斑のあるものも多い。また、褐および白色の毛が混じって生える和毛のものもいる。

　肉用種としての能力で特に注目されるのは放牧能力に優れており、粗飼料の利用性が優れている。産肉能力に関しては増体の点では優れているが、肉のきめがあらく、脂肪交雑形質では黒毛和種より劣るといわれる。また、皮下および体腔内や内臓への脂肪蓄積が多いことも肉市場における評価が低い理由とされている。しかし、東北地方の放牧形式による肉牛生産に向く牛として、生産地の愛好は強いものがある。

ア ン ガ ス 【Angus】

イギリスの北スコットランドを原産地とする肉用種の３大ブリティシユ・ブリードの一つである。無角の土産牛から発し、1830 年ころから育種家ウイリアム・マックコムビルがアンガス州とアバディーン州の２つの系統を計画的に交配することによって本品種の素地を築いたといわれている。

体格は小格ないし中格で、体型は肉付厚く豊円で、全体の輪郭は丸昧を帯び、「地低く」で典型的な肉牛型である。毛色は黒毛で、無角であることが大きな特徴である。褐毛の遺伝子も存在するために毛色の褐色のものはレッド・アンガスとして別品種に分けられている。無角の遺伝子を利用して、集団飼育に適した新品種の造成に使われることもあった。

能力面では、体成熟、性成熟の両面において早熟であり、外国種の中では肉質特に脂肪交雑形質に優れており、厳しい自然環境の北スコットランド原産であるため粗飼料の利用性に優れた特徴があり、いわゆる「草に乗りやすい牛」と評価されている。泌乳能力も肉用種としては良好であるが、性質がやや神経質で管理上注意を要する点がある。

本品種はアメリカを初め世界の各地に分布しているが、わが国にも 1916 年に導入され無角和種の造成に貢献している。

ヘ レ フ ォ ー ド 【Hereford】

肉用種の３大ブリティシユ・ブリードの一つで、イングランド西南部のヘレフオード州が原産地である。由来は定かではないがこの地域で数百年も前から飼われていた在来牛を 18 世紀から肉用種として改良し、熟性を早め、1846 年から登録が開始された歴史の古い品種である。

体格は肉用種としては大きい方であるが、牛全体から見れば中型に入る。顔は四角で全体に幅があり、骨太で頑健そのものの体付きをしている。毛色は体上部が頸、肩を除き濃い赤褐色で、体下部や尾房が白いことがこの品種の特徴である。また、優性の白頭遺伝子をもつために頭部が白く、その特徴は交雑した子牛にも明確に現われる。

産肉能力においては、増体も比較的速く、赤肉の量も多いが、早熟になりすぎたためか厚い皮下脂肪がつきやすく、肉のきめがやや粗い。脂肪交雑形質については外国における要求水準は満たせるが、比較的低い方である。この品種が世界各地に広がり、大きな飼養頭数を維持しているのは、非常に強健で、暑さ、寒さ、乾燥などの苛酷な自然条件によく適応し、粗悪な飼料に耐えるためである。また、鈍重ともみえるほど性質も温和である。

シャロレー【Charolais】

フランス中部の高原地帯に西暦前ローマ人が侵攻したときに持ちこんだという在来種を役用に改良し、後これが肉用種に転じた。重粘な土壌を耕すためには大型の力の強い役牛が必要であったことと、フランスでは牛肉としてほとんど脂肪を除去することなどから、このような需要に適した筋肉質で肉脂率の優れた品種が作出されたと考えられる。

体格は大型で、体の幅や伸びに富む堂々とした体積の牛である。尻は傾斜し丸尻となっているが腿はよく充実している。毛色は乳白単色で、鼻鏡や蹄は黒い。有角の品種である。

産肉能力では増体速度が大きく、脂肪の少ない枝肉を生産する。いわゆる赤肉タイプの牛である。

わが国にも1960年に導入され、和牛やホルスタインとの交雑に用いられたが、食肉市場の要求する肉質に適さず、次第に衰退した。

ホルスタイン【HOlstein】

ヨーロッパの各地に広く分布する黒白斑牛が乳肉兼用の品種として成立したのはオランダのフリースランドである。ところが、アメリカにこの種の牛が初めて輸入されたのはドイツのホルスタイン地方からであって、これを基に乳専用種としての改良が開始され、アメリカでの呼び名は「ホルスタイン」が使われた。わが国へは原産地のヨーロッパからよりも、北アメリカ大陸から乳用種として改良されたものが導入されたので「ホルスタイン」の名が一般的に使われている。

ホルスタインは約2000年以上前にドイツからオランダへの移住民が伴った牛が基になっている最も歴史の古い品種である。

この品種の長い歴史と広範囲におよぶ分布が原因となって体格や体型上の特徴は各国でかなり異なっている。ヨーロッパで飼われている牛は、だいたい中型で肉牛兼用種としての特徴を示しているが、北アメリカ大陸に入りアメリカやカナダで乳専用種として改良されたものは、大型で乳用種の特徴であるくさび型の体型をしている。当然わが国で飼われているホルスタインもこの系列に入る。

能力上の特徴は簡単に表現すれば乳量が多く、乳脂率が低いことである。最近重要視されている搾乳性の点でも搾乳速度が大きく、全般的に乳用牛としての性能が優れている。外貌上の品種特性は黒白斑あるいは白黒斑であり、優性白斑の遺伝子があるために体下部、四肢の下部、尾房の先端などが白になる。一般に有角で、管理上除角する場合が多いが、イギリスでは遺伝的に無角のものが作られている。

本書で紹介する銘柄牛肉は、全国のすべての銘柄を網羅するものではありませんが、各都道府県畜産課や生産組合等にアンケートを実施して集まった銘柄について掲載しております。

項目の中で説明が必要なものを下記に記します。

●品　　種

4～7ページを参照して下さい。

●品質規格

食肉処理施設では、公益社団法人日本食肉格付協会の格付員が、生産された牛肉について「日格協枝肉取引規格」に基づき格付を行っています。

この枝肉取引規格では、牛肉の品質について「歩留まり等級」（歩留まりが良いものから順にＡ、Ｂ、Ｃの３等級）および「肉質等級」（肉質が良いものから順に５、４、３、２、１の５等級）の２つの視点で評価されます。ですから、Ａ５が最も上等な牛肉で、Ｃ１が最も劣る牛肉といえます。ちなみに「肉質等級」は脂肪交雑、肉の色沢、肉の絞りおよびキメ、脂肪の色沢と質の４項目について５段階評価をし、４項目の中で最も低い等級で示されます。

●出荷量

年間の出荷頭数を指します。

●ハンドブックに掲載された銘柄牛肉の種類の推移

1999 年 3 月　１３９銘柄

2003 年 3 月　１８９銘柄

2005 年 3 月　２２９銘柄

2009 年 1 月　２５０銘柄

2011 年 4 月　３００銘柄

2013 年 4 月　３２１銘柄

2015 年 4 月　３２７銘柄

2017 年 4 月　３４９銘柄

2019 年 4 月　３６７銘柄

2021 年 3 月　３７７銘柄

北 海 道

いけだ牛
（いけだぎゅう）

品種または 交雑種の交配様式
褐毛和種

飼育管理
出荷月齢 　：約24カ月齢 指定肥育地 　：－ 飼料の内容 　：自家産乾草、国産稲わら、配合 　　飼料

GI登録・農場HACCP・JGAP
ＧＩ登　録：無 農場HACCP：無 ＪＧＡＰ：無

販売指定店制度について
指定店制度：無 販促ツール：－

商標登録の有無：有（地域団体商標）
登録取得年月日：2013 年 3 月 15 日
銘柄規約の有無：有
規約設定年月日：－
規約改定年月日：－

主な流通経路および販売窓口

◆主なと畜場
　：池田町食肉センター
　　一部は北海道畜産公社　十勝工
　　場
◆主な処理場
　：同上

◆格付等級
　：日本食肉格付規格による
◆年間出荷頭数
　：250 頭
◆主要取扱企業
　：－

◆輸出実績国・地域
　：－

◆今後の輸出意欲
　：－

特長	●ほどよい霜降りがありながら、余分な脂肪が少ない。風味が豊かで軟らかい。 ●ヘルシーでおいしい牛肉を手ごろな値段で提供。

概要	管 理 主 体：十勝池田町農業協同組合 　　　　　　　和牛生産組合あか牛部会 代 表 者：神谷　雅之 所 在 地：中川郡池田町字利別本町1	電　　　　　話：01557-2-3131 Ｆ　Ａ　Ｘ：01557-2-3519 Ｕ　Ｒ　Ｌ：－ メールアドレス：－

北 海 道

うらほろ和牛
（うらほろわぎゅう）

品種または 交雑種の交配様式
黒毛和種

飼育管理
出荷月齢 　：28～30カ月齢 指定肥育地 　：浦幌町 飼料の内容 　：配合飼料等には肉骨粉由来原料が含まれ 　　ていないことが確認されたもの。粗飼 　　料は国内産の牧草、稲わら麦かんなど。

GI登録・農場HACCP・JGAP
ＧＩ登　録：無 農場HACCP：無 ＪＧＡＰ：無

販売指定店制度について
指定店制度：無 販促ツール：－

商標登録の有無：無
登録取得年月日：－
銘柄規約の有無：無
規約設定年月日：－
規約改定年月日：－

主な流通経路および販売窓口

◆主なと畜場
　：北海道畜産公社　十勝工場

◆主な処理場
　：同上

◆格付等級
　：A3 等級以上
◆年間出荷頭数
　：100 頭
◆主要取扱企業
　：ホクレン

◆輸出実績国・地域
　：－

◆今後の輸出意欲
　：－

特長	●高級牛肉で知られる兵庫や宮崎の優れた血統の牛から生まれた子牛を北海 　道十勝の大自然の中で大切に育てました。

概要	管 理 主 体：浦幌町和牛改良組合 代 表 者：田野　敏規 所 在 地：十勝郡浦幌町字新町 15-1	電　　　　　話：015-576-4011 Ｆ　Ａ　Ｘ：015-576-4626 Ｕ　Ｒ　Ｌ：－ メールアドレス：－

北海道

えりもたんかくぎゅう
えりも短角牛

品種または交雑種の交配様式	
日本短角種	

飼育管理	
出荷月齢	：27カ月齢前後
指定肥育地	：えりも町・高橋牧場
飼料の内容	：遺伝子組み換えをしないもの。収穫後に農薬散布されていないもの

GI登録・農場HACCP・JGAP	
GI登録：－	
農場HACCP：－	
JGAP：－	

販売指定店制度について	
指定店制度：－	
販促ツール：－	

商標登録の有無：－	
登録取得年月日：－	
銘柄規約の有無：－	
規約設定年月日：－	
規約改定年月日：－	

主な流通経路および販売窓口
◆主なと畜場：北海道畜産公社　道央事業所
◆主な処理場：同上
◆格付等級：－
◆年間出荷頭数：80頭
◆主要取扱企業：－
◆輸出実績国・地域：－
◆今後の輸出意欲：有

特長	●えりもの自然を活かし、「夏山冬里」方式で親子で放牧され、肥育牛は2シーズン放牧される。 ●赤身主体で、高タンパク・ヘルシーでありながら、うまみの濃い赤みと脂身で食べたときに牛肉の力強さを感じられる肉。

概要	管理主体：短角王国　高橋牧場	電話：01466-3-1129
	代表者：高橋　祐之	FAX：01466-3-1642
	所在地：幌泉郡えりも町字東洋159-6	URL：www.erimotankaku.jp メールアドレス：mabuntto@wave.plala.or.jp

北海道

おとふけちょうすずらんわぎゅう
音更町すずらん和牛

音更町
すずらん和牛

品種または交雑種の交配様式	
黒毛和種	

飼育管理	
出荷月齢	：28〜32カ月齢前後
指定肥育地	：－
飼料の内容	：－

GI登録・農場HACCP・JGAP	
GI登録：無	
農場HACCP：無	
JGAP：無	

販売指定店制度について	
指定店制度：有	
販促ツール：条件付きで有り	

商標登録の有無：有	
登録取得年月日：－	
銘柄規約の有無：無	
規約設定年月日：－	
規約改定年月日：－	

主な流通経路および販売窓口
◆主なと畜場：北海道畜産公社　十勝工場
◆主な処理場：藤原産業
◆格付等級：－
◆年間出荷頭数：160頭
◆主要取扱企業：－
◆輸出実績国・地域：－
◆今後の輸出意欲：－

特長	●地元生産の子牛を主体とし、十勝の雄大な大地の下でのびのび健康に育てられている。

概要	管理主体：音更町和牛生産改良組合肥育部会	電話：0155-42-2131
	代表者：葛巻　信也	FAX：0155-42-2727
	所在地：河東郡音更町大通5-1（JA音更内）	URL：－ メールアドレス：－

品種または 交雑種の交配様式	北　海　道	主な流通経路および販売窓口
黒毛和種	おほーつくあばしりわぎゅう **オホーツクあばしり和牛**	◆主なと畜場 ：北海道畜産公社、東京都食肉市場

北　海　道

おほーつくあばしりわぎゅう
オホーツクあばしり和牛

品種または 交雑種の交配様式
黒毛和種

飼育管理
出荷月齢 ：26～30カ月齢前後 指定肥育地 ：－ 飼料の内容 ：厳選した飼料を与える

GI登録・農場HACCP・JGAP
ＧＩ登録：無 農場HACCP：無 ＪＧＡＰ：無

販売指定店制度について
指定店制度：無 販売促進ツール：条件付きで有り

商標登録の有無：有
登録取得年月日：－
銘柄規約の有無：有
規約設定年月日：－
規約改定年月日：－

主な流通経路および販売窓口

◆主なと畜場
：北海道畜産公社、東京都食肉市場
◆主な処理場
：同上

◆格付等級
：3等級以上、B.M.S.No.5以上
◆年間出荷頭数
：100頭
◆主要取扱企業
：ホクレン、田村精肉店

◆輸出実績国・地域
：－

◆今後の輸出意欲
：－

特長：●オホーツクの自然に育まれた素牛に、牛の持っている能力（血統）を発揮させるために厳選した飼料を与え、さらに旨みを出すため米ぬかを添加し、丹精込めて消費者の好むおいしい肉牛づくりに切磋琢磨し、取り組んでいる。平成20年7月に一般商標登録（マーク）した網走ブランドの和牛。

概要	管理主体：オホーツクあばしり和牛生産改良組合 代表者：佐藤　裕之 所在地：網走市南四条東2-10	電話：0152-45-5523 FAX：0152-44-8113 URL：ja-okhotskabashiri.or.jp メールアドレス：－

北　海　道

おほーつくはまなすぎゅう
オホーツクはまなす牛

品種または 交雑種の交配様式
乳用種肥育牛

飼育管理
出荷月齢 ：18カ月齢平均 指定肥育地 ：－ 飼料の内容 ：牛の健康のために「アルギフローラ」を飼料に添加

GI登録・農場HACCP・JGAP
ＧＩ登録：－ 農場HACCP：－ ＪＧＡＰ：－

販売指定店制度について
指定店制度：無 販売促進ツール：シール、のぼり、はっぴなど

商標登録の有無：無
登録取得年月日：－
銘柄規約の有無：無
規約設定年月日：－
規約改定年月日：－

主な流通経路および販売窓口

◆主なと畜場
：北海道畜産公社　北見事業所

◆主な処理場
：同上
◆格付等級
：日本食肉格付協会が格付したもの
◆年間出荷頭数
：3,000頭
◆主要取扱企業
：ホクレン

◆輸出実績国・地域
：－

◆今後の輸出意欲
：無

特長：●オホーツク海の風を浴び、恵まれた大自然の中で一貫生産を行っている。
●牛の健康のために「アルギフローラ」を飼料に添加し、丈夫な体づくりをし、健康でおいしい牛肉に仕上げている。

概要	管理主体：JAオホーツクはまなす 代表者：永峰　勝利 所在地：紋別市落石町4-8-9	電話：0158-23-5272 FAX：0158-23-7330 URL：－ メールアドレス：－

北　海　道

かみふらの和牛

かみふらのわぎゅう

品種または交雑種の交配様式	主な流通経路および販売窓口

品種または交雑種の交配様式

黒毛和種

飼育管理

出荷月齢
：30カ月齢前後
指定肥育地
：明正グループ企業（上富良野町）
飼料の内容
：明正ブレンド（指定配合飼料）

GI登録・農場HACCP・JGAP

ＧＩ登　録：無
農場HACCP：無
ＪＧＡＰ：無

販売指定店制度について

指定店制度：無
販促ツール：有

商標登録の有無：有
登録取得年月日：2011年 4月28日
銘柄規約の有無：無
規約設定年月日：－
規約改定年月日：－

主な流通経路および販売窓口

- 主なと畜場
  ：北海道畜産公社、東京都食肉市場、越谷食肉センター
- 主な処理場
  ：伊藤ハム東京ミートセンター、北海道畜産公社、東京都食肉市場
- 格付等級
  ：A3等級以上
- 年間出荷頭数
  ：2,000頭
- 主要取扱企業
  ：伊藤ハム

- 輸出実績国・地域
  ：タイ、台湾

- 今後の輸出意欲
  ：－

特長

- 北海道産の健康な子牛を素材に、大雪山系十勝岳連峰の麓である上富良野町で大自然の恵みを十分に得た水と空気の中でのびのびと育った牛。
- 農場スタッフと管理獣医師が牛群ドックを経時的に実施して牛の健康を管理し、動物福祉に適した飼育方法を特色としている。
- 飼料は安全確認されたこだわりの自家配合と、良質な粗飼料をふんだんに給餌し、より品質のよい牛にするべく努力している。
- 「商標登録　第5409634号」

概要

管理主体	：㈲明正（めいしょう）	電話	：0167-45-5168
代表者	：谷口　明	ＦＡＸ	：0167-45-4545
所在地	：空知郡上富良野町東3線北26	ＵＲＬ	：meishou.jp
		メールアドレス	：meisyou@orange.zero.jp

北　海　道

キタウシリ

きたうしり

品種または交雑種の交配様式

ホルスタイン種

飼育管理

出荷月齢
：ホルスタイン種20カ月齢
指定肥育地
：北海道全域
飼料の内容
：北海道産の飼料米を使用

GI登録・農場HACCP・JGAP

ＧＩ登　録：無
農場HACCP：無
ＪＧＡＰ：無

販売指定店制度について

指定店制度：無
販促ツール：有

商標登録の有無：有
登録取得年月日：2017年 10月
銘柄規約の有無：無
規約設定年月日：－
規約改定年月日：－

主な流通経路および販売窓口

- 主なと畜場
  ：北海道チクレンミート北見食肉センター
- 主な処理場
  ：北海道チクレンミート北見工場

- 格付等級
  ：2等級以上
- 年間出荷頭数
  ：8,500頭
- 主要取扱企業
  ：ハム・ソーセージメーカー

- 輸出実績国・地域
  ：タイ

- 今後の輸出意欲
  ：有

特長

- 生産からと畜、加工、販売まで一貫システムを確立。

概要

管理主体	：北海道チクレン農業協同組合連合会	電話	：011-809-5121
代表者	：伊藤　重敏　代表理事理事長	ＦＡＸ	：011-809-5129
所在地	：札幌市厚別区厚別東5条1-2-29	ＵＲＬ	：www.chikuren.or.jp
		メールアドレス	：h-chiku@chikuren.or.jp

品種または 交雑種の交配様式		北　海　道		主な流通経路および販売窓口	

北　海　道

きたさとやくもぎゅう
北里八雲牛

品種または交雑種の交配様式
日本短角種 交雑種（日本短角種雌 × サレール種雄）

飼育管理
出荷月齢 　：28カ月齢平均 指定肥育地 　：北海道八雲町限定区域 飼料の内容 　：夏期は放牧、冬期は自家産サイ 　　レージのみ

GI登録・農場HACCP・JGAP
ＧＩ登　録：無 農場HACCP：無 ＪＧＡＰ：無

販売指定店制度について
指定店制度　：無 販促ツール　：シール、のぼり、 　　　　　　　パンフレット

商標登録の有無：有
登録取得年月日：2004 年 2 月 20 日
銘柄規約の有無：有
規約設定年月日：2014 年 10 月 1 日
規約改定年月日：－

主な流通経路および販売窓口

◆ 主なと畜場
　：北海道畜産公社　十勝工場

◆ 主な処理場
　：北海道畜産公社　十勝工場、マ
　　ルハニチロ　十勝事業所
◆ 格付等級
　：B2 等級
◆ 年間出荷頭数
　：70 頭
◆ 主要取扱企業
　：マルハニチロ、小島商店

◆ 輸出実績国・地域
　：無

◆ 今後の輸出意欲
　：有

特長
● 一般的な格付に左右されない究極の赤身牛肉。
● 太陽の光をいっぱい浴び、牧草と自給飼料のみで生産。

概要	管　理　主　体　：北里大学獣医学部附属　フィール 　　　　　　　　　ドサイエンスセンター八雲牧場 代　表　者　：髙井　伸二　牧場長 所　在　地　：二海郡八雲町上八雲 751	電　　　　　話　：0137-63-4362 Ｆ　Ａ　Ｘ　：0137-62-3042 Ｕ　Ｒ　Ｌ　：www.kitasato-u-fsc.jp メールアドレス　：－

北　海　道

きたのいっぴん　やくもくろげわぎゅう
北の逸品 八雲黒毛和牛

品種または交雑種の交配様式
黒毛和種

飼育管理
出荷月齢 　：30カ月齢 指定肥育地 　：自社牧場 飼料の内容 　：配合＋米ぬか＋ビールかす等

GI登録・農場HACCP・JGAP
ＧＩ登　録：無 農場HACCP：無 ＪＧＡＰ：無

販売指定店制度について
指定店制度　：無 販促ツール　：－

商標登録の有無：有
登録取得年月日：2012 年 4 月 6 日
銘柄規約の有無：無
規約設定年月日：－
規約改定年月日：－

主な流通経路および販売窓口

◆ 主なと畜場
　：北海道畜産公社早来工場

◆ 主な処理場
　：平野畜産、札幌ミートセンター

◆ 格付等級
　：－
◆ 年間出荷頭数
　：20 頭
◆ 主要取扱企業
　：平野畜産、札幌ミートセンター

◆ 輸出実績国・地域
　：無

◆ 今後の輸出意欲
　：－

特長
● 肥育期間 30 カ月。

概要	管　理　主　体　：㈱平野畜産 代　表　者　：小栗　雅人 所　在　地　：二海郡八雲町東町 236-35	電　　　　　話　：0137-66-7000 Ｆ　Ａ　Ｘ　：0137-65-6707 Ｕ　Ｒ　Ｌ　：－ メールアドレス　：hft@mbr.nifty.com

北 海 道

北の情熱　八雲牛
（きたのじょうねつ　やくもぎゅう）

品種または交雑種の交配様式
交雑種 （ホルスタイン種 × 黒毛和種）

飼育管理
出荷月齢 　：26カ月齢 指定肥育地 　：八雲町内 飼料の内容 　：配合＋米ぬか＋ビールかす等

GI登録・農場HACCP・JGAP
ＧＩ登　録：無 農場HACCP：無 ＪＧＡＰ：無

販売指定店制度について
指 定 店 制 度 ：無 販 促 ツ ー ル ：－

商標登録の有無：有
登録取得年月日：2012 年 4 月 6 日
銘柄規約の有無：無
規約設定年月日：－
規約改定年月日：－

主な流通経路および販売窓口
◆主なと畜場 　：北海道畜産公社早来工場 ◆主な処理場 　：平野畜産　札幌ミートセンター ◆格付等級 　：－ ◆年間出荷頭数 　：30 頭 ◆主要取扱企業 　：平野畜産、札幌ミートセンター ◆輸出実績国・地域 　：無 ◆今後の輸出意欲 　：－

特長
●肥育期間 28 カ月。

概要	管 理 主 体 ：㈱平野畜産 代　表　者 ：小栗　雅人 所　在　地 ：二海郡八雲町東町 236-35	電　　　　話 ： 0137-66-7000 Ｆ　Ａ　Ｘ ： 0137-65-6707 Ｕ　Ｒ　Ｌ ： － メールアドレス ： hft@mbr.nifty.com

---

北 海 道

北　見　和　牛
（きたみわぎゅう）

品種または交雑種の交配様式
黒毛和種

飼育管理
出荷月齢 　：30カ月齢 指定肥育地 　：－ 飼料の内容 　：－

GI登録・農場HACCP・JGAP
ＧＩ登　録：無 農場HACCP：無 ＪＧＡＰ：無

販売指定店制度について
指 定 店 制 度 ：無 販 促 ツ ー ル ：－

商標登録の有無：有
登録取得年月日：2008 年 8 月 1 日
銘柄規約の有無：－
規約設定年月日：－
規約改定年月日：－

主な流通経路および販売窓口
◆主なと畜場 　：北海道畜産公社　東藻琴事業所 ◆主な処理場 　：同上 ◆格付等級 　：－ ◆年間出荷頭数 　：30 頭 ◆主要取扱企業 　：田村精肉店 ◆輸出実績国・地域 　：－ ◆今後の輸出意欲 　：－

特長

概要	管 理 主 体 ：㈱未来ファーム 代　表　者 ：中野　克巳 所　在　地 ：北見市端野町緋牛内 179-8	電　　　　話 ： 0157-57-2052 Ｆ　Ａ　Ｘ ： 0157-57-2140 Ｕ　Ｒ　Ｌ ： － メールアドレス ： －

北 海 道

釧路アップルビーフ
くしろあっぷるびーふ

品種または交雑種の交配様式	
ホルスタイン種（未経産雌牛）	

飼育管理	
出荷月齢 ： 19～25カ月齢	
指定肥育地 ： －	
飼料の内容 ： －	

GI登録・農場HACCP・JGAP	
GI登録：無	
農場HACCP ： 2017 年 6 月 1 日	
JGAP ： 2018 年 3 月 29 日	

販売指定店制度について
指定店制度 ： 有
販促ツール ： －

商標登録の有無：無	
登録取得年月日：－	
銘柄規約の有無：無	
規約設定年月日：－	
規約改定年月日：－	

主な流通経路および販売窓口
◆ 主なと畜場 ： 北海道畜産公社北見工場
◆ 主な処理場 ： 同上
◆ 格付等級 ： 2 等級以上
◆ 年間出荷頭数 ： 140 頭
◆ 主要取扱企業 ： ホクレン農業協同組合連合会
◆ 輸出実績国・地域 ： －
◆ 今後の輸出意欲 ： 無

特長	● 肉質が軟らかく、脂質に独特の味と香りがある。

概要	管 理 主 体 ： ㈱ホクチクファーム（標茶分場）	電 話 ： 0154-88-4461
	代 表 者 ： 後藤 正則 代表取締役社長	F A X ： 0154-88-4335
	所 在 地 ： 上川郡標茶町字コッタロ 54-2	U R L ： www.hokutiku.jp
		メールアドレス ： －

北 海 道

こだわりの美深牛
こだわりのびふかぎゅう

品種または交雑種の交配様式	
ホルスタイン種（去勢）	

飼育管理	
出荷月齢 ： 19カ月齢以上	
指定肥育地 ： 北海道美深町	
飼料の内容 ： モネンシンフリー	

GI登録・農場HACCP・JGAP	
GI登録：無	
農場HACCP：無	
JGAP：無	

販売指定店制度について
指定店制度 ： 有
販促ツール ： ポスター、リーフレット

商標登録の有無：有	
登録取得年月日：2005 年 7 月 1 日	
銘柄規約の有無：有	
規約設定年月日：2005 年 7 月 1 日	
規約改定年月日：－	

主な流通経路および販売窓口
◆ 主なと畜場 ： 名北ミート、ホクレン旭川支所
◆ 主な処理場 ： 同上
◆ 格付等級 ： －
◆ 年間出荷頭数 ： 1,000 頭（グループ含む）
◆ 主要取扱企業 ： 名古屋市食肉市場、ホクレン旭川支所
◆ 輸出実績国・地域 ： －
◆ 今後の輸出意欲 ： 有

特長	● 天然水や安全にこだわった飼料を使い、愛情込めて育てたこだわりの美深牛。

概要	管 理 主 体 ： ㈲羽田野第二牧場	電 話 ： 01656-2-1501
	代 表 者 ： 羽田野 隆志	F A X ： 01656-2-1251
	所 在 地 ： 中川郡美深町字班渓 181	U R L ： －
		メールアドレス ： nikunohatano@gamil.com

北 海 道
根 釧 牛
こんせんぎゅう

品種または交雑種の交配様式	
ホルスタイン種（去勢）	

飼育管理	
出荷月齢 ：20カ月齢前後 指定肥育地 ：－ 飼料の内容 ：－	

GI登録・農場HACCP・JGAP	
GI登録：無 農場HACCP：2017年6月1日 JGAP：2018年3月29日	

販売指定店制度について	
指定店制度：無 販促ツール：－	

商標登録の有無：無
登録取得年月日：－
銘柄規約の有無：無
規約設定年月日：－
規約改定年月日：－

主な流通経路および販売窓口
- ◆主なと畜場
  ：北海道畜産公社北見工場
- ◆主な処理場
  ：同上
- ◆格付等級
  ：－
- ◆年間出荷頭数
  ：1,300頭
- ◆主要取扱企業
  ：ホクレン農業協同組合連合会
- ◆輸出実績国・地域
  ：無
- ◆今後の輸出意欲
  ：無

特長
- 地域内一貫生産を行い、肉牛生産のHACCP的概念を導入し、古紙を敷料に使用。
- たい肥を有効利用するなど地域内循環を行っています。

概要			
管理主体：㈱ホクチクファーム 標茶分場	電 話：015-488-4461
代表者：後藤 正則 代表取締役社長	FAX：015-488-4335
所在地：川上郡標茶町字コッタロ54-2	URL：www.hokutiku.jp メールアドレス：－

北 海 道
佐藤さんちの神居牛
さとうさんちのかむいぎゅう

品種または交雑種の交配様式	
交雑種	

飼育管理	
出荷月齢 ：約28カ月齢 指定肥育地 ：北海道十勝清水・佐藤育成牧場 飼料の内容 ：和牛用飼料「名人」、とうもろこし、大麦、ふすま、乾草	

GI登録・農場HACCP・JGAP	
GI登録：無 農場HACCP：無 JGAP：無	

販売指定店制度について	
指定店制度：有 販促ツール：有	

商標登録の有無：有
登録取得年月日：2010年3月12日
銘柄規約の有無：有
規約設定年月日：－
規約改定年月日：－

主な流通経路および販売窓口
- ◆主なと畜場
  ：北九州市立食肉センター
- ◆主な処理場
  ：福永産業
- ◆格付等級
  ：－
- ◆年間出荷頭数
  ：1,500頭
- ◆主要取扱企業
  ：－
- ◆輸出実績国・地域
  ：タイ
- ◆今後の輸出意欲
  ：有

特長
- 北海道十勝清水の佐藤さんが和牛に近い味わいを出すため、限りなく和牛に近い肥育方法で育てられた牛。
- 恵まれた大自然の大地の上で、黒毛和種用飼料「名人」と日高山脈の天然水（活性水）、さらにストレスを与えない環境が上級の肉質を生み出す。

概要			
管理主体：㈱福永産業	電 話：093-293-2299
代表者：福永 真二	FAX：093-293-2255
所在地：福岡県遠賀郡遠賀町広渡2434	URL：www.fukunaga-brand.co.jp メールアドレス：info@fukunaga-brand.co.jp

北 海 道

サロマ黒牛
（さろまくろうし）

品種または交雑種の交配様式		主な流通経路および販売窓口

品種または 交雑種の交配様式
交雑種 （黒毛和種 × 乳用種）

飼育管理
出荷月齢 　：23〜27カ月齢 指定肥育地 　：トップファームグループ 飼料の内容 　：北海道産牧草、北海道産デントコ 　　ーンサイレージ、国産ふすま、輸入 　　（小麦、大麦、とうもろこし、大豆）

GI登録・農場HACCP・JGAP
G I 登　録：－ 農場HACCP： 2012 年　4 月 27 日 J G A P ： 2017 年 11 月 30 日

販売指定店制度について
指 定 店 制 度 ： 無 販 促 ツ ー ル ： 有

商標登録の有無：有
登録取得年月日：2007 年　1 月 12 日
銘柄規約の有無：無
規約設定年月日：－
規約改定年月日：－

主な流通経路および販売窓口
- ◆主なと畜場
　：北海道畜産公社　北見事業所
- ◆主な処理場
　：－
- ◆格付等級
　：－
- ◆年間出荷頭数
　：2,500 頭
- ◆主要取扱企業
　：ホクレン、スターゼン、東京食肉市場
- ◆輸出実績国・地域
　：無
- ◆今後の輸出意欲
　：有

特長	●トップファームの素牛をグループ内のサロマ牛肥育センターで肥育し、トップファームグループによる一貫飼育。 ●育成期の乳酸菌発酵のデントコーンサイレージ、肥育期の酵母発酵のサイレージ、通期の北海道産チモシーの給与による健康な牛づくりに努めています。 ●農場 HACCP、JGAP 認証牧場。

概要	管 理 主 体 ：トップファームグループ（サロマ牛肥育センター㈱） 代 表 者 ：井上 登 所 在 地 ：常呂郡佐呂間町字富武士 555-3	電　　　　話： 01587-2-3290 F A X： 01587-2-1188 U R L： www.top-farm.jp/ メールアドレス： info@top-farm.jp

---

北 海 道

サロマ和牛
（さろまわぎゅう）

品種または 交雑種の交配様式
黒毛和種

飼育管理
出荷月齢 　：24〜30カ月齢 指定肥育地 　：トップファームグループ 飼料の内容 　：北海道産牧草、北海道産デントコ 　　ーンサイレージ、国産ふすま、輸入 　　（小麦、大麦、とうもろこし、大豆）

GI登録・農場HACCP・JGAP
G I 登　録：－ 農場HACCP： 2015 年　4 月 27 日 J G A P ： 2017 年 11 月 30 日

販売指定店制度について
指 定 店 制 度 ： 無 販 促 ツ ー ル ： －

商標登録の有無：有
登録取得年月日：2011 年　7 月 1 日
銘柄規約の有無：無
規約設定年月日：－
規約改定年月日：－

主な流通経路および販売窓口
- ◆主なと畜場
　：北海道畜産公社　北見事業所
- ◆主な処理場
　：－
- ◆格付等級
　：－
- ◆年間出荷頭数
　：1,500 頭
- ◆主要取扱企業
　：ホクレン、東京食肉市場
- ◆輸出実績国・地域
　：台湾、シンガポール、ドバイ、アメリカ
- ◆今後の輸出意欲
　：有

特長	●生後2カ月以内の北海道生まれの子牛またはトップファームグループで生まれた子牛を肥育する一貫生産。 ●育成期の乳酸菌発酵のデントコーンサイレージ、肥育期の酵母発酵のサイレージ、通期の北海道産チモシーの給与による健康な牛づくりに努めています。 ●農場 HACCP、JGAP 認証牧場。

概要	管 理 主 体 ：トップファームグループ（パシフィックファーム㈱） 代 表 者 ：井上 登 所 在 地 ：常呂郡佐呂間町字富武士 555-3	電　　　　話： 01587-2-3290 F A X： 01587-2-1188 U R L： www.top-farm.jp メールアドレス： info@top-farm.jp

北海道

茂野ウコン牛
（しげのうこんぎゅう）

品種または交雑種の交配様式		主な流通経路および販売窓口
ホルスタイン種（去勢）		◆主なと畜場 ：北海道畜産公社　上川事業所
飼育管理		◆主な処理場 ：同上
出荷月齢 ：20カ月齢前後 指定肥育地 ：－ 飼料の内容 ：繊維質の吸収を多くし、ＥＭ菌を飼料に配合		◆格付等級 ：2等級以上 ◆年間出荷頭数 ：500頭 ◆主要取扱企業 ：ホクレン
GI登録・農場HACCP・JGAP	商標登録の有無：有	◆輸出実績国・地域 ：無
GI登録：無 農場HACCP：無 ＪＧＡＰ：無	登録取得年月日：2012年5月25日 銘柄規約の有無：有 規約設定年月日：2012年5月25日 規約改定年月日：－	◆今後の輸出意欲 ：－
販売指定店制度について	特長	●秋ウコンを独自の製法で発行培養し有効成分のクルクミンを子牛の時点で摂取させるこで、疾病予防、健康管理を改善。 ●寒い冬でもヘッドライトをつけ、1頭1頭の健康状態をチェック。繊維質の吸収を多くし、ＥＭ菌を飼料に混ぜるなど健康でおいしい牛肉となっている。
指定店制度：有 販促ツール：－		

概要	管理主体：㈲茂野牧場 代表者：島内　一彦　代表取締役社長 所在地：天塩郡遠別町字丸松	電話：01632-7-3650 ＦＡＸ：01632-7-3650 ＵＲＬ：www.geocities.jp/shigenofarm/index.html メールアドレス：－

北海道

しほろ牛
（しほろぎゅう）

品種または交雑種の交配様式		主な流通経路および販売窓口
ホルスタイン種		◆主なと畜場 ：北海道畜産公社　十勝工場
飼育管理		◆主な処理場 ：士幌町振興公社
出荷月齢 ：20カ月齢前後 指定肥育地 ：JA士幌町の組合員 飼料の内容 ：士幌牛飼育管理マニュアルに基づく		◆格付等級 ：2等級以上 ◆年間出荷頭数 ：18,500頭 ◆主要取扱企業 ：ホクレン、全農ミートフーズ、吉田ハム
GI登録・農場HACCP・JGAP	商標登録の有無：有（地域団体商標）	◆輸出実績国・地域 ：－
GI登録：－ 農場HACCP：－ ＪＧＡＰ：－	登録取得年月日：2019年3月5日 銘柄規約の有無：無 規約設定年月日：－ 規約改定年月日：－	◆今後の輸出意欲 ：有
販売指定店制度について	特長	●ホルスタイン種雄肥育を開始してから50年の歴史。 ●士幌牛飼養管理マニュアルに基づき、JA、系統、肉牛振興会（生産者組織）、町、普及センターおよび関係機関と一体になり、品質の安定と安定生産を目的に飼養管理技術の向上に努めております。
指定店制度：無 販促ツール：シール、のぼり、パネル、冊子		

概要	管理主体：士幌町農業協同組合 代表者：國井　浩樹　代表理事組合長 所在地：河東郡士幌町字士幌西2線159	電話：01564-5-2311 ＦＡＸ：01564-5-3374 ＵＲＬ：www.ja-shihoro.or.jp/ メールアドレス：－

北　海　道

しほろ牛クロス
しほろぎゅうくろす

しほろ牛
X
SHIHOROGYU
CROSS

品種または交雑種の交配様式
交雑種 （ホルスタイン種雌 × 黒毛和種雄）

飼育管理
出荷月齢 　：24カ月齢平均 指定肥育地 　：JA士幌町の組合員 飼料の内容 　：－

GI登録・農場HACCP・JGAP
ＧＩ登　録：未定 農場HACCP：未定 ＪＧＡＰ：未定

販売指定店制度について
指定店制度：無 販促ツール：シール、のぼり、 　　　　　　パネル、冊子

商標登録の有無：無
登録取得年月日：－
銘柄規約の有無：無
規約設定年月日：－
規約改定年月日：－

主な流通経路および販売窓口

- ◆主なと畜場
　：北海道畜産公社十勝工場

- ◆主な処理場
　：士幌町振興公社

- ◆格付等級
　：2等級以上
- ◆年間出荷頭数
　：4,500頭
- ◆主要取扱企業
　：ホクレン、全農ミートフーズ、吉田ハム
- ◆輸出実績国・地域
　：－

- ◆今後の輸出意欲
　：有

特長	●この牛肉を通じて生産者と消費者の想いがクロスする懸け橋となってほしいという想いを込められております。 ●交雑種素牛の一大産地の士幌町だからこそ可能な、それぞれの飼養管理にあった素畜をセレクトしております。

概要	管　理　主　体：士幌町農業協同組合 代　表　者：國井　浩樹　代表理事組合長 所　在　地：河東郡士幌町字士幌西2線159	電　　話：01564-5-2311 Ｆ　Ａ　Ｘ：01564-5-3374 Ｕ　Ｒ　Ｌ：www.ja-shihoro.or.jp/ メールアドレス：－

北　海　道

しほろ牛若丸
しほろぎゅうわかまる

品種または交雑種の交配様式
ホルスタイン種

飼育管理
出荷月齢 　：15カ月齢平均 指定肥育地 　：JA士幌町の組合員 飼料の内容 　：しほろ牛若丸専用の配合飼料、 　　デントコーンサイレージ

GI登録・農場HACCP・JGAP
ＧＩ登　録：未定 農場HACCP：未定 ＪＧＡＰ：未定

販売指定店制度について
指定店制度：無 販促ツール：シール、のぼり、 　　　　　　パネル、冊子

商標登録の有無：無
登録取得年月日：－
銘柄規約の有無：無
規約設定年月日：－
規約改定年月日：－

主な流通経路および販売窓口

- ◆主なと畜場
　：北海道畜産公社十勝工場

- ◆主な処理場
　：士幌町振興公社

- ◆格付等級
　：2等級以上
- ◆年間出荷頭数
　：1,100頭
- ◆主要取扱企業
　：全農ミートフーズ、四日市ミートセンター
- ◆輸出実績国・地域
　：－

- ◆今後の輸出意欲
　：有

特長	●出荷月齢を15カ月齢以内とすることで赤身の質、柔らかさ、色を追求しております。

概要	管　理　主　体：士幌町農業協同組合 代　表　者：國井　浩樹　代表理事組合長 所　在　地：河東郡士幌町字士幌西2線159	電　　話：01564-5-2311 Ｆ　Ａ　Ｘ：01564-5-3374 Ｕ　Ｒ　Ｌ：www.ja-shihoro.or.jp/ メールアドレス：－

北　海　道

しほろくろうし
士幌黒牛

品種または交雑種の交配様式
交雑種

飼育管理
出荷月齢 　：－
指定肥育地 　：北海道河東郡士幌町
飼料の内容 　：指定自家配合飼料

GI登録・農場HACCP・JGAP
ＧＩ登録：無
農場HACCP：無
ＪＧＡＰ：無

販売指定店制度について
指定店制度：無
販促ツール：トレーシールほか

商標登録の有無：有
登録取得年月日：2016 年 8 月 26 日
銘柄規約の有無：無
規約設定年月日：－
規約改定年月日：－

主な流通経路および販売窓口
◆主なと畜場 　：北海道畜産公社北見工場
◆主な処理場 　：スターゼンミートプロセッサー石狩工場
◆格付等級 　：－
◆年間出荷頭数 　：約 1,200 頭
◆主要卸売企業 　：スターゼン
◆輸出実績国・地域 　：－
◆今後の輸出意欲 　：有

特長
● ヌレ子から肥育する事で、品質にバラツキが少ない良質な牛肉。

概要		
管　理　主　体：ポテもーふぁーむ㈱	電　　　　　話	：01564-5-3820
代　　表　　者：山田　純理	Ｆ　Ａ　　Ｘ	：同上
所　　在　　地：河東郡士幌町上音更 196-2	Ｕ　Ｒ　Ｌ	：－
	メールアドレス	：－

北　海　道

しらおいぎゅう
白老牛

品種または交雑種の交配様式
黒毛和種

飼育管理
出荷月齢 　：36カ月齢以下
指定肥育地 　：白老町
飼料の内容 　：穀物類を中心に一部エコフィードを給与

GI登録・農場HACCP・JGAP
ＧＩ登録：－
農場HACCP：－
ＪＧＡＰ：－

販売指定店制度について
指定店制度：有
販促ツール：のぼり、ポスター

商標登録の有無：有
登録取得年月日：2007 年 4 月 27 日
銘柄規約の有無：有
規約設定年月日：2008 年 3 月 6 日
規約改定年月日：2016 年 5 月 12 日

主な流通経路および販売窓口
◆主なと畜場 　：北海道畜産公社　早来工場、東京都食肉市場
◆主な処理場 　：同上
◆格付等級 　：3 等級以上
◆年間出荷頭数 　：1,500 頭
◆主要取扱企業 　：ホクレン農業協同組合連合会
◆輸出実績国・地域 　：タイ
◆今後の輸出意欲 　：有

特長
● 白老牛の生産から流通に至る関係者及び関係団体で白老牛銘柄推進協議会を組織し、生産者および販売店を指定することにより、消費者に喜ばれる安全で安心な白老牛を提供いたします。

概要		
管　理　主　体：白老牛銘柄推進協議会	電　　　　　話	：0144-82-6491
代　　表　　者：岩崎　考真　会長	Ｆ　Ａ　　Ｘ	：0144-82-4391
所　　在　　地：白老郡白老町大町 1-1-1 　　　　　　　白老町役場	Ｕ　Ｒ　Ｌ	：www.town.shiraoi.hokkaido.jp/meigara
	メールアドレス	：nousei@town.shiraoi.hokkaido.jp

北 海 道

白 糠 牛
しらぬかぎゅう

品種または 交雑種の交配様式
ホルスタイン種

飼育管理
出荷月齢 ：21〜22カ月齢 指定肥育地 ：－ 飼料の内容 ：－

GI登録・農場HACCP・JGAP
GI登録：無 農場HACCP：無 JGAP：無

販売指定店制度について
指定店制度：無 販促ツール：－

商標登録の有無：無
登録取得年月日：－
銘柄規約の有無：有
規約設定年月日：－
規約改定年月日：－

主な流通経路および販売窓口
◆主なと畜場 ：北海道畜産公社、筑西食肉センター、栃木県畜産公社 ◆主な処理場 ：神明宇都宮ミートセンター ◆格付等級 ：神明畜産独自規格 ◆年間出荷頭数 ：15,000頭 ◆主要取扱企業 ：東京都食肉市場、萬野総本店、日本フード、ハンナン、エスフーズ ◆輸出実績国・地域 ：－ ◆今後の輸出意欲 ：無

特長	●赤身が多く、くせがない。 ●軟らかく甘みがある。冷めても硬くなりにくく、しつこくない。 ●健康指向の未来の牛肉。

概要	管理主体：神明畜産㈱ 代表者：高橋 義一 代表取締役 所在地：東京都東久留米市中央町6-2-14	電話：042-471-0011 FAX：042-473-4445 URL：－ メールアドレス：－

北 海 道

知 床 牛
しれとこぎゅう

品種または 交雑種の交配様式
黒毛和種

飼育管理
出荷月齢 ：30カ月齢前後 指定肥育地 ：－ 飼料の内容 ：指定配合飼料

GI登録・農場HACCP・JGAP
GI登録：－ 農場HACCP：2020年8月20日 JGAP：－

販売指定店制度について
指定店制度：無 販促ツール：有

商標登録の有無：有
登録取得年月日：2005年7月15日
銘柄規約の有無：有
規約設定年月日：2005年10月1日
規約改定年月日：－

主な流通経路および販売窓口
◆主なと畜場 ：北海道畜産公社 道東事業所 　北見工場 ◆主な処理場 ：－ ◆格付等級 ：3等級以上 ◆年間出荷頭数 ：400頭 ◆主要取扱企業 ：－ ◆輸出実績国・地域 ：無 ◆今後の輸出意欲 ：有

特長	●地元の牧草、麦わら、稲わらを中心に、飼料メーカーと共同で指定配合飼料をつくり、肉の"うまみ・あまみ"が特徴といえる。

概要	管理主体：㈱カネダイ大橋牧場 代表者：大橋 博美 所在地：網走郡大空町東藻琴344-16	電話：0152-66-2661 FAX：0152-66-2319 URL：－ メールアドレス：info@shiretokogyu.com

北 海 道

宗谷黒牛
そうやくろうし

品種または 交雑種の交配様式
交雑種

飼育管理
出荷月齢 ：26カ月齢平均 指定肥育地 ：宗谷岬牧場、産士牧場 飼料の内容 ：指定配合飼料

GI登録・農場HACCP・JGAP
GI登 録：無 農場HACCP：無 JGAP：無

販売指定店制度について
指定店制度：有 販促ツール：―

商標登録の有無：有
登録取得年月日：2016 年 9 月 12 日
銘柄規約の有無：有
規約設定年月日：2007 年 6 月 27 日
規約改定年月日：2015 年 1 月 1 日

主な流通経路および販売窓口
◆主なと畜場 ：北海道畜産公社 道央事業所 上川工場 ◆主な処理場 ：同上
◆格付等級 ：全等級 ◆年間出荷頭数 ：1,000 頭 ◆主要取扱企業 ：JA全農ミートフーズ
◆輸出実績国・地域 ：無
◆今後の輸出意欲 ：有

特長
●生産体系は全農安心システムの認証を受けている。
●「宗谷黒牛」の名称が使用できるのは交雑種（黒毛和種 × 乳用種）と黒毛和種 × 交雑種（黒毛和種 × 乳用種）の2種類となっている。
国際規格で SQF 認証№43436。

概要	管 理 主 体 ：㈱宗谷岬牧場 代 表 者 ：新保 潔 代表取締役社長 所 在 地 ：稚内市宗谷岬 328	電 話 ： 0162-76-2456 F A X ： 0162-76-2552 U R L ： www.soyamisaki-farm.co.jp メールアドレス ： h.umetsu@soyamisaki-farm.co.jp

---

北 海 道

宗谷岬和牛
そうやみさきわぎゅう

品種または 交雑種の交配様式
黒毛和種

飼育管理
出荷月齢 ：28カ月齢平均 指定肥育地 ：宗谷岬牧場、産士牧場 飼料の内容 ：指定配合飼料

GI登録・農場HACCP・JGAP
GI登 録：無 農場HACCP：無 JGAP：無

販売指定店制度について
指定店制度：無 販促ツール：―

商標登録の有無：有
登録取得年月日：2016 年 9 月 12 日
銘柄規約の有無：有
規約設定年月日：2007 年 6 月 27 日
規約改定年月日：2015 年 1 月 1 日

主な流通経路および販売窓口
◆主なと畜場 ：アグリスワン
◆主な処理場 ：同上
◆格付等級 ：全等級 ◆年間出荷頭数 ：1,000 頭 ◆主要取扱企業 ：JA全農ミートフーズ
◆輸出実績国・地域 ：無
◆今後の輸出意欲 ：有

特長
●「全農安心システム」認証。
●黒毛和種のみ。
国際規格である SQF 認証№43436。

概要	管 理 主 体 ：㈱宗谷岬牧場 代 表 者 ：新保 潔 代表取締役社長 所 在 地 ：稚内市宗谷岬 328	電 話 ： 0162-76-2456 F A X ： 0162-76-2552 U R L ： www.soyamisaki-farm.co.jp メールアドレス ： h.umetsu@soyamisaki-farm.co.jp

品種または 交雑種の交配様式	北　海　道	主な流通経路および販売窓口
ホルスタイン種	だいせつこうげんぎゅう **大雪高原牛**	◆主なと畜場 ：北海道畜産公社　上川事業所

飼育管理		
出荷月齢 　：19〜21カ月齢前後 指定肥育地 　：上川町 飼料の内容 　：専用配合飼料		◆主な処理場 ：同上 ◆格付等級 ：B2 ◆年間出荷頭数 ：300 頭 ◆主要取扱企業 ：ー

GI登録・農場HACCP・JGAP	商標登録の有無：有	◆輸出実績国・地域 ：無
GI登録：無 農場HACCP：無 JGAP：無	登録取得年月日：2000 年 10 月 13 日 銘柄規約の有無：有 規約設定年月日：2000 年 12 月 4 日 規約改定年月日：ー	◆今後の輸出意欲 ：無

販売指定店制度について	特長	●上川町内で飼育された素牛（ホルスタイン種）を導入し、生後から出荷まで管理できる安心で安全な町内一貫飼育体制。 ●100％自家産、無農薬有機牧草、専用配合飼料の他SGSを給与し、大雪山山麓の広大な自然の中で育った安心な牛肉です。
指定店制度：有 販促ツール：無		

概要	管理主体　：㈲グリーンサポート 代表者　：藤田　輝雄　代表取締役 所在地　：上川郡上川町北町 189	電話　：01658-2-3451 FAX　：01658-2-3451 URL　：ー メールアドレス：ー

品種または 交雑種の交配様式	北　海　道	主な流通経路および販売窓口
ホルスタイン種（去勢）	つるいぎゅう **つ る い 牛**	◆主なと畜場 ：北海道畜産公社北見工場

飼育管理		
出荷月齢 　：21カ月齢前後 指定肥育地 　：ー 飼料の内容 　：ー		◆主な処理場 ：同上 ◆格付等級 ：2 等級以上 ◆年間出荷頭数 ：650 頭 ◆主要取扱企業 ：ホクレン農業協同組合連合会

GI登録・農場HACCP・JGAP	商標登録の有無：無	◆輸出実績国・地域 ：ー
GI登録：無 農場HACCP：無 JGAP：無	登録取得年月日：ー 銘柄規約の有無：無 規約設定年月日：ー 規約改定年月日：ー	◆今後の輸出意欲 ：ー

販売指定店制度について	特長	●生産ベースの HACCP 的手法をいち早く導入、近隣の畑作農家と地域還元型農家を実践しています。
指定店制度：ー 販促ツール：ー		

概要	管理主体　：㈱ホクチクファーム鶴居分場 代表者　：後藤　正則　代表取締役社長 所在地　：阿寒郡鶴居村鶴居南 1-3	電話　：0154-64-2961 FAX　：0154-64-2961 URL　：www.tikusan.co.jp/hokutiku/ メールアドレス：ー

北　海　道

とうやこわぎゅう
とうや湖和牛

品種または交雑種の交配様式
黒毛和種

飼育管理

出荷月齢
：28〜32カ月齢
指定肥育地
：JAとうや湖管内
飼料の内容
：－

GI登録・農場HACCP・JGAP

ＧＩ登　録：無
農場HACCP：無
ＪＧＡＰ：無

販売指定店制度について

指 定 店 制 度：無
販 促 ツ ー ル：有

商標登録の有無：有
登録取得年月日：2018 年 11 月 9 日
銘柄規約の有無：無
規約設定年月日：－
規約改定年月日：－

主な流通経路および販売窓口

◆主なと畜場
　：東京都食肉市場

◆主な処理場
　：同上

◆格付等級
　：B.M.S. №5 以上
◆年間出荷頭数
　：約 200 頭
◆主要取扱企業
　：小部産業

◆輸出実績国・地域
　：－

◆今後の輸出意欲
　：－

特長
●黒毛和種の繁殖から肥育まで一貫生産を主体とし、サミット会場の「ザ・ウィンザーホテル洞爺」の眼下に雄大な自然の中で、地域の方々とともに資源の有効利用と有機物の地域還元により健康で安心、安全な牛肉生産に取り組んでいます。

概要	管　理　主　体	：	とうや湖農業協同組合	電　　　　　話	：	0142-89-2468
	代　表　者	：	髙井　一英　代表理事組合長	Ｆ　Ａ　Ｘ	：	0142-87-2505
	管　理　主　体	：	とうや湖黒毛和牛肥育部会	Ｕ　Ｒ　Ｌ	：	－
	代　表　者	：	近江　義和　会長			
	所　在　地	：	虻田郡洞爺湖町香川 55-7	メールアドレス	：	－

北　海　道

とかちあおぞらぎゅう
十勝あおぞら牛

品種または交雑種の交配様式
ホルスタイン種

飼育管理

出荷月齢
：18カ月齢
指定肥育地
：－
飼料の内容
：自家製チモシー、道内産チモシー、道内の農家と提携し、委託生産した乳酸菌発酵のデントコーンサイレージ給与

GI登録・農場HACCP・JGAP

ＧＩ登　録：無
農場HACCP：無
ＪＧＡＰ：無

販売指定店制度について

指 定 店 制 度：無
販 促 ツ ー ル：有

商標登録の有無：有
登録取得年月日：－
銘柄規約の有無：無
規約設定年月日：－
規約改定年月日：－

主な流通経路および販売窓口

◆主なと畜場
　：北海道畜産公社早来工場

◆主な処理場
　：スターゼンミートプロセッサー
　　石狩工場
◆格付等級
　：－
◆年間出荷頭数
　：1,900 頭
◆主要取扱企業
　：スターゼン

◆輸出実績国・地域
　：無

◆今後の輸出意欲
　：有

特長
●自家製チモシー、道内産チモシー、道内の農家と提携し、委託生産した乳酸菌発酵のデントコーンサイレージ給与による健康な牛づくりを目ざしている。

概要	管　理　主　体	：	十勝あおぞら牛出荷協同組合	電　　　　話	：	①0155-62-0250　②0155-47-0953
	代　表　者	：	①㈱イーストフィールド 東原　賢二　代表取締役社長 ②㈱アルムシステム清信畜産育成 牧場　清信　祐司　代表取締役社長	Ｆ　Ａ　Ｘ	：	①0155-62-0259　②0155-47-2271
				Ｕ　Ｒ　Ｌ	：	①www.higashiharachikusan.co.jp ②www.armsystem.co.jp
	所　在　地	：	①河西郡芽室町東芽室南 1 線 7-7 ②広尾郡広尾町字紋別 20 線 77-3	メールアドレス	：	－

北 海 道

とかち鹿追牛
（とかちしかおいぎゅう）

品種または交雑種の交配様式
ホルスタイン種（去勢） 交雑種（ホルスタイン種 × 黒毛和種）

飼育管理

出荷月齢
：ホルスタイン種18～19カ月齢、
交雑種26カ月齢前後
指定肥育地
：鹿追町内
飼料の内容
：農場独自の指定配合飼料

GI登録・農場HACCP・JGAP

ＧＩ登録：無
農場HACCP：無
ＪＧＡＰ：無

販売指定店制度について

指 定 店 制 度：無
販 促 ツ ー ル：条件付きで有り

商標登録の有無：無
登録取得年月日：－
銘柄規約の有無：無
規約設定年月日：－
規約改定年月日：－

主な流通経路および販売窓口

◆主なと畜場
：北海道畜産公社　十勝工場

◆主な処理場
：同上

◆格付等級
：2等級以上
◆年間出荷頭数
：ホルスタイン種 3,300 頭、交雑種 1,700 頭
◆主要取扱企業
：ホクレン

◆輸出実績国・地域
：無

◆今後の輸出意欲
：有

特長
- 町内で生産されている健康な子牛のみを集団で哺育から肥育まで一貫した町内完結型の経営方式による生産。
- 配合飼料は農場独自の指定配合飼料を使用し、肉質の向上を目ざしている。

概要

管 理 主 体：鹿追町農業協同組合	電　　　　話：0156-66-2131
代　表　者：木幡　浩喜　代表理事組合長	ＦＡＸ：0156-66-3194
所 在 地：河東郡鹿追町新町 4-51	ＵＲＬ：－ メールアドレス：－

北 海 道

十勝四季彩牛
（とかちしきさいぎゅう）

品種または交雑種の交配様式
交雑種（黒毛和種 × ホルスタイン種）

飼育管理

出荷月齢
：25.5カ月齢前後
指定肥育地
：帯広有機　西帯広牧場、幕別牧場
飼料の内容
：－

GI登録・農場HACCP・JGAP

ＧＩ登録：－
農場HACCP：－
ＪＧＡＰ：－

販売指定店制度について

指 定 店 制 度：有
販 促 ツ ー ル：有

商標登録の有無：有
登録取得年月日：2004 年 2 月 6 日
銘柄規約の有無：有
規約設定年月日：－
規約改定年月日：－

主な流通経路および販売窓口

◆主なと畜場
：北海道畜産公社（十勝工場）

◆主な処理場
：佐々木畜産食肉加工センター

◆格付等級
：－
◆年間出荷頭数
：約 850 頭
◆主要取扱企業
：東京都食肉市場、プリマハム

◆輸出実績国・地域
：無

◆今後の輸出意欲
：－

特長
- 十勝の恵まれた環境の下、厳選された飼料を食べ、愛情に包まれて育ちます。
- BMS 平均 4.3、BCS 平均 3.5、4・5 等級率 30%。
- 2019 年度上物率 84%。

概要

管 理 主 体：佐々木畜産㈱	電　　　　話：0155-37-5111
代　表　者：佐々木　章哲　代表	ＦＡＸ：0155-37-5714
所 在 地：帯広市西 24 条南 1-1-1	ＵＲＬ：www.sasaki-web.net/shikisai/ メールアドレス：－

北　海　道

とかちないたいわぎゅう
十勝ナイタイ和牛

品種または交雑種の交配様式
黒毛和種

飼育管理
出荷月齢 ：30カ月齢 指定肥育地 ：上士幌町 飼料の内容 ：町内産乾草、道内産稲わら、濃厚飼料（全畜連名人）

GI登録・農場HACCP・JGAP
ＧＩ登　録：無 農場HACCP：無 ＪＧＡＰ：無

販売指定店制度について
指 定 店 制 度：無 販 促 ツ ー ル：有

商標登録の有無：有
登録取得年月日：2012 年 8 月 10 日
銘柄規約の有無：有
規約設定年月日：2009 年 8 月 1 日
規約改定年月日：－

主な流通経路および販売窓口
◆主なと畜場 ：北海道畜産公社　道東事業所十勝工場 ◆主な処理場 ：十勝清水フードサービス
◆格付等級 ：4、5 等級 ◆年間出荷頭数 ：120 頭 ◆主要取扱企業 ：田村精肉店
◆輸出実績国・地域 ：アメリカ
◆今後の輸出意欲 ：有

特長
●十勝生まれの牛を厳選して上士幌で肥育。
●そのすべてが 4、5 等級のみ。

概要	管 理 主 体：上士幌町農業協同組合	電　　　　　話：01564-2-2131
	代　表　者：小椋　茂敏　代表理事組合長	Ｆ　Ａ　Ｘ：01564-2-4963
	所　在　地：河東郡上士幌町字上士幌 2 線 238	Ｕ　Ｒ　Ｌ：www.ja-hokkaido.com/kamishihoro/ メールアドレス：usami-m@ja-kami.nokyoren.or.jp

---

北　海　道

とかちはーぶぎゅう
十勝ハーブ牛

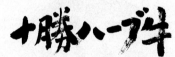

品種または交雑種の交配様式
交雑種雌（一産取り肥育）

飼育管理
出荷月齢 ：32カ月齢以上 指定肥育地 ：北海道十勝地域、ノベルズ牧場 飼料の内容 ：肥育期の飼料にハーブを添加

GI登録・農場HACCP・JGAP
ＧＩ登　録：－ 農場HACCP：－ ＪＧＡＰ：－

販売指定店制度について
指 定 店 制 度：無 販 促 ツ ー ル：シール、のぼり、パンフレット

商標登録の有無：有
登録取得年月日：2009 年 3 月 3 日
銘柄規約の有無：無
規約設定年月日：－
規約改定年月日：未定

主な流通経路および販売窓口
◆主なと畜場 ：池田町食肉センター
◆主な処理場 ：同上
◆格付等級 ：－ ◆年間出荷頭数 ：3,000 頭 ◆主要取扱企業 ：十勝いけだミートパッカー
◆輸出実績国・地域 ：ベトナム
◆今後の輸出意欲 ：有

特長
●交雑種雌一産取り肥育。
●肥育期の飼料にハーブを添加。

概要	管 理 主 体：㈱ノベルズ	電　　　　　話：01564-2-3660
	代　表　者：延與　雄一郎　代表取締役	Ｆ　Ａ　Ｘ：01564-2-4672
	所　在　地：河東郡上士幌町東 3 線 259	Ｕ　Ｒ　Ｌ：tokachi-herb-beef.net メールアドレス：－

北 海 道

とかちポロシリ黒牛
とかちぽろしりくろうし

品種または 交雑種の交配様式
交雑種 （ホルスタイン種雌 × 黒毛和種雄）

飼育管理
出荷月齢 　：28カ月齢平均 指定肥育地 　：自社牧場 飼料の内容 　：指定の配合飼料

GI登録・農場HACCP・JGAP
Ｇ Ｉ 登 録：無 農場HACCP：無 Ｊ Ｇ Ａ Ｐ：無

販売指定店制度について
指 定 店 制 度　：　有 販 促 ツ ー ル　：　シール、ポスタ 　　　　　　　　　ー、のぼり、リー 　　　　　　　　　フレット、パネル

商標登録の有無：有
登録取得年月日：2012 年 1 月 27 日
銘柄規約の有無：無
規約設定年月日：－
規約改定年月日：－

主な流通経路および販売窓口
◆ 主なと畜場 　：羽曳野と畜場 ◆ 主な処理場 　：同上 ◆ 格付等級 　：－ ◆ 年間出荷頭数 　：3,000 頭 ◆ 主要取扱企業 　：阪南畜産、エスフーズ、マスダ食 　　品 ◆ 輸出実績国・地域 　：アメリカ、香港、マカオ、ＵＡＥ ◆ 今後の輸出意欲 　：有

特長	●単独農場による生産。

概要	管 理 主 体　：　㈲ダイマルファーム	電　　　　　話 ： 0156-63-3777
	代 表 者　：　長内 清　代表取締役	Ｆ Ａ Ｘ ： 0156-63-3788 Ｕ Ｒ Ｌ ： www.tokachidaimaru-gyu.jp
	所 在 地　：　帯広市川西町西 2 線 50-7	メールアドレス ： daimaru_shimizu@ab.auone-net.jp

北 海 道

とかちポロシリ和牛
とかちぽろしりわぎゅう

品種または 交雑種の交配様式
黒毛和種

飼育管理
出荷月齢 　：29カ月齢平均 指定肥育地 　：自社牧場 飼料の内容 　：指定の配合飼料

GI登録・農場HACCP・JGAP
Ｇ Ｉ 登 録：無 農場HACCP：無 Ｊ Ｇ Ａ Ｐ：無

販売指定店制度について
指 定 店 制 度　：　有 販 促 ツ ー ル　：　シール、ポスタ 　　　　　　　　　ー、のぼり、リー 　　　　　　　　　フレット、パネル

商標登録の有無：有
登録取得年月日：2012 年 1 月 27 日
銘柄規約の有無：無
規約設定年月日：－
規約改定年月日：－

主な流通経路および販売窓口
◆ 主なと畜場 　：東京都食肉市場 ◆ 主な処理場 　：同上 ◆ 格付等級 　：－ ◆ 年間出荷頭数 　：3,000 頭 ◆ 主要取扱企業 　：阪南畜産、エスフーズ、東京食肉 　　市場 ◆ 輸出実績国・地域 　：アメリカ、香港、カナダ、シンガ 　　ポール、ＵＡＥ、タイ、マカオ ◆ 今後の輸出意欲 　：有

特長	●単独農場による生産。

概要	管 理 主 体　：　㈲ダイマルファーム	電　　　　　話 ： 0156-63-3777
	代 表 者　：　長内 清　代表取締役	Ｆ Ａ Ｘ ： 0156-63-3788 Ｕ Ｒ Ｌ ： www.tokachidaimaru-gyu.jp
	所 在 地　：　帯広市川西町西 2 線 50-7	メールアドレス ： daimaru_shimizu@ab.auone-net.jp

北 海 道
とかちわぎゅう
十 勝 和 牛

品種または交雑種の交配様式	
黒毛和種	

飼育管理

出荷月齢
　：原則24〜36カ月齢
指定肥育地
　：十勝和牛振興協議会会員
飼料の内容
　：粗飼料は牧草、稲わら、麦稈（むぎわら）など

GI登録・農場HACCP・JGAP

ＧＩ登　録：無
農場HACCP：無
ＪＧＡＰ：無

販売指定店制度について

指 定 店 制 度　：　無
販 促 ツ ー ル　：　有

主な流通経路および販売窓口
◆ 主なと畜場 　：北海道畜産公社　十勝工場
◆ 主な処理場 　：同上
◆ 格付等級 　：日格協規格 ◆ 年間出荷頭数 　：1,500 頭以上 ◆ 主要取扱企業 　：ホクレン
◆ 輸出実績国・地域 　：無
◆ 今後の輸出意欲 　：有

商標登録の有無：有
登録取得年月日：2011 年 10 月 8 日
銘柄規約の有無：有
規約設定年月日：－
規約改定年月日：－

特長
● 北海道内で生産され、十勝平野の雄大な自然環境の中で良質飼料を十分に与えられて肥育された上質な牛肉です。
● 十勝和牛の条件は①十勝和牛振興協議会の会員によって肥育され、ホクレン十勝枝肉市場に上場された黒毛和種、または会が特別に認めたもの②道内で生産、十勝管内で肥育されたもの③粗飼料は牧草、稲わら、麦稈（むぎわら）などがふんだんに与えられたものなどです。

概要
管 理 主 体　：　十勝和牛振興協議会
代 表 者　：　宮前　裕治　会長
所 在 地　：　帯広市西 3 条南 7
　　　　　　　農協連ビル 3 階
電 話　：　0155-24-2537
Ｆ Ａ Ｘ　：　0155-25-4680
Ｕ Ｒ Ｌ　：　－
メールアドレス：　－

北 海 道
はこだておおぬまぎゅう
はこだて 大沼牛

品種または交雑種の交配様式	
乳用種	

飼育管理

出荷月齢
　：20カ月齢前後
指定肥育地
　：小澤牧場グループ
飼料の内容
　：自家産乾牧草、デントコーンサイレージ、オリジナル配合飼料など

GI登録・農場HACCP・JGAP

ＧＩ登　録：無
農場HACCP：無
ＪＧＡＰ：無

販売指定店制度について

指 定 店 制 度　：　有
販 促 ツ ー ル　：　条件付きで有り

主な流通経路および販売窓口
◆ 主なと畜場 　：北海道畜産公社　函館工場
◆ 主な処理場 　：同上
◆ 格付等級 　：－
◆ 年間出荷頭数 　：約 7,300 頭 ◆ 主要取扱企業 　：ホクレン、相馬商事、名古屋市食肉市場、フタガワフーズ
◆ 輸出実績国・地域 　：無
◆ 今後の輸出意欲 　：無

商標登録の有無：有
登録取得年月日：1995 年 12 月 26 日
銘柄規約の有無：有
規約設定年月日：1995 年 12 月 26 日
規約改定年月日：2019 年 1 月 1 日

特長
● 「消費者の健康」「牛の健康」「大地の健康」を心がけ、健康に肥育した牛肉です。
● オリジナル配合飼料にハーブ・飼料米を添加。自家産たい肥を還元した農地で、粗飼料の約90％を自家生産し、安心・安全な飼料と乳酸菌を十分に与え、牛にストレスを与えないよう衛生的に肥育しています。
● 赤身は軟らかで味わい深く、甘みのある脂は肉本来のうま味、風味を堪能できる牛肉としてご好評いただいております。

概要
管 理 主 体　：　㈲大沼肉牛ファーム
代 表 者　：　小澤　孔仁　代表取締役社長
所 在 地　：　亀田郡七飯町字上軍川 619-4
電 話　：　0138-67-2127
Ｆ Ａ Ｘ　：　0138-67-3848
Ｕ Ｒ Ｌ　：　－
メールアドレス：　－

北　海　道

はこだておおぬまくろうし

はこだて大沼黒牛

HAKODATE ONUMA KUROUSHI

品種または交雑種の交配様式
交雑種

飼育管理

出荷月齢
：25カ月齢前後
指定肥育地
：小澤牧場グループ
飼料の内容
：オリジナル配合飼料、自家産牧草、自家産デントコーンサイレージなど

GI登録・農場HACCP・JGAP

GI登録：無
農場HACCP：無
JGAP：無

販売指定店制度について

指定店制度：有
販促ツール：条件付きで有り

商標登録の有無：有
登録取得年月日：2006 年 7 月 7 日
銘柄規約の有無：有
規約設定年月日：2006 年 7 月 7 日
規約改定年月日：2019 年 1 月 1 日

主な流通経路および販売窓口

◆ 主なと畜場
：北海道畜産公社　函館工場

◆ 主な処理場
：同上

◆ 格付等級
：－
◆ 年間出荷頭数
：約 2,100 頭
◆ 主要取扱企業
：ホクレン、相馬商事、名古屋市食肉市場、フタガワフーズ、スターゼンミート

◆ 輸出実績国・地域
：無
◆ 今後の輸出意欲
：無

特長

● 「消費者の健康」「牛の健康」「大地の健康」を心がけ、健康に肥育した牛肉です。
● オリジナル配合飼料にハーブ・飼料米を添加。自家産たい肥を還元した農地で粗飼料の約 90％を自家生産し、安心・安全な飼料と乳酸菌を十分に与え、牛にストレスを与えないよう衛生的に肥育しています。
● 赤身は柔らかで味わい深く、甘みのある脂は肉本来のうま味、風味を堪能できる牛肉としてご好評いただいております。

概要

管理主体	：小澤牧場㈱
代表者	：小澤 孔仁　代表取締役社長
所在地	：亀田郡七飯町字軍川 407

電話：0138-67-3600
FAX：0138-67-3848
URL：－
メールアドレス：－

北　海　道

はこだてわぎゅう

はこだて和牛

品種または交雑種の交配様式
褐毛和種

飼育管理

出荷月齢
：24〜26カ月齢
指定肥育地
：木古内町
飼料の内容
：粗飼料（自家産）、配合飼料

GI登録・農場HACCP・JGAP

GI登録：無
農場HACCP：無
JGAP：無

販売指定店制度について

指定店制度：有
販促ツール：無

商標登録の有無：有
登録取得年月日：2013 年 7 月 26 日
銘柄規約の有無：無
規約設定年月日：－
規約改定年月日：－

主な流通経路および販売窓口

◆ 主なと畜場
：北海道畜産公社　函館工場

◆ 主な処理場
：同上

◆ 格付等級
：2 等級以上
◆ 年間出荷頭数
：220 頭
◆ 主要取扱企業
：ホクレン

◆ 輸出実績国・地域
：無

◆ 今後の輸出意欲
：無

特長

● 生産者が心を込めて飼育し、肉質が軟らかく上品な風味と手ごろ価格の牛肉で、とくに「健康的で安心できる牛肉」と評判です。

概要

管理主体	：新函館農業協同組合
代表者	：輪島 桂　代表理事組合長
所在地	：北斗市本町 1-1-21

電話：0138-77-5555
FAX：0138-77-5566
URL：－
メールアドレス：－

品種または 交雑種の交配様式	北　海　道	主な流通経路および販売窓口
ホルスタイン種	はまなかぎゅう **浜中牛**	◆主なと畜場 ：北海道畜産公社北見工場

飼育管理		
出荷月齢 ：指定なし 指定肥育地 ：北海道浜中町農協協同組合管内 飼料の内容 ：－		◆主な処理場 ：－ ◆格付等級 ：－ ◆年間出荷頭数 ：700 頭 ◆主要卸売企業 ：－

GI登録・農場HACCP・JGAP	商標登録の有無：有	◆輸出実績国・地域
GI登　録：無 農場HACCP：無 JGAP：無	登録取得年月日：－ 銘柄規約の有無：有 規約設定年月日：2016 年 4 月 規約改定年月日：－	：－ ◆今後の輸出意欲 ：無

販売指定店制度について	特長	●浜中の栄養豊富な牧草で育ちました。
指定店制度：無 販促ツール：トレーシール		

概要	管理主体：浜中町農業協同組合 代表者：髙岡 透 所在地：厚岸郡浜中町茶内栄 61	電話：0153-65-2121 FAX：0153-65-2128 URL：－ メールアドレス：－

品種または 交雑種の交配様式	北　海　道	主な流通経路および販売窓口
交雑種	はまなかくろうし **浜中黒牛**	◆主なと畜場 ：北海道畜産公社十勝工場

飼育管理		
出荷月齢 ：24カ月齢以上 指定肥育地 ：厚岸郡浜中町熊牛西2線91 飼料の内容 ：－		◆主な処理場 ：スターゼンミートプロセッサー 石狩工場 ◆格付等級 ：－ ◆年間出荷頭数 ：280 頭 ◆主要卸売企業 ：スターゼン

GI登録・農場HACCP・JGAP	商標登録の有無：有	◆輸出実績国・地域
GI登　録：無 農場HACCP：無 JGAP：無	登録取得年月日：2017 年 12 月 22 日 銘柄規約の有無：無 規約設定年月日：－ 規約改定年月日：－	：無 ◆今後の輸出意欲 ：有

販売指定店制度について	特長	●浜中町農業協同組合管内で生まれ哺育・育成し、肉牛牧場で肥育しています。 ●農場周辺の草地で収穫したチモシーを主体に与え、配合飼料には牛の健康に配慮した酒かすも与えています。
指定店制度：無 販促ツール：トレーシールほか		

概要	管理主体：北海道はまなか肉牛牧場㈱ 代表者：渕 達朗 所在地：厚岸郡浜中町茶内栄 -61	電話：0153-64-3029 FAX：0153-64-3030 URL：－ メールアドレス：－

北 海 道　美 夢 牛（びーむぎゅう）

品種または 交雑種の交配様式		主な流通経路および販売窓口
ホルスタイン種（去勢）		◆ 主なと畜場 ：北海道畜産公社　上川事業所
飼育管理		◆ 主な処理場 ：同上
出荷月齢 ：20カ月齢前後 指定肥育地 ：－ 飼料の内容 ：ネッカミルク、ミルクフードB、 美夢舎育成M、美夢舎後期M、ビート パルプ、ビールかす、米ぬ か、自家産乾牧草		◆ 格付等級 ：日格協枝肉取引規格による ◆ 年間出荷頭数 ：2,600 頭 ◆ 主要取扱企業 ：ホクレン
		◆ 輸出実績国・地域 ：－
GI登録・農場HACCP・JGAP		◆ 今後の輸出意欲 ：有
GI 登 録：無 農場HACCP：無 J G A P：無		

商標登録の有無：有
登録取得年月日：2006 年 5 月 16 日
銘柄規約の有無：無
規約設定年月日：－
規約改定年月日：－

	特 長	● 大雪連邦の麓でおいしい水と空気でホルスタイン種を愛情込めて肉用牛と して育てました。 ● 丘の町美瑛（びえい）で育ちました。
販売指定店制度について		
指定店制度：無 販促ツール：－		

概 要	管 理 主 体：㈲美夢舎 代 表 者：上田 利政　代表取締役 所 在 地：上川郡美瑛町字北瑛 2	電　　　　話：0166-92-0308 F　　A　　X：0166-92-0553 U　R　L：beamsya.com メールアドレス：－

北 海 道　びえい牛（びえいぎゅう）

品種または 交雑種の交配様式		主な流通経路および販売窓口
交雑種 （ホルスタイン種 × 黒毛和種）		◆ 主なと畜場 ：東京都食肉市場、北海道畜産公 社　上川事業所 ◆ 主な処理場 ：同上
飼育管理		
出荷月齢 ：26カ月齢以上 指定肥育地 ：美瑛町 飼料の内容 ：配合飼料に日本酒の酒粕を添加		◆ 格付等級 ：日格協取引規格による ◆ 年間出荷頭数 ：50 頭 ◆ 主要取扱企業 ：東京都食肉市場、ホクレン
GI登録・農場HACCP・JGAP		◆ 輸出実績国・地域 ：無
GI 登 録：－ 農場HACCP：－ J G A P：－		◆ 今後の輸出意欲 ：有

商標登録の有無：有
登録取得年月日：2008 年 12 月 29 日
銘柄規約の有無：有
規約設定年月日：－
規約改定年月日：－

	特 長	● 丘の町「びえい」の恵まれた自然環境に育ち、飼料に日本酒酵母を添加するこ とにより、風味豊かでまろやかな味が特徴です。 ● 2008 年 12 月 29 日付で商標登録（5250222 号）を取得しました。
販売指定店制度について		
指定店制度：無 販促ツール：－		

概 要	管 理 主 体：㈱ファームズ千代田 代 表 者：アバラゼデ・アガバンドルジ 所 在 地：上川郡美瑛町春日台 4221	電　　　　話：0166-92-7015 F　　A　　X：0166-92-7016 U　R　L：www.f-chiyoda.com メールアドレス：info@f-chiyoda.com

品種または 交雑種の交配様式	北　海　道 びえいくろうし **びえい黒牛**	主な流通経路および販売窓口
交雑種 （ジャージー種 × 黒毛和種）	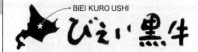	◆ 主なと畜場 　：北海道畜産公社　上川事業所
飼育管理		◆ 主な処理場 　：同上
出荷月齢 　：24カ月齢以上 指定肥育地 　：美瑛町 飼料の内容 　：配合飼料に日本酒の酒粕を添加		◆ 格付等級 　：日格協取引規格による ◆ 年間出荷頭数 　：50 頭 ◆ 主要取扱企業 　：サンリョウ
GI登録・農場HACCP・JGAP	商標登録の有無：有 登録取得年月日：2018 年 7 月 13 日 銘柄規約の有無：有 規約設定年月日：－ 規約改定年月日：－	◆ 輸出実績国・地域 　：無
GI登　録：－ 農場HACCP：－ JGAP：－		◆ 今後の輸出意欲 　：無
販売指定店制度について	特長：●丘の町「びえい」の恵まれた自然環境に育ち、飼料に日本酒酵母を添加することにより、風味豊かでまろやかな味が特徴です。 ●商標登録 (6060810 号) を取得しました。	
指定店制度：無 販促ツール：－		

概要	管　理　主　体：㈱ファームズ千代田 代　表　者：アバラゼデ・アガバンドルジ 所　在　地：上川郡美瑛町春日台 4221	電　　話：0166-92-7015 F　A　X：0166-92-7016 U　R　L：www.f-chiyoda.com メールアドレス：info@f-chiyoda.com

品種または 交雑種の交配様式	北　海　道 びえいわぎゅう **びえい和牛**	主な流通経路および販売窓口
黒毛和種		◆ 主なと畜場 　：東京都食肉市場、北海道畜産公社、山形県食肉公社 ◆ 主な処理場 　：－
飼育管理		
出荷月齢 　：28カ月齢以上 指定肥育地 　：美瑛町 飼料の内容 　：飼料の中に酒かすを配合		◆ 格付等級 　：A3 等級以上 ◆ 年間出荷頭数 　：800 頭 ◆ 主要取扱企業 　：東京食肉市場、ホクレン
GI登録・農場HACCP・JGAP	商標登録の有無：有 登録取得年月日：2008 年 12 月 29 日 銘柄規約の有無：有 規約設定年月日：－ 規約改定年月日：－	◆ 輸出実績国・地域 　：無
GI登　録：－ 農場HACCP：－ JGAP：－		◆ 今後の輸出意欲 　：有
販売指定店制度について	特長：●繁殖一貫生産 ●飼料の中に酒かすを配合し、28 カ月以上肥育した牛。 ●2008 年 12 月 29 日に商標登録を取得 (5250221)	
指定店制度：無 販促ツール：－		

概要	管　理　主　体：㈱ファームズ千代田 代　表　者：アバラゼデ・アバガンドルジーン 所　在　地：上川郡美瑛町春日台 4221	電　　話：0166-92-7015 F　A　X：0166-92-7016 U　R　L：www.f-chiyoda.com メールアドレス：info@f-chiyoda.com

北 海 道

東藻琴牛
ひがしもことぎゅう

品種または 交雑種の交配様式
ホルスタイン種（去勢）

飼育管理
出荷月齢 　：20カ月齢前後 指定肥育地 　：－ 飼料の内容 　：くみあい配合飼料と良質粗飼料 　　を給与

GI登録・農場HACCP・JGAP
GI 登　録：無 農場HACCP：無 JGAP：無

販売指定店制度について
指定店制度：無 販促ツール：－

商標登録の有無：無
登録取得年月日：－
銘柄規約の有無：無
規約設定年月日：－
規約改定年月日：－

主な流通経路および販売窓口
◆主なと畜場 　：北海道畜産公社北見工場 ◆主な処理場 　：同上 ◆格付等級 　：日格協の枝肉取引規格に準ずる ◆年間出荷頭数 　：1,000 頭 ◆主要取扱企業 　：ホクレン農業協同組合連合会 ◆輸出実績国・地域 　：無 ◆今後の輸出意欲 　：有

特長	●農協センターから導入された素牛を中心に東藻琴の 10 軒の肥育農家により、くみあい配合飼料と地元産良質粗飼料を与えられて育てられた牛肉です。

概要	管　理　主　体：JA オホーツク網走肉牛部会 代　表　者：会長　小崎　剛 所　在　地：網走市南 4 条東 2-10	電　　　　話：0152-45-5523 F　A　X：0152-44-8113 U　R　L：－ メールアドレス：－

北 海 道

びらとり和牛
びらとりわぎゅう

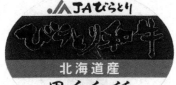

品種または 交雑種の交配様式
黒毛和種

飼育管理
出荷月齢 　：30カ月齢前後 指定肥育地 　：びらとり農業協同組合域内 飼料の内容 　：名人ほか

GI登録・農場HACCP・JGAP
GI 登　録：無 農場HACCP：無 JGAP：無

販売指定店制度について
指定店制度：無 販促ツール：－

商標登録の有無：無
登録取得年月日：－
銘柄規約の有無：無
規約設定年月日：－
規約改定年月日：－

主な流通経路および販売窓口
◆主なと畜場 　：北海道畜産公社　道央事業所 ◆主な処理場 　：同上 ◆格付等級 　：A3 等級以上 ◆年間出荷頭数 　：350 頭 ◆主要取扱企業 　：北海道プリマハム ◆輸出実績国・地域 　：イタリア ◆今後の輸出意欲 　：有

特長	●風味豊かで味わい濃厚な牛肉。

概要	管　理　主　体：びらとり農業協同組合 代　表　者：仲山　浩　代表理事組合長 所　在　地：沙流郡平取町本町 40-1	電　　　　話：01457-2-2211 F　A　X：01457-2-3792 U　R　L：nishipa.or.jp メールアドレス：jachikusan@nishipa.or.jp

北　海　道

ふらの大地和牛
ふらのだいちわぎゅう

品種または交雑種の交配様式	
黒毛和種	

飼育管理

出荷月齢
：30カ月齢前後
指定肥育地
：－
飼料の内容
：ふらの産もち米（粉砕）

GI登録・農場HACCP・JGAP

ＧＩ登　録：無
農場HACCP：無
ＪＧＡＰ：無

販売指定店制度について

指定店制度：無
販促ツール：シール、のぼり

商標登録の有無：無
登録取得年月日：－
銘柄規約の有無：無
規約設定年月日：－
規約改定年月日：－

特長
● 黒毛和牛を肥育する農家（愛澤忠、、加茂博昭、福岡元春、ささき農畜産）がふらの産もち米を与えることにより、脂肪の風味を増し「さらにおいしい和牛の肉」を目指したものです。

主な流通経路および販売窓口

◆ 主なと畜場
：北海道畜産公社十勝工場

◆ 主な処理場
：同上

◆ 格付等級
：3 等級以上
◆ 年間出荷頭数
：約 60 頭
◆ 主要取扱企業
：ホクレン

◆ 輸出実績国・地域
：－

◆ 今後の輸出意欲
：－

概要

管理主体：ふらの農業協同組合
代表者：佐々木　殖　生産者代表
所在地：富良野市朝日町 3-1

電話：0167-22-0793
ＦＡＸ：0167-39-2020
ＵＲＬ：－
メールアドレス：－

北　海　道

ふらの和牛
ふらのわぎゅう

品種または交雑種の交配様式	
黒毛和種	

飼育管理

出荷月齢
：30カ月齢前後
指定肥育地
：谷口ファーム、ふらのファーム
飼料の内容
：とうもろこし、大麦、大豆粕、おから、ホミニーフィード、米ぬか、ふすま、稲わら、麦わら、牧草、バガス、ビール粕など

GI登録・農場HACCP・JGAP

ＧＩ登　録：無
農場HACCP：無
ＪＧＡＰ：無

販売指定店制度について

指定店制度：無
販促ツール：有

商標登録の有無：有
登録取得年月日：2004 年 10 月 1 日
銘柄規約の有無：有
規約設定年月日：2004 年 10 月 1 日
規約改定年月日：－

特長
● 清らかな水、澄み切った空気、緑豊かな大地の中で無添加自家配合飼料を与え、丹精込めて飼育
● 脂質にこだわり、甘味、うま味があり、サシが入っていても、溶けの良いくどさのない和牛肉。
● 商標登録 4807548 号

主な流通経路および販売窓口

◆ 主なと畜場
：北海道畜産公社　道央事業所上川工場、協同組合水戸ミートセンター、東京食肉市場、和牛マスター食肉センター
◆ 主な処理場
：－

◆ 格付等級
：3 等級以上
◆ 年間出荷頭数
：3,800 頭
◆ 主要取扱企業
：東京食肉市場、伊藤ハム、エスフーズ、ホクレン
◆ 輸出実績国・地域
：香港、マカオ、タイ、ベトナム、シンガポール、台湾
◆ 今後の輸出意欲
：有

概要

管理主体：㈲谷口ファーム
代表者：谷口　喜章　代表取締役
所在地：空知郡上富良野町東 3 線北 24

電話：0167-45-2306
ＦＡＸ：0167-45-9820
ＵＲＬ：furano-wagyu.com
メールアドレス：taniguchi-farm@furano-wagyu.com

北　海　道

ほっかいおうごんわぎゅう
北海黄金和牛

品種または交雑種の交配様式	
黒毛和種	

飼育管理	
出荷月齢 　：30カ月齢 指定肥育地 　：－ 飼料の内容 　：－	

GI登録・農場HACCP・JGAP	
ＧＩ登　録：無 農場HACCP：無 ＪＧＡＰ：無	

販売指定店制度について	
指 定 店 制 度 ： 有 販 促 ツ ー ル ： －	

商標登録の有無：有
登録取得年月日：2014 年 5 月 9 日
銘柄規約の有無：－
規約設定年月日：－
規約改定年月日：－

特長

主な流通経路および販売窓口
◆主なと畜場 　：－
◆主な処理場 　：－
◆格付等級 　：－
◆年間出荷頭数 　：－
◆主要取扱企業 　：－
◆輸出実績国・地域 　：－
◆今後の輸出意欲 　：有

概要	管　理　主　体	：	農業生産法人㈲うしちゃんファーム	電　　　　　話	：	0225-98-8829
	代　　表　　者	：	佐藤　一貴　代表取締役社長	Ｆ　Ａ　　Ｘ	：	0225-98-8929
				Ｕ　Ｒ　Ｌ	：	www.ushichan.jp
	所　　在　　地	：	宮城県石巻市須江字畳石前 1-11	メールアドレス	：	info@ushichan.jp

北　海　道

ほっかいどうわぎゅう
北海道和牛

品種または交雑種の交配様式	
黒毛和種	

飼育管理	
出荷月齢 　：－ 指定肥育地 　：－ 飼料の内容 　：指定なし	

GI登録・農場HACCP・JGAP	
ＧＩ登　録：－ 農場HACCP：－ ＪＧＡＰ：－	

販売指定店制度について	
指 定 店 制 度 ： 無 販 促 ツ ー ル ： 有	

商標登録の有無：有
登録取得年月日：－
銘柄規約の有無：無
規約設定年月日：－
規約改定年月日：－

特長

●北海道で肥育を目的として生産された黒毛和牛の総称です。

主な流通経路および販売窓口
◆主なと畜場 　：北海道畜産公社
◆主な処理場 　：－
◆格付等級 　：日格協取引規格による
◆年間出荷頭数 　：－
◆主要取扱企業 　：ホクレン
◆輸出実績国・地域 　：無
◆今後の輸出意欲 　：有

概要	管　理　主　体	：	ホクレン農業協同組合連合会	電　　　　　話	：	011-218-1755
	代　　表　　者	：	篠原　末治　会長	Ｆ　Ａ　　Ｘ	：	011-251-5173
				Ｕ　Ｒ　Ｌ	：	－
	所　　在　　地	：	札幌市中央区北４条西 1	メールアドレス	：	－

北 海 道
ほっかいわぎゅう
北 海 和 牛

品種または交雑種の交配様式		主な流通経路および販売窓口
黒毛和種		◆主なと畜場 ：－
飼育管理		◆主な処理場 ：－
出荷月齢 ：30カ月齢以上 指定肥育地 ：－ 飼料の内容 ：－		◆格付等級 ：－ ◆年間出荷頭数 ：－ ◆主要取扱企業 ：－
GI登録・農場HACCP・JGAP	商標登録の有無：－ 登録取得年月日：－ 銘柄規約の有無：有 規約設定年月日：2014年 2月21日 規約改定年月日：－	◆輸出実績国・地域 ：－ ◆今後の輸出意欲 ：有
GI登録：無 農場HACCP：無 JGAP：無		
販売指定店制度について	特長	
指定店制度：－ 販促ツール：－		

概要	管 理 主 体 ： 農業生産法人㈲うしちゃんファーム	電　　　　話 ： 0225-98-8829
	代　表　者 ： 佐藤 一貴 代表取締役社長	F A X ： 0225-98-8929
	所　在　地 ： 宮城県石巻市須江字畳石前 1-11	U R L ： www.ushichan.jp メールアドレス ： info@ushichan.jp

北 海 道
まおいわぎゅう
馬 追 和 牛

品種または交雑種の交配様式		主な流通経路および販売窓口
黒毛和種		◆主なと畜場 ：神戸市食肉市場、西宮食肉センター
飼育管理		◆主な処理場 ：北海道家畜公社道央事業所早来工場、神戸市食肉市場
出荷月齢 ：28カ月齢前後 指定肥育地 ：夕張郡長沼町東7線北5番地 飼料の内容 ：日清丸紅飼料		◆格付等級 ：－ ◆年間出荷頭数 ：500頭 ◆主要取扱企業 ：神戸市食肉市場、なりさわフードコンシェル、アジミネ
GI登録・農場HACCP・JGAP	商標登録の有無：有 登録取得年月日：2019年 7月19日 銘柄規約の有無：無 規約設定年月日：－ 規約改定年月日：－	◆輸出実績国・地域 ：台湾 ◆今後の輸出意欲 ：有
GI登録：無 農場HACCP：2019年 5月7日 JGAP：2019年 9月13日		
販売指定店制度について	特長	●生まれる所から最後までを自社で行う一貫肥育なので、母親からの徹底した衛生管理からくる自信を持った安心・安全を提供できます。 ●肉と脂の味にこだわった、あらゆる発酵飼料を取り入れた飼料管理。
指定店制度：－ 販促ツール：シール		

概要	管 理 主 体 ： ㈲長沼ファーム	電　　　　話 ： 0123-88-3698
	代　表　者 ： 森崎 睦博	F A X ： 0123-88-3808
	所　在　地 ： 夕張郡長沼町東7線北5	U R L ： naganumafarm.jp/ メールアドレス ： naganuma-f@tiara.ocn.ne.jp

北 海 道

みついし牛
（みついしぎゅう）

品種または 交雑種の交配様式		主な流通経路および販売窓口
黒毛和種		◆主なと畜場 ：東京都食肉市場
飼育管理		◆主な処理場 ：－
出荷月齢 ：28～31カ月齢 指定肥育地 ：－ 飼料の内容 ：配合飼料「名人」		◆格付等級 ：3等級以上 ◆年間出荷頭数 ：600頭 ◆主要取扱企業 ：－
GI登録・農場HACCP・JGAP	商標登録の有無：有	◆輸出実績国・地域 ：－
GI登録：無 農場HACCP：無 JGAP：無	登録取得年月日：－ 銘柄規約の有無：無 規約設定年月日：－ 規約改定年月日：－	◆今後の輸出意欲 ：無
販売指定店制度について	**特長**	●豊かな自然と小雨夏冷涼の気候風土を生かして黒毛和牛の肥育に取り組んでいる。
指定店制度：推奨店制度有 販促ツール：－		

概要	管理主体：みついし和牛肥育組合 代表者：畑端 博志 組合長 所在地：日高郡新ひだか町三石本桐224-6	電話：0146-34-2011 FAX：0146-34-2306 URL：www.jamitsuishi.com メールアドレス：－

北 海 道

みらい牛
（みらいぎゅう）

品種または 交雑種の交配様式		主な流通経路および販売窓口
ホルスタイン種		◆主なと畜場 ：北海道畜産公社 十勝工場
飼育管理		◆主な処理場 ：同上
出荷月齢 ：18～22カ月齢 指定肥育地 ：－ 飼料の内容 ：非遺伝子組み換え（NON-GM）飼料		◆格付等級 ：－ ◆年間出荷頭数 ：450頭 ◆主要取扱企業 ：ホクレン
GI登録・農場HACCP・JGAP	商標登録の有無：有	◆輸出実績国・地域 ：無
GI登録：－ 農場HACCP：2020年 3月6日 JGAP：2020年 3月6日	登録取得年月日：－ 銘柄規約の有無：有 規約設定年月日：－ 規約改定年月日：－	◆今後の輸出意欲 ：有
販売指定店制度について	**特長**	●子牛から育てる一貫生産を行い、非遺伝子組み換え（NON-GM）飼料、抗生物質無添加のミルク、飼料で育てている。 ●オープンな牛肉生産を目指して、飼育履歴を公開しています。
指定店制度：有 販促ツール：－		

概要	管理主体：㈱大野ファーム 代表者：大野 泰裕 代表取締役 所在地：河西郡芽室町祥栄北8-23	電話：0155-62-4159 FAX：0155-62-6068 URL：oonofarm.jp メールアドレス：－

北 海 道

みらいくろうし
みらい黒牛

品種または 交雑種の交配様式	主な流通経路および販売窓口

交雑種

飼育管理

出荷月齢
　：18〜22カ月齢
指定肥育地
　：－
飼料の内容
　：非遺伝子組み換え（NON-G
　　M）飼料

GI登録・農場HACCP・JGAP

ＧＩ登　録：－
農場HACCP：2020年 3月6日
ＪＧＡＰ：2020年 3月6日

販売指定店制度について

指定店制度：無
販促ツール：－

商標登録の有無：有
登録取得年月日：－
銘柄規約の有無：有
規約設定年月日：－
規約改定年月日：－

主な流通経路および販売窓口

◆主なと畜場
　：北海道畜産公社　十勝工場

◆主な処理場
　：同上

◆格付等級
　：－
◆年間出荷頭数
　：450頭
◆主要取扱企業
　：－

◆輸出実績国・地域
　：無

◆今後の輸出意欲
　：有

特長
●子牛から育てる一貫生産を行い、非遺伝子組み換え（NON-GM）飼料、抗生物質無添加のミルク、飼料で育てている。
●オープンな牛肉生産を目指して、飼育履歴を公開しています。

概要		
管 理 主 体 ：㈱大野ファーム	電　　　　話：0155-62-4159	
代 表 者 ：大野　泰裕　代表取締役	ＦＡＸ：0155-62-6068	
所 在 地 ：河西郡芽室町祥栄北8-23	ＵＲＬ：oonofarm.jp	
	メールアドレス：－	

北 海 道

むかわわぎゅう
むかわ和牛

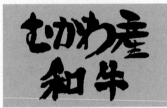

品種または 交雑種の交配様式	主な流通経路および販売窓口

黒毛和種

飼育管理

出荷月齢
　：28カ月齢平均
指定肥育地
　：むかわ町鵡川地区
飼料の内容
　：地元産稲わら

GI登録・農場HACCP・JGAP

ＧＩ登　録：－
農場HACCP：－
ＪＧＡＰ：－

販売指定店制度について

指定店制度：無
販促ツール：シール、のぼり

商標登録の有無：無
登録取得年月日：－
銘柄規約の有無：無
規約設定年月日：－
規約改定年月日：－

主な流通経路および販売窓口

◆主なと畜場
　：北海道畜産公社

◆主な処理場
　：同上

◆格付等級
　：－
◆年間出荷頭数
　：30頭
◆主要取扱企業
　：ホクレン

◆輸出実績国・地域
　：無

◆今後の輸出意欲
　：無

特長
●和牛の資質改良に取り組んで47年。
●豊富な草を食べてのびのびと育成された牛を、地元産稲わらと穀物でじっくり仕上げた。
●安全、安心、風味ある絶品。

概要		
管 理 主 体 ：鵡川和牛改良組合	電　　　　話：0145-42-3311	
代 表 者 ：柴田　文広	ＦＡＸ：0145-42-2655	
所 在 地 ：勇払郡むかわ町文京 2-2-1	ＵＲＬ：－	
	メールアドレス：－	

北　海　道

りゅうひょうぎゅう
流　氷　牛

品種または交雑種の交配様式	
黒毛和種	

飼育管理	
出荷月齢	：30月齢平均
指定肥育地	：北海道津別町
飼料の内容	：流氷牛専用指定配合飼料

GI登録・農場HACCP・JGAP	
GI登録：無	
農場HACCP：無	
JGAP：無	

販売指定店制度について	
指定店制度 ：－	
販促ツール ：ポスター、リーフレット、シール、旗、小旗	

商標登録の有無：有	
登録取得年月日：2006年9月15日	
銘柄規約の有無：無	
規約設定年月日：－	
規約改定年月日：－	

主な流通経路および販売窓口
◆主なと畜場：東京食肉市場
◆主な処理場：同上
◆格付等級：－
◆年間出荷頭数：500頭
◆主要取扱企業：－
◆輸出実績国・地域：－
◆今後の輸出意欲：－

特長	●指定された牧場のみで飼育された黒毛和種。 ●指定されたマニュアルと配合飼料を給与。

概要	管理主体：流氷ファーム 代表者：石井　純 所在地：網走郡津別町字共和11-14	電話：0152-76-3901 FAX：同上 URL：－ メールアドレス：－

青　森　県

あおもりくらいしぎゅう
あおもり倉石牛

品種または交雑種の交配様式	
黒毛和種 第1花国 等	

飼育管理	
出荷月齢	：28カ月齢前後
指定肥育地	：五戸町および新郷村
飼料の内容	：－

GI登録・農場HACCP・JGAP	
GI登録：無	
農場HACCP：無	
JGAP：無	

販売指定店制度について	
指定店制度 ：有	
販促ツール ：有	

商標登録の有無：有	
登録取得年月日：2005年4月8日	
銘柄規約の有無：有	
規約設定年月日：1992年4月8日	
規約改定年月日：2020年2月5日	

主な流通経路および販売窓口
◆主なと畜場：東京都食肉市場、仙台市食肉市場
◆主な処理場：同上
◆格付等級：4等級以上
◆年間出荷頭数：400頭
◆主要取扱企業：日本ハム、伊藤ハム、スターゼン
◆輸出実績国・地域：シンガポール
◆今後の輸出意欲：有

特長	●消費地での枝肉品評会、共励会の開催。 ●東京食肉市場において枝肉格付等級4以上の枝肉に「倉石牛」のスタンプ押印実施。 ●小売販売店において履歴証明書を表示して販売

概要	管理主体：あおもり倉石牛銘柄推進協議会 代表者：若宮　佳一　会長 所在地：三戸郡五戸町字古館21-1 　　　　五戸町役場農林課内	電話：0178-62-2111 FAX：0178-62-2215 URL：town.gonohe.aomori.jp/~kuraishigyu/ メールアドレス：norin@town.gonohe.aomori.jp

青　森　県

あおもりとわだこわぎゅう
あおもり十和田湖和牛

品種または交雑種の交配様式
黒毛和種

飼育管理
出荷月齢 　：28カ月齢以上 指定肥育地 　：協議会加入農場 飼料の内容 　：－

GI登録・農場HACCP・JGAP
GI登　録：無 農場HACCP：無 JGAP：無

販売指定店制度について
指定店制度：有 販促ツール：－

商標登録の有無：無
登録取得年月日：－
銘柄規約の有無：有
規約設定年月日：1999 年 9 月 27 日
規約改定年月日：2008 年 5 月 29 日

主な流通経路および販売窓口
◆主なと畜場 　：東京都食肉市場 ◆主な処理場 　：－ ◆格付等級 　：AB・4 等級以上 ◆年間出荷頭数 　：150 頭 ◆主要取扱企業 　：－ ◆輸出実績国・地域 　：無 ◆今後の輸出意欲 　：有

特長	●生産者顔写真付きの「出荷牛の履歴証明書」を添付し、「新鮮・美味・安心そして安全」をお届けします。

概要	管　理　主　体　：十和田湖和牛銘柄推進協議会 代　　表　　者　：畠山　一男 所　　在　　地　：十和田市西十三番町 4-28	電　　　　　話　：0176-23-0332 F　A　　　X　：0176-24-1829 U　R　　　L　：－ メールアドレス　：－

青　森　県

さんのへ・たっこぎゅう
三戸・田子牛

品種または交雑種の交配様式
黒毛和種 気高系、中土井系、清国系

飼育管理
出荷月齢 　：29カ月齢 指定肥育地 　：－ 飼料の内容 　：ジューシービーフ後期

GI登録・農場HACCP・JGAP
GI登　録：無 農場HACCP：無 JGAP：無

販売指定店制度について
指定店制度：無 販促ツール：－

商標登録の有無：有
登録取得年月日：－
銘柄規約の有無：有
規約設定年月日：2003 年 12 月 1 日
規約改定年月日：2010 年 4 月 1 日

主な流通経路および販売窓口
◆主なと畜場 　：ミートサービス三戸事業所、東京都食肉市場、仙台市食肉市場 ◆主な処理場 　：スターゼンミートプロセッサー三戸工場 ◆格付等級 　：AB・4 等級以上 ◆年間出荷頭数 　：200 頭 ◆主要取扱企業 　：スターゼンミートプロセッサー青森工場　三戸ビーフセンター ◆輸出実績国・地域 　：無 ◆今後の輸出意欲 　：有

特長	●広大な山並みの緑と透き通る青空、清澄な空気と湧き水。 ●三戸・田子牛は大自然に囲まれ、ストレスを受けずにのびのびと育っています。 ●また定期的な健康診断の実施など、手間ひまを惜しまず愛情を持って育てられた自慢の牛です。

概要	管　理　主　体　：三戸地方黒毛和種改良組合 代　　表　　者　：欠端　則夫　組合長 所　　在　　地　：三戸郡田子町大字田子字西舘野	電　　　　　話　：0179-32-2041 F　A　　　X　：0179-32-4046 U　R　　　L　：－ メールアドレス　：sanchiku@hi-net.ne.jp

青　森　県

なみきわぎゅう、なみきぎゅう
なみきびーふ

NAMIKI和牛
NAMIKI牛
NAMIKIビーフ

品種または 交雑種の交配様式	主な流通経路および販売窓口
黒毛和種 交雑種（乳用種 × 黒毛和種） ホルスタイン種	◆主なと畜場 　：東京食肉市場 ◆主な処理場 　：－
飼育管理	◆格付等級
出荷月齢 　：－ 指定肥育地 　：自社牧場 飼料の内容 　：－	◆年間出荷頭数 　：10,000 頭 ◆主要取扱企業
GI登録・農場HACCP・JGAP	◆輸出実績国・地域 　：－
ＧＩ登　録：無 農場HACCP：無 ＪＧＡＰ：無	◆今後の輸出意欲 　：有

商標登録の有無：無
登録取得年月日：－
銘柄規約の有無：無
規約設定年月日：－
規約改定年月日：－

販売指定店制度について		特 長	●ＮＡＭＩＫＩブランドの牛肉は安心・安全と肉のうまみにこだわった飼料を用いて大切に育てています。 ●【受賞歴】平成 28 年度全国肉用牛枝肉共励会第 3 部最優秀賞受賞。 　令和2年度横浜食肉市場ミートフェア（共励会）和牛の部名誉賞受賞
指定店制度　：無 販促ツール：シール			

概 要	管　理　主　体　：㈲金子ファーム	電　　　　　話　：0176-62-6393
	代　　表　　者　：金子　春雄　代表取締役	Ｆ　Ａ　Ｘ　：0176-62-6915
	所　　在　　地　：上北郡七戸町字鶴児平41	Ｕ　Ｒ　Ｌ　：www.kaneko-farm.jp
		メールアドレス　：info@kaneko-farm.jp

青　森　県

はっこうだぎゅう
八　甲　田　牛

品種または 交雑種の交配様式	主な流通経路および販売窓口
日本短角種	◆主なと畜場 　：十和田食肉センター
飼育管理	◆主な処理場 　：同上
出荷月齢 　：18～36カ月齢 指定肥育地 　：青森市 飼料の内容 　：夏は八甲田山の牧場に放牧、冬 　は牛舎で地元産の乾草や稲わら 　が主体の飼料	◆格付等級 　：2 等級以上 ◆年間出荷頭数 　：24 頭 ◆主要取扱企業 　：十和田ミート、いしおか
GI登録・農場HACCP・JGAP	◆輸出実績国・地域 　：無
ＧＩ登　録：無 農場HACCP：無 ＪＧＡＰ：無	◆今後の輸出意欲 　：無

商標登録の有無：有
登録取得年月日：1993 年 7 月 30 日
銘柄規約の有無：有
規約設定年月日：1989 年 10 月 23 日
規約改定年月日：2017 年 5 月 22 日

販売指定店制度について		特 長	●夏は八甲田山麓に放牧し、冬は人里に戻して牛舎で飼育する「夏山冬里方式」で育てられ、自然交配により生産される、「安心・安全・ヘルシー」な牛肉。 ●うま味成分グルタミン酸などのアミノ酸に富んだ赤身肉が魅力。
指定店制度　：無 販促ツール：シール、のぼり			

概 要	管　理　主　体　：八甲田牛消費拡大協議会	電　　　　　話　：0172-26-6102
	代　　表　　者　：長尾　裕一　会長	Ｆ　Ａ　Ｘ　：0172-62-8125
	所　　在　　地　：青森市浪岡大字浪岡字稲村 101-1 青森 　　　　　　　　市農林水産部あおもり産品支援課内	Ｕ　Ｒ　Ｌ　：－ メールアドレス　：aomori-sanpin@city.aomori.aomori.jp

青　森　県
ひがしどおりぎゅう
東　通　牛

品種または 交雑種の交配様式
黒毛和種

飼育管理
出荷月齢 　：29カ月齢平均 指定肥育地 　：東通村（村営第2牧場） 飼料の内容 　：－

GI登録・農場HACCP・JGAP
ＧＩ登　録：－ 農場HACCP：2020年12月23日 ＪＧＡＰ：－

販売指定店制度について
指定店制度　：無 販促ツール：シール、のぼり

商標登録の有無：無
登録取得年月日：－
銘柄規約の有無：無
規約設定年月日：－
規約改定年月日：－

主な流通経路および販売窓口
◆主なと畜場 　：十和田食肉センター、三戸食肉 　　センター ◆主な処理場 　：同上

◆格付等級
　：－
◆年間出荷頭数
　：35頭
◆主要取扱企業
　：東通村産業振興公社

◆輸出実績国・地域
　：無

◆今後の輸出意欲
　：無

特長	●東通牛は、東通村内で生産された子牛だけを購入し、当公社で肥育管理しています。 ●牛の成育に恵まれた気候・地形と行き届いた飼養管理でストレスを与えない良質な東通牛を育てています。 ●販売日は、毎月3回9の付く日、野牛川レストハウスで販売、その他村内イベント等で販売。

概要	管　理　主　体　：（一社）東通村産業振興公社 代　表　者　：越善　靖夫　理事長 所　在　地　：下北郡東通村大字野牛字野牛川 　　　　　　　61-6	電　　　　話：0175-47-2115 ＦＡＸ：0175-47-2113 ＵＲＬ：－ メールアドレス：－

青森県・岩手県
みちのくわぎゅう
みちのく和牛

品種または 交雑種の交配様式
黒毛和種

飼育管理
出荷月齢 　：27～30カ月齢 指定肥育地 　：青森県、岩手県 飼料の内容 　：指定配合飼料

GI登録・農場HACCP・JGAP
ＧＩ登　録：無 農場HACCP：2019年10月27日 ＪＧＡＰ：無

販売指定店制度について
指定店制度　：無 販促ツール：－

商標登録の有無：有
登録取得年月日：2018年8月3日
銘柄規約の有無：無
規約設定年月日：－
規約改定年月日：－

主な流通経路および販売窓口
◆主なと畜場 　：スターゼンミートプロセッサー 　　青森工場三戸ビーフセンター ◆主な処理場 　：同上

◆格付等級
　：－
◆年間出荷頭数
　：2,000頭
◆主要取扱企業
　：スターゼン

◆輸出実績国・地域
　：－

◆今後の輸出意欲
　：有

特長	●自然豊かで、穏やかな環境の中、独自の配合飼料とアミノ酸の含有率の高い飼料を給仕し、赤身の美味しい健康的な牛づくりをしています。

概要	管　理　主　体　：㈱田原ファーム 代　表　者　：田原　博文 所　在　地　：上北郡七戸町字倉岡83-1	電　　　　話：0176-62-9055 ＦＡＸ：同上 ＵＲＬ：－ メールアドレス：－

岩 手 県

あじわいびーふ
あじわいビーフ

品種または 交雑種の交配様式
黒毛和種（経産牛）

飼育管理
出荷月齢 　：約25カ月齢以上 指定肥育地 　：－ 飼料の内容 　：－

GI登録・農場HACCP・JGAP
ＧＩ登　録：無 農場HACCP：無 ＪＧＡＰ：無

販売指定店制度について
指定店制度　：有 販促ツール　：有

商標登録の有無：有
登録取得年月日：2008 年 3 月 7 日
銘柄規約の有無：無
規約設定年月日：－
規約改定年月日：－

主な流通経路および販売窓口
◆主なと畜場 　：仙台市食肉市場、岩手畜産流通 　　センター ◆主な処理場 　：同上
◆格付等級 　：－ ◆年間出荷頭数 　：200 頭 ◆主要取扱企業 　：ヴィアンドコーポレーション
◆輸出実績国・地域 　：－
◆今後の輸出意欲 　：無

特長	●肉の熟成がよく、コク、風味がある牛肉。

概要	管　理　主　体：農業生産法人㈲うしちゃんファーム	電　　　　　話：0225-98-8829
	代　　表　　者：佐藤　一貴　代表取締役社長	Ｆ　　Ａ　　Ｘ：0225-98-8929
	所　　在　　地：宮城県石巻市須江字畳石前 1-11	Ｕ　Ｒ　Ｌ：www.ushichan.jp
		メールアドレス：info@ushichan.jp

岩 手 県

いわちくじゅんじょうぎゅう
いわちく純情牛

品種または 交雑種の交配様式
交雑種 （ホルスタイン種 × 黒毛和種）

飼育管理
出荷月齢 　：27カ月齢 指定肥育地 　：岩手県内（いわちくファーム） 飼料の内容 　：JA全農北日本くみあい飼料

GI登録・農場HACCP・JGAP
ＧＩ登　録：－ 農場HACCP：－ ＪＧＡＰ：－

販売指定店制度について
指定店制度　：無 販促ツール　：ＭＤシール

商標登録の有無：無
登録取得年月日：－
銘柄規約の有無：無
規約設定年月日：－
規約改定年月日：－

主な流通経路および販売窓口
◆主なと畜場 　：いわちく
◆主な処理場 　：同上
◆格付等級 　：２等級以上 ◆年間出荷頭数 　：650 頭 ◆主要取扱企業 　：JA 全農ミートフーズ
◆輸出実績国・地域 　：無
◆今後の輸出意欲 　：有

特長	●県内４つの指定農場でこだわりの飼料を与えて育てられ、と畜および部分 　肉加工は対米輸出認定工場で徹底した衛生管理のもと行われている。 ●肥育から販売まで“いわちくグループ”が責任をもって一元管理している。

概要	管　理　主　体：㈱いわちくファーム	電　　　　　話：019-676-3670
	代　　表　　者：大橋　秀一	Ｆ　　Ａ　　Ｘ：019-676-6879
	所　　在　　地：紫波郡紫波町犬渕字南谷地 120	Ｕ　Ｒ　Ｌ：www.iwachiku.co.jp
		メールアドレス：－

岩　手　県

いわていわいずみ短角牛
（いわていわいずみたんかくぎゅう）

品種または交雑種の交配様式		主な流通経路および販売窓口
日本短角種		◆ 主なと畜場 ：岩手畜産流通センター
飼育管理		◆ 主な処理場 ：同上
出荷月齢 ：22〜34カ月齢 指定肥育地 ：岩泉町 飼料の内容 ：短角肥育用（北日本くみあい飼料）、稲わら	商標登録の有無：有 登録取得年月日：－ 銘柄規約の有無：有 規約設定年月日：2008 年 5 月 1 日 規約改定年月日：－	◆ 格付等級 ：AB・2 等級以上 ◆ 年間出荷頭数 ：100 頭 ◆ 主要取扱企業 ：岩泉産業開発、岩手畜産流通センター ◆ 輸出実績国・地域 ：無 ◆ 今後の輸出意欲 ：無
GI登録・農場HACCP・JGAP		
ＧＩ登　録：無 農場HACCP：無 ＪＧＡＰ：無		
販売指定店制度について	特長	● 夏は親牛と一緒に大自然の放牧地で育ち、肥育期間は粗飼料をたっぷりと与え、専用飼料で育てます。 ● 肉質は脂肪分が少なく、タンパク質が多いのが特徴で、牛肉のおいしさの素となるイノシン酸、グルタミン酸が他の品種より多く含まれているヘルシーでナチュラルな味わいです。
指定店制度 ： 有 販促ツール ： 条件付きで有り		

概要	管 理 主 体 ： 新岩手農業協同組合 　　　　　　　肥育牛生産部会　宮古支部 代　表　者 ： 畠山 利勝 所　在　地 ： 下閉伊郡岩泉町岩泉字天間 15-1	電　　　　話 ： 0194-22-2315 Ｆ Ａ Ｘ ： 0194-22-5189 Ｕ Ｒ Ｌ ： www.ja-iwate.or.jp/shin-iwate メールアドレス ： －

岩　手　県

いわて江刺牛
（いわてえさしぎゅう）

品種または交雑種の交配様式		主な流通経路および販売窓口
黒毛和種		◆ 主なと畜場 ：東京都食肉市場、いわちく
飼育管理		◆ 主な処理場 ：同上
出荷月齢 ：30カ月齢 指定肥育地 ：－ 飼料の内容 ：－	商標登録の有無：有 登録取得年月日：2005 年 10 月 銘柄規約の有無：無 規約設定年月日：－ 規約改定年月日：－	◆ 格付等級 ：4 等級以上 ◆ 年間出荷頭数 ：300 頭 ◆ 主要取扱企業 ：不特定 ◆ 輸出実績国・地域 ：無 ◆ 今後の輸出意欲 ：有
GI登録・農場HACCP・JGAP		
ＧＩ登　録：無 農場HACCP：無 ＪＧＡＰ：無		
販売指定店制度について	特長	● 肥沃な土地と恵まれた自然環境に中で乾草と稲わらを豊富に与え、「自然がスパイス」をキャッチフレーズに、健康な牛づくりを目標に、肉質と脂質の良さを特徴として売り出している肉が「江刺牛」である。
指定店制度 ： 無 販促ツール ： －		

概要	管 理 主 体 ： 岩手江刺農業協同組合 代　表　者 ： 小川 節男　代表理事組合長 所　在　地 ： 奥州市江刺岩谷堂字反町 362-1	電　　　　話 ： 0197-35-0211 Ｆ Ａ Ｘ ： 0197-35-7370 Ｕ Ｒ Ｌ ： www.jaesashi.or.jp メールアドレス ： －

<table>
<tr><td colspan="2">品種または
交雑種の交配様式</td></tr>
</table>

	岩　手　県	
品種または 交雑種の交配様式	いわておうしゅうぎゅう **いわて奥州牛**	**主な流通経路および販売窓口**
黒毛和種	 商標登録第5085075号	◆主なと畜場 　：東京都食肉市場、岩手畜産流通 　　センター ◆主な処理場 　：－
飼育管理		
出荷月齢 　：30カ月齢平均 指定肥育地 　：奥州市、金ヶ崎町 飼料の内容 　：－	商標登録の有無：有 登録取得年月日：2007 年 10 月 19 日 銘柄規約の有無：有 規約設定年月日：2006 年 6 月 30 日 規約改定年月日：－	◆格付等級 　：4 等級以上 ◆年間出荷頭数 　：900 頭 ◆主要取扱企業 　：吉澤畜産、コシヅカ、明治屋 ◆輸出実績国・地域 　：無 ◆今後の輸出意欲 　：有
GI登録・農場HACCP・JGAP		
ＧＩ登　録：－ 農場HACCP：－ ＪＧＡＰ：－		

| | **品種または交雑種の交配様式** | いわておうしゅうぎゅう いわて奥州牛 | **主な流通経路および販売窓口** |

| GI登録 | 農場HACCP | JGAP |

販売指定店制度について	特 長	●脂のうまみ、良質な地元稲をわらを給与。
指 定 店 制 度 ：有 販 促 ツ ー ル ：有		

| 概
要 | 管 理 主 体 ： 岩手ふるさと農業協同組合
代 表 者 ： 後藤 元夫
所 在 地 ： 奥州市胆沢小山字菅谷地 131-1 | 電　　　　　話 ： 0197-47-3462
Ｆ　Ａ　　Ｘ ： 0197-47-3463
Ｕ　Ｒ　Ｌ ： www.iwate-oshugyu.jp
メールアドレス ： － |

	岩　手　県	
品種または 交雑種の交配様式	いわてきたかみぎゅう **いわてきたかみ牛**	**主な流通経路および販売窓口**
黒毛和種	 商標登録 第4745845号	◆主なと畜場 　：東京都食肉市場、いわちく ◆主な処理場 　：いわちく
飼育管理		
出荷月齢 　：28～34カ月齢 指定肥育地 　：管内農家 飼料の内容 　：－	商標登録の有無：有 登録取得年月日：1994 年 2 月 6 日 銘柄規約の有無：有 規約設定年月日：1995 年 6 月 26 日 規約改定年月日：－	◆格付等級 　：AB・4 等級以上 ◆年間出荷頭数 　：300 頭 ◆主要取扱企業 　：東京都食肉市場買参各社、いわ 　　ちく ◆輸出実績国・地域 　：無 ◆今後の輸出意欲 　：有
GI登録・農場HACCP・JGAP		
ＧＩ登　録：－ 農場HACCP：－ ＪＧＡＰ：－		

販売指定店制度について	特 長	●恵まれた自然環境に育ち、畜産農家の情熱と高い肥育技術により、上質の 　牛肉として人気がある。 ●肉色は淡く、脂質に優れ、あま味のある牛肉。
指 定 店 制 度 ：有 販 促 ツ ー ル ：有		

| 概
要 | 管 理 主 体 ： 花巻農業協同組合
代 表 者 ： 伊藤 清孝 代表理事組合長
所 在 地 ： 北上市流通センター 19-33 | 電　　　　　話 ： 0197-71-1300
Ｆ　Ａ　　Ｘ ： 0197-68-4600
Ｕ　Ｒ　Ｌ ： www.jahanamaki.or.jp
メールアドレス ： － |

岩手県 いわて牛 (いわてぎゅう)

品種または交雑種の交配様式	
黒毛和種	

飼育管理	
出荷月齢	：28〜34カ月齢
指定肥育地	：協議会会員農場
飼料の内容	：規定は特になし

GI登録・農場HACCP・JGAP	
GI登録：無	
農場HACCP：無	
JGAP：2019年 3月28日	

販売指定店制度について	
指定店制度：有	
販促ツール：条件付きで有り	

商標登録の有無：有
登録取得年月日：2007年 3月2日
銘柄規約の有無：有
規約設定年月日：1990年 7月11日
規約改定年月日：2015年 5月29日

主な流通経路および販売窓口

◆ 主なと畜場
：東京都食肉市場、いわちく

◆ 主な処理場
：同上

◆ 格付等級
：AB・3 等級以上
◆ 年間出荷頭数
：7,000 頭
◆ 主要取扱企業
：東京都食肉市場、いわちく、全農ミートフーズ
◆ 輸出実績国・地域
：シンガポール、アメリカ、香港、台湾等
◆ 今後の輸出意欲
：有

特長
- 「いわて牛」は全国肉用牛枝肉共励会で全国最多の11回、日本一に輝いている。
- 岩手生まれ、岩手育ちの県内一貫生産を進めている。

概要

管理主体：いわて牛普及推進協議会	電話：019-629-5735
代表者：佐藤 隆浩 会長	FAX：019-623-0201
所在地：盛岡市内丸10-1	URL：www.iwategyu.jp
	メールアドレス：info@iwategyu.jp

岩手県 いわて雫石牛 (いわてしずくいしぎゅう)

品種または交雑種の交配様式	
黒毛和種	

飼育管理	
出荷月齢	：−
指定肥育地	：雫石町
飼料の内容	：配合飼料（北日本くみあい飼料）、稲わら

GI登録・農場HACCP・JGAP	
GI登録：無	
農場HACCP：無	
JGAP：無	

販売指定店制度について	
指定店制度：無	
販促ツール：条件付きで有り	

商標登録の有無：有
登録取得年月日：−
銘柄規約の有無：有
規約設定年月日：−
規約改定年月日：−

主な流通経路および販売窓口

◆ 主なと畜場
：東京都食肉市場、いわちく

◆ 主な処理場
：いわちく

◆ 格付等級
：4 等級以上
◆ 年間出荷頭数
：200 頭
◆ 主要取扱企業
：いわちく、全農ミートフーズ、東日本フード
◆ 輸出実績国・地域
：シンガポール、アメリカ、香港

◆ 今後の輸出意欲
：有

特長
- 育成から肥育まで、雫石町内の畜産農家が育てた黒毛和牛で、岩手山麓のきれいな水と雫石の緑豊かな環境の中で、おいしい肉をたっぷりと身につけた牛。

概要

管理主体：新岩手農業協同組合雫石牛肥育部会	電話：019-692-3380
代表者：瀧沢 卓	FAX：019-692-1106
所在地：岩手郡雫石町高前田152	URL：www.iwategyu.jp/about_iwategyu/meigara/shizukuishigyu.html
	メールアドレス：−

岩 手 県

岩手しわ　もちもち牛
（いわてしわ もちもちぎゅう）

品種または交雑種の交配様式
黒毛和種

飼育管理
出荷月齢 ：29カ月齢 指定肥育地 ：岩手中央農協管内 飼料の内容 ：粉砕したもち米、稲ホールクロップサイレージ・配合飼料

GI登録・農場HACCP・JGAP
GI登　録：－ 農場HACCP：－ JGAP：－

販売指定店制度について
指定店制度：有 販促ツール：シールのぼり、パンフレット

商標登録の有無：有
登録取得年月日：2014 年 7 月 11 日
銘柄規約の有無：有
規約設定年月日：1999 年 4 月 1 日
規約改定年月日：－

主な流通経路および販売窓口
◆主なと畜場 ：いわちく、東京食肉市場
◆主な処理場 ：同上
◆格付等級 ：3 等級以上 ◆年間出荷頭数 ：200 頭 ◆主要取扱企業 ：いわちく、全農、ＪＡシンセラ
◆輸出実績国・地域 ：－
◆今後の輸出意欲 ：有

特長
●もち米産地である地の利を生かし、そのもち米を食べて育ったもちもち牛は肉のうま味と軟らかさが逸品です。

概要	管 理 主 体：岩手中央農業協同組合 代 表 者：浅沼 清一 代表理事組合長 所 在 地：紫波郡紫波町桜町字上野沢 38-1	電　　　　話：019-676-3512 Ｆ　Ａ　Ｘ：019-672-1595 Ｕ　Ｒ　Ｌ：www.ja-iwatechuoh.jp メールアドレス：－

岩 手 県

岩手しわ牛
（いわてしわぎゅう）

品種または交雑種の交配様式
黒毛和種

飼育管理
出荷月齢 ：27〜32カ月齢 指定肥育地 ：岩手中央農協管内 飼料の内容 ：配合飼料、地元の稲わら

GI登録・農場HACCP・JGAP
GI登　録：－ 農場HACCP：－ JGAP：－

販売指定店制度について
指定店制度：有 販促ツール：シール、のぼり、パンフレット

商標登録の有無：無
登録取得年月日：－
銘柄規約の有無：有
規約設定年月日：1989 年 4 月 1 日
規約改定年月日：－

主な流通経路および販売窓口
◆主なと畜場 ：いわちく、東京都食肉市場
◆主な処理場 ：同上
◆格付等級 ：3 等級以上 ◆年間出荷頭数 ：250 頭 ◆主要取扱企業 ：いわちく、全農、東京都食肉市場
◆輸出実績国・地域 ：－
◆今後の輸出意欲 ：有

特長
●緑豊かな自然、清らかな水、澄んだ大気の飼育環境を最大限活かし、きめ細かな人情あふれる素朴な心など、丹精込めて育て上げた高級和牛。
●ステーキをはじめ、すべての牛肉料理を、満足させる特選牛肉です。

概要	管 理 主 体：岩手中央農業協同組合 代 表 者：浅沼 清一 代表理事組合長 所 在 地：紫波郡紫波町桜町字上野沢 38-1	電　　　　話：019-676-3512 Ｆ　Ａ　Ｘ：019-672-1595 Ｕ　Ｒ　Ｌ：www.ja-iwatechuoh.jp メールアドレス：－

岩 手 県

いわてたんかくわぎゅう
いわて短角和牛

自然・安心・美味

いわて短角和牛®

商標登録：5029320号
いわて牛普及推進協議会
http://www.iwategyu.jp/

品種または交雑種の交配様式	
日本短角種	

飼育管理	
出荷月齢 ：20〜30カ月齢	
指定肥育地 ：協議会会員牧場	
飼料の内容 ：規定は特に無し	

GI登録・農場HACCP・JGAP	
GI登録：無	
農場HACCP：無	
JGAP：無	

販売指定店制度について	
指定店制度：有	
販促ツール：条件付きで有り	

商標登録の有無：有
登録取得年月日：2007年3月2日
銘柄規約の有無：有
規約設定年月日：1998年6月11日
規約改定年月日：2015年6月4日

主な流通経路および販売窓口

◆主なと畜場
：いわちく

◆主な処理場
：同上

◆格付等級
：AB・2等級以上
◆年間出荷頭数
：400頭
◆主要取扱企業
：いわちくほか

◆輸出実績国・地域
：無

◆今後の輸出意欲
：有

特長
- 岩手の自然と風土の中で育ち、母子放牧と自然交配で子牛を生産する（夏山冬里方式）のエシカルな牛肉。
- 脂肪分が少なくヘルシーな赤身肉で、かみしめる食感と肉のうま味が特長。

概要		
管理主体：いわて牛普及推進協議会	電話：019-629-5732
代表者：佐藤 隆浩 会長	FAX：019-651-7172
所在地：盛岡市内丸 10-1	URL：www.iwategyu.jp メールアドレス：info@iwategyu.jp

岩 手 県

いわてっこ　たんかくわぎゅう
なんぶのあかうし
いわてっ子　短角和牛
南部の赤牛

南部の赤牛

品種または交雑種の交配様式	
日本短角種	

飼育管理	
出荷月齢 ：24カ月齢平均	
指定肥育地 ：岩手県内の指定牧場	
飼料の内容 ：－	

GI登録・農場HACCP・JGAP	
GI登録：無	
農場HACCP：無	
JGAP：無	

販売指定店制度について	
指定店制度：－	
販促ツール：のぼり、パックシール、ポスターなど	

商標登録の有無：有
登録取得年月日：2012年10月26日
銘柄規約の有無：無
規約設定年月日：－
規約改定年月日：－

主な流通経路および販売窓口

◆主なと畜場
：仙台市食肉市場

◆主な処理場
：同上

◆格付等級
：－
◆年間出荷頭数
：300頭
◆主要取扱企業
：日本ハム、東日本フード

◆輸出実績国・地域
：－

◆今後の輸出意欲
：有

特長
- 赤身主体の牛肉で昔ながらの味が特徴。

概要		
管理主体：農業生産法人㈲うしちゃんファーム	電話：0225-98-8829
代表者：佐藤 一貴 代表取締役社長	FAX：0225-98-8929
所在地：宮城県石巻市須江字畳石前 1-11	URL：www.ushichan.jp メールアドレス：info@ushichan.jp

<table>
<tr><td colspan="2">品種または
交雑種の交配様式</td><td colspan="2" style="text-align:center">岩 手 県
いわてとおのぎゅう
いわて遠野牛</td><td colspan="2">主な流通経路および販売窓口</td></tr>
</table>

品種または 交雑種の交配様式	岩 手 県 いわてとおのぎゅう いわて遠野牛	主な流通経路および販売窓口
黒毛和種		◆主なと畜場 　：水戸ミートセンター
飼育管理		◆主な処理場 　：－
出荷月齢 　：30カ月齢 指定肥育地 　：遠野市内 飼料の内容 　：配合飼料および出荷半年前から 　　遠野産飼料米を給与		◆格付等級 　：－ ◆年間出荷頭数 　：1,000 頭 ◆主要取扱企業 　：エスフーズ
GI登録・農場HACCP・JGAP	商標登録の有無：有 登録取得年月日：2012 年 12 月 28 日 銘柄規約の有無：無 規約設定年月日：－ 規約改定年月日：－	◆輸出実績国・地域 　：無 ◆今後の輸出意欲 　：無
GＩ登　録：無 農場HACCP：－ ＪＧＡＰ：2020 年　3 月 30 日		
販売指定店制度について	特 長 ●広大な高原放牧地と清流で育まれた子牛を全国各地へ供給しており、全国的に高い評価を得ている。 ●舌ざわりが良く、とろけるようなまろやかさが口いっぱいに広がる脂肪の甘さが特長。	
指定店制度：無 販促ツール：－		

概要	管 理 主 体　：遠野市 代　表　者　：本田　敏秋　遠野市長 所　在　地　：遠野市中央通り 9 番 1 号	電　　　　話：0198-62-2111 ＦＡＸ：0198-60-1523 ＵＲＬ：－ メールアドレス：－

品種または 交雑種の交配様式	岩 手 県 いわてはちまんたいぎゅう いわて八幡平牛	主な流通経路および販売窓口
黒毛和種		◆主なと畜場 　：東京都食肉市場、いわちく
飼育管理		◆主な処理場 　：いわちく
出荷月齢 　：30カ月齢 指定肥育地 　：八幡平市 飼料の内容 　：配合飼料、稲わら、飼料米（試験中）		◆格付等級 　：3 等級以上 ◆年間出荷頭数 　：150 頭 ◆主要取扱企業 　：いわちく、ＪＡ全農ミートフーズ
GI登録・農場HACCP・JGAP	商標登録の有無：有 登録取得年月日：－ 銘柄規約の有無：有 規約設定年月日：－ 規約改定年月日：－	◆輸出実績国・地域 　：シンガポール、アメリカ、香港 ◆今後の輸出意欲 　：有
GＩ登　録：無 農場HACCP：無 ＪＧＡＰ：無		
販売指定店制度について	特 長 ●「自然が母、名水が父」をキャッチフレーズに地元産の子牛を市場で購入して、丹念に、日々健康状態に気を配り、約 30 カ月齢出荷。 ●上物率 7 割後半で、共励会、研究会において入賞を果たす。	
指定店制度：無 販促ツール：条件付きで有り		

概要	管 理 主 体：八幡平市牛肉推進協議会 代　表　者：田村　正彦 所　在　地：八幡平市田頭 39-72-2	電　　　話：0195-75-1111 ＦＡＸ：0195-75-2127 ＵＲＬ：www.jaiwate.or.jp/shin-iwate/hachimantai-gyu/ メールアドレス：－

岩 手 県

いわて南牛
（いわてみなみぎゅう）

品種または 交雑種の交配様式
黒毛和種

飼育管理
出荷月齢 　：29〜32カ月齢平均 指定肥育地 　：一関市、平泉町管内、40戸 飼料の内容 　：みなみビーフ

GI登録・農場HACCP・JGAP
ＧＩ登　録：無 農場HACCP：無 ＪＧＡＰ：無

販売指定店制度について
指定店制度　：有 販促ツール：シール、ポスタ 　　　　　　ー、のぼり

商標登録の有無：有
登録取得年月日：2010 年 3 月 12 日
銘柄規約の有無：有
規約設定年月日：2009 年 2 月 7 日
規約改定年月日：−

主な流通経路および販売窓口

◆主なと畜場
　：東京食肉市場

◆主な処理場
　：同上

◆格付等級
　：A3 等級以上
◆年間出荷頭数
　：600 頭
◆主要取扱企業
　：東京都食肉市場、いわちく

◆輸出実績国・地域
　：−

◆今後の輸出意欲
　：有

特長
●岩手県内産の子牛を主産地として良質な粗飼料を与え、安全・安心、味わいにこだわった逸品の極上和牛。

概要		
管 理 主 体 ： いわて南牛振興協会	電　　　　話 ： 0191-21-8427
代 表 者 ： 勝部 修 会長 一関市市長	Ｆ　Ａ　Ｘ ： 0191-21-4221
所 在 地 ： 一関市竹山町 7-2	Ｕ Ｒ Ｌ ： − メールアドレス ： −

岩 手 県

奥中山高原牛
（おくなかやまこうげんぎゅう）

品種または 交雑種の交配様式
交雑種 （ホルスタイン種 × 黒毛和種）

飼育管理
出荷月齢 　：27〜29カ月齢 指定肥育地 　：岩手県内 飼料の内容 　：カナン牧場独自配合飼料

GI登録・農場HACCP・JGAP
ＧＩ登　録：無　　　　月　日 農場HACCP：無 ＪＧＡＰ：無

販売指定店制度について
指定店制度　：無 販促ツール：有

商標登録の有無：無
登録取得年月日：−
銘柄規約の有無：有
規約設定年月日：−
規約改定年月日：−

主な流通経路および販売窓口

◆主なと畜場
　：スターゼンミートプロセッサー
　　青森工場三戸ビーフセンター

◆主な処理場
　：同上
◆格付等級
　：2 等級以上
◆年間出荷頭数
　：700 頭
◆主要取扱企業
　：スターゼン

◆輸出実績国・地域
　：無

◆今後の輸出意欲
　：有

特長
●岩手県北部に位置し、奥中山高原の夏季冷涼な気候や自然豊かな風土を生かした肥育生産を行っています。

概要		
管 理 主 体 ： 新岩手農業協同組合 　　　　　　　奥中山肥育牛生産部会	電　　　　話 ： 0195-35-2212
代 表 者 ： 木戸 幸一	Ｆ　Ａ　Ｘ ： 0195-35-2414
所 在 地 ： 二戸郡一戸町中山字大塚 82-2	Ｕ Ｒ Ｌ ： − メールアドレス ： −

岩 手 県

げんまいそだちいわてめんこいくろうし

玄米育ち
岩手めんこい黒牛

品種または 交雑種の交配様式
交雑種 （ホルスタイン種 × 黒毛和種）

飼育管理
出荷月齢 　：27カ月齢平均 指定肥育地 　：岩手県内 飼料の内容 　：独自配合飼料および飼料米を5 　　％以上

GI登録・農場HACCP・JGAP
ＧＩ登　録：無 農場HACCP：無 ＪＧＡＰ：無

販売指定店制度について
指定店制度　：有 販促ツール：銘柄名称のシー 　　　　　　　ル、のぼりなど

商標登録の有無：有
登録取得年月日：2012 年 6 月15 日
銘柄規約の有無：有
規約設定年月日：2012 年 6 月15 日
規約改定年月日：－

主な流通経路および販売窓口
◆主なと畜場 　：本庄食肉センター
◆主な処理場 　：同上
◆格付等級 　：2 等級以上 ◆年間出荷頭数 　：3,000 頭 ◆主要取扱企業 　：米久
◆輸出実績国・地域 　：シンガポール、アメリカ、香港、 　　台湾 ◆今後の輸出意欲 　：有

特長	●定期的に1頭ごとの体重測定など徹底した健康・衛生管理のもとで飼育。 ●循環型農業で地元農業活性化に取り組んで、たい肥を水田に施肥し、生産された 　飼料用米を使用。 ●最長飼養地が岩手県であること。 ●飼料米比率5％以上であること。

概要	管 理 主 体　：㈲キロサ肉畜生産センター 代 表 者　：金森 史浩 代表取締役 所 在 地　：岩手郡岩手町大字川口 22-80-38	電　　　　話　：0195-68-7766 Ｆ Ａ Ｘ　：0195-68-7767 Ｕ Ｒ Ｌ　：kirosa.jp メールアドレス：info@kirosa.jp

岩 手 県

げんまいそだちいわてめんこいひめうし

玄米育ち
岩手めんこい姫牛

品種または 交雑種の交配様式
交雑種（雌） （ホルスタイン種 × 黒毛和種）

飼育管理
出荷月齢 　：27カ月齢平均 指定肥育地 　：岩手県内 飼料の内容 　：独自配合飼料および飼料米を5 　　％以上

GI登録・農場HACCP・JGAP
ＧＩ登　録：未定 農場HACCP：未定 ＪＧＡＰ：未定

販売指定店制度について
指定店制度　：有 販促ツール：銘柄名称シール、 　　　　　　　のぼりなど

商標登録の有無：有
登録取得年月日：2018 年 11 月
銘柄規約の有無：無
規約設定年月日：－
規約改定年月日：－

主な流通経路および販売窓口
◆主なと畜場 　：本庄食肉センター
◆主な処理場 　：同上
◆格付等級 　：2 等級以上 ◆年間出荷頭数 　：－ ◆主要取扱企業 　：米久
◆輸出実績国・地域 　：シンガポール香港
◆今後の輸出意欲 　：有

特長	●定期的に1頭ごとの体重測定を実施、徹底した健康・衛生管理のもとで飼育。 ●循環型農業で地元農業活性化に取り組み、堆肥を水田に施肥し、生産された飼料 　用米を使用。 ●最長飼養地が岩手県であること。 ●飼料米比率5％以上であること。

概要	管 理 主 体　：㈲キロサ肉畜生産センター 代 表 者　：金森 史浩 代表取締役 所 在 地　：岩手郡岩手町大字川口 22-80-38	電　　　　話　：0195-68-7766 Ｆ Ａ Ｘ　：0195-68-7767 Ｕ Ｒ Ｌ　：kirosa.jp メールアドレス：info@kirosa.jp

岩手県

太陽サンサン牛
（たいようさんさんぎゅう）

品種または交雑種の交配様式
日本短角種

飼育管理
出荷月齢 　：26カ月齢 指定肥育地 　：－ 飼料の内容 　：－

GI登録・農場HACCP・JGAP
GI登録：無 農場HACCP：無 JGAP：無

販売指定店制度について
指定店制度：有 販促ツール：シール、のぼり、 　　　　　　ポスター

商標登録の有無：有
登録取得年月日：2013 年 3 月 8 日
銘柄規約の有無：無
規約設定年月日：－
規約改定年月日：－

特長

主な流通経路および販売窓口
◆主なと畜場 　：－ ◆主な処理場 　：－ ◆格付等級 　：－ ◆年間出荷頭数 　：250 頭 ◆主要取扱企業 　：－ ◆輸出実績国・地域 　：－ ◆今後の輸出意欲 　：有

概要		
管理主体	：農業生産法人㈲うしちゃんファーム	電話：0225-98-8829
代表者	：佐藤 一貴 代表取締役社長	FAX：0225-98-8929
所在地	：宮城県石巻市須江字畳石前 1-11	URL：www.ushichan.jp メールアドレス：info@ushichan.jp

---

岩手県

短角和牛
（たんかくわぎゅう）

品種または交雑種の交配様式
日本短角種

飼育管理
出荷月齢 　：26カ月齢 指定肥育地 　：岩手県内の指定牧場 飼料の内容 　：－

GI登録・農場HACCP・JGAP
GI登録：無 農場HACCP：無 JGAP：無

販売指定店制度について
指定店制度：－ 販促ツール：シール、ミニのぼ 　　　　　　り、ポスター

商標登録の有無：無
登録取得年月日：－
銘柄規約の有無：無
規約設定年月日：－
規約改定年月日：－

特長

主な流通経路および販売窓口
◆主なと畜場 　：仙台市食肉市場 ◆主な処理場 　：同上 ◆格付等級 　：－ ◆年間出荷頭数 　：250 頭 ◆主要取扱企業 　：日本ハム、東日本フード ◆輸出実績国・地域 　：台湾、ベトナム ◆今後の輸出意欲 　：有

概要		
管理主体	：農業生産法人㈲うしちゃんファーム	電話：0225-98-8829
代表者	：佐藤 一貴 代表取締役社長	FAX：0225-98-8929
所在地	：宮城県石巻市須江字畳石前 1-11	URL：www.ushichan.jp メールアドレス：info@ushichan.jp

岩 手 県

とうほくびーふ
東北ビーフ

品種または 交雑種の交配様式
交雑種 （ホルスタイン種雌 × 黒毛和種雄） ホルスタイン種

飼育管理
出荷月齢 　：28カ月齢 指定肥育地 　：− 飼料の内容 　：−

GI登録・農場HACCP・JGAP
ＧＩ登　録：無 農場HACCP：無 ＪＧＡＰ：無

販売指定店制度について
指 定 店 制 度 ： − 販 促 ツ ー ル ： シール、のぼり、 　　　　　　　　　ポスター

商標登録の有無：有
登録取得年月日：2011 年 1 月14日
銘柄規約の有無：無
規約設定年月日：−
規約改定年月日：−

特長

主な流通経路および販売窓口

◆ 主なと畜場
　：仙台市食肉市場

◆ 主な処理場
　：同上

◆ 格付等級
　：−
◆ 年間出荷頭数
　：500 頭
◆ 主要取扱企業
　：−

◆ 輸出実績国・地域
　：−

◆ 今後の輸出意欲
　：有

概要	管 理 主 体 ： 農業生産法人㈲うしちゃんファーム	電　　　　話 ： 0225-98-8829
	代 表 者 ： 佐藤 一貴 代表取締役社長	Ｆ　Ａ　Ｘ ： 0225-98-8929
	所 在 地 ： 宮城県石巻市須江字畳石前 1-11	Ｕ　Ｒ　Ｌ ： www.ushichan.jp
		メールアドレス ： info@ushichan.jp

岩 手 県

ななぎゅう
七 牛

品種または 交雑種の交配様式
交雑種 （ホルスタイン種雌 × 黒毛和種雄） ホルスタイン種

飼育管理
出荷月齢 　：28カ月齢 指定肥育地 　：− 飼料の内容 　：−

GI登録・農場HACCP・JGAP
ＧＩ登　録：無 農場HACCP：無 ＪＧＡＰ：無

販売指定店制度について
指 定 店 制 度 ： − 販 促 ツ ー ル ： シール、ミニのぼ 　　　　　　　　　り、ポスター

商標登録の有無：有
登録取得年月日：2009 年 2 月 3 日
銘柄規約の有無：無
規約設定年月日：−
規約改定年月日：−

特長

主な流通経路および販売窓口

◆ 主なと畜場
　：−

◆ 主な処理場
　：−

◆ 格付等級
　：−
◆ 年間出荷頭数
　：250 頭
◆ 主要取扱企業
　：−

◆ 輸出実績国・地域
　：−

◆ 今後の輸出意欲
　：有

概要	管 理 主 体 ： 農業生産法人㈲うしちゃんファーム	電　　　　話 ： 0225-98-8829
	代 表 者 ： 佐藤 一貴 代表取締役社長	Ｆ　Ａ　Ｘ ： 0225-98-8929
	所 在 地 ： 宮城県石巻市須江字畳石前 1-11	Ｕ　Ｒ　Ｌ ： www.ushichan.jp
		メールアドレス ： info@ushichan.jp

岩 手 県

花巻黄金和牛
はなまきおうごんわぎゅう

品種または交雑種の交配様式		主な流通経路および販売窓口
黒毛和種		◆主なと畜場 ：ー
飼育管理		◆主な処理場 ：ー
出荷月齢 ：30カ月齢 指定肥育地 ：ー 飼料の内容 ：ー		◆格付等級 ： ◆年間出荷頭数 ：ー ◆主要取扱企業 ：ー
GI登録・農場HACCP・JGAP	商標登録の有無：有 登録取得年月日：2014 年 5 月 9 日 銘柄規約の有無：無	◆輸出実績国・地域 ：ー
GI 登 録：無 農場HACCP：無 JGAP：無	規約設定年月日：ー 規約改定年月日：ー	◆今後の輸出意欲 ：有
販売指定店制度について	特	
指 定 店 制 度：ー 販 促 ツ ー ル：シール、ミニのぼり、ポスター	長	

概要	管 理 主 体：農業生産法人㈲うしちゃんファーム 代 表 者：佐藤 一貴 代表取締役社長 所 在 地：宮城県石巻市須江字畳石前 1-11	電 話：0225-98-8829 F A X：0225-98-8929 U R L：www.ushichan.jp メールアドレス：info@ushichan.jp

---

岩 手 県

早池峰ビーフ
はやちねびーふ

品種または交雑種の交配様式		主な流通経路および販売窓口
黒毛和種		◆主なと畜場 ：仙台市食肉市場、岩手畜産流通センター
飼育管理		◆主な処理場 ：ー
出荷月齢 ：28カ月齢平均 指定肥育地 ：岩手県内の指定牧場 飼料の内容 ：ー		◆格付等級 ：ー ◆年間出荷頭数 ：650 頭 ◆主要取扱企業 ：日本ハム、東日本フード
GI登録・農場HACCP・JGAP	商標登録の有無：有 登録取得年月日：2011 年 1 月14 日 銘柄規約の有無：無	◆輸出実績国・地域 ：ー
GI 登 録：無 農場HACCP：無 JGAP：無	規約設定年月日：ー 規約改定年月日：ー	◆今後の輸出意欲 ：有
販売指定店制度について	特	
指 定 店 制 度：ー 販 促 ツ ー ル：シール、ミニのぼり、ポスター	長	

概要	管 理 主 体：農業生産法人㈲うしちゃんファーム 代 表 者：佐藤 一貴 代表取締役社長 所 在 地：宮城県石巻市須江字畳石前 1-11	電 話：0225-98-8829 F A X：0225-98-8929 U R L：www.ushichan.jp メールアドレス：info@ushichan.jp

岩 手 県

早池峰和牛
（はやちねわぎゅう）

品種または交雑種の交配様式
黒毛和種

飼育管理
出荷月齢 ：28カ月齢平均 指定肥育地 ：岩手県内の指定牧場 飼料の内容 ：－

GI登録・農場HACCP・JGAP
GI 登 録：無 農場HACCP：無 ＪＧＡＰ：無

販売指定店制度について
指 定 店 制 度 ：－ 販 促 ツ ー ル ：のぼり、パックシールなど

商標登録の有無：有
登録取得年月日：2011 年 1 月 14 日
銘柄規約の有無：無
規約設定年月日：－
規約改定年月日：－

主な流通経路および販売窓口
◆主なと畜場 ：仙台市食肉市場、岩手畜産流通センター ◆主な処理場 ：同上
◆格付等級 ：－ ◆年間出荷頭数 ：500 頭 ◆主要取扱企業 ：日本ハム、東日本フード
◆輸出実績国・地域 ：－
◆今後の輸出意欲 ：有

特長
● 早池峰山の周辺で肥育された黒毛和牛。

概要	管 理 主 体：農業生産法人㈲うしちゃんファーム	電 話：0225-98-8829
	代 表 者：佐藤 一貴 代表取締役社長	ＦＡＸ：0225-98-8929
	所 在 地：宮城県石巻市須江字畳石前 1-11	ＵＲＬ：www.ushichan.jp メールアドレス：info@ushichan.jp

---

岩 手 県

前 沢 牛
（まえさわぎゅう）

品種または交雑種の交配様式
黒毛和種

飼育管理
出荷月齢 ：30〜34カ月齢 指定肥育地 ：前沢地域内 飼料の内容 ：稲わら、牧草、とうもろこし、大麦、飼料用米など

GI登録・農場HACCP・JGAP
GI 登 録：2017 年 3 月 3 日 農場HACCP：無 ＪＧＡＰ：無

販売指定店制度について
指 定 店 制 度 ：有 販 促 ツ ー ル ：条件付きで有り

商標登録の有無：有
登録取得年月日：1990 年 6 月 28 日
銘柄規約の有無：有
規約設定年月日：1987 年 4 月 1 日
規約改定年月日：2014 年 1 月 14 日

主な流通経路および販売窓口
◆主なと畜場 ：東京都食肉市場、岩手畜産流通センター ◆主な処理場 ：－
◆格付等級 ：4 等級以上 ◆年間出荷頭数 ：900〜1,000 頭 ◆主要取扱企業 ：東京都食肉市場、いわちく
◆輸出実績国・地域 ：台湾
◆今後の輸出意欲 ：有

特長
● 全国肉用牛枝肉共励会において全国最多の通算 6 度の名誉賞に裏付けされた確かな肉質。
● 生産者が一頭一頭丹精込めて育てた「味の芸術品」

概要	管 理 主 体：岩手前沢牛協会	電 話：0197-34-0263
	代 表 者：小沢 昌記	ＦＡＸ：0197-56-2171
	所 在 地：奥州市前沢字七日町裏 71	ＵＲＬ：www.maesawagyu.net メールアドレス：gyu-ta@city-oshu.iwate.jp

宮 城 県

いしのまきおうごんわぎゅう
石巻黄金和牛

品種または 交雑種の交配様式
黒毛和種
飼育管理

出荷月齢
：28カ月齢平均
指定肥育地
：宮城県内の指定牧場
飼料の内容
：宮城県石巻地方の稲わらを給与

GI登録・農場HACCP・JGAP

GI登　録：無
農場HACCP：無
JGAP：無

販売指定店制度について

指定店制度 ：－
販促ツール ：のぼり、パックシ
　　　　　　　ール

商標登録の有無：有
登録取得年月日：2013 年 8 月 9 日
銘柄規約の有無：無
規約設定年月日：－
規約改定年月日：－

主な流通経路および販売窓口

◆ 主なと畜場
　：仙台市食肉市場

◆ 主な処理場
　：同上

◆ 格付等級
　：－

◆ 年間出荷頭数
　：500 頭

◆ 主要取扱企業
　：日本ハム、東日本フード

◆ 輸出実績国・地域
　：－

◆ 今後の輸出意欲
　：有

特長
● 石巻地方の稲わらを給与し、国産飼料米を与えた牛。

概要	管 理 主 体 ： 農業生産法人㈲うしちゃんファーム 代 表 者 ： 佐藤 一貴 代表取締役社長 所 在 地 ： 宮城県石巻市須江字畳石前 1-11	電 話 ： 0225-98-8829 F A X ： 0225-98-8929 U R L ： www.ushichan.jp メールアドレス ： info@ushichan.jp

宮 城 県

いしのまきぎゅうたくみおうごんわぎゅう
石巻牛匠黄金和牛

品種または 交雑種の交配様式
黒毛和種
飼育管理

出荷月齢
：30カ月齢
指定肥育地
：宮城県内の指定牧場
飼料の内容
：－

GI登録・農場HACCP・JGAP

GI登　録：無
農場HACCP：無
JGAP：無

販売指定店制度について

指定店制度 ：有
販促ツール ：－

商標登録の有無：有
登録取得年月日：2013 年 8 月 9 日
銘柄規約の有無：無
規約設定年月日：－
規約改定年月日：－

主な流通経路および販売窓口

◆ 主なと畜場
　：－

◆ 主な処理場
　：－

◆ 格付等級
　：－

◆ 年間出荷頭数
　：100 頭

◆ 主要取扱企業
　：－

◆ 輸出実績国・地域
　：－

◆ 今後の輸出意欲
　：－

特長

概要	管 理 主 体 ： 農業生産法人㈲うしちゃんファーム 代 表 者 ： 佐藤 一貴 代表取締役社長 所 在 地 ： 宮城県石巻市須江字畳石前 1-11	電 話 ： 0225-98-8829 F A X ： 0225-98-8929 U R L ： www.ushichan.jp メールアドレス ： info@ushichan.jp

宮城県 うしちゃん

<small>うしちゃん</small>

品種または 交雑種の交配様式
黒毛和種、交雑種

飼育管理
出荷月齢 ：約24カ月齢以上 指定肥育地 ：－ 飼料の内容 ：－

GI登録・農場HACCP・JGAP
ＧＩ登録：無 農場HACCP：無 ＪＧＡＰ：無

販売指定店制度について
指定店制度：無 販促ツール：条件付きで有り

商標登録の有無：有
登録取得年月日：2003 年 10 月 17 日
銘柄規約の有無：無
規約設定年月日：－
規約改定年月日：－

主な流通経路および販売窓口
◆主なと畜場 ：－
◆主な処理場 ：－
◆格付等級
◆年間出荷頭数
◆主要取扱企業 ：－
◆輸出実績国・地域 ：無
◆今後の輸出意欲 ：有

特長
● うしちゃんファームが定め、統一した適正な管理のもと、安全な飼料と良質な稲わらをふんだんに与え、真心込めて育んだ牛。

概要	管理主体	：農業生産法人㈲うしちゃんファーム	電話	：0225-98-8829
	代表者	：佐藤 一貴 代表取締役社長	FAX	：0225-98-8929
			URL	：www.ushichan.jp
	所在地	：宮城県石巻市須江字畳石前 1-11	メールアドレス	：info@ushichan.jp

宮城県 黒毛和牛日高見

<small>くろげわぎゅうひだかみ</small>

品種または 交雑種の交配様式
黒毛和種

飼育管理
出荷月齢 ：30～32カ月齢平均 指定肥育地 ：－ 飼料の内容 ：－

GI登録・農場HACCP・JGAP
ＧＩ登録：無 農場HACCP：無 ＪＧＡＰ：無

販売指定店制度について
指定店制度：無 販促ツール：シール、パンフレット

商標登録の有無：有
登録取得年月日：2002 年 11 月 22 日
銘柄規約の有無：有
規約設定年月日：2014 年 7 月 1 日
規約改定年月日：－

主な流通経路および販売窓口
◆主なと畜場 ：仙台市食肉市場、東京都食肉市場、横浜市食肉市場、京都市食肉市場、いわちく、和牛マスター食肉センター
◆主な処理場 ：－
◆格付等級 ：3 等級以上
◆年間出荷頭数 ：1,600 頭
◆主要取扱企業 ：仙台市食肉市場、東京都食肉市場、横浜市食肉市場、京都市食肉市場
◆輸出実績国・地域 ：香港
◆今後の輸出意欲 ：有

特長
● 生活習慣病の予防に役立つものとして注目されている、オレイン酸、パルミトレイン酸などの不飽和脂肪酸の値が高く、サラリとして口飽きしない、ジューシーで、体に優しいうま味のある牛肉。

概要	管理主体	：㈱日高見牧場	電話	：0220-52-3971
	代表者	：佐藤 健	FAX	：0220-52-2885
			URL	：www.hidakami.co.jp
	所在地	：登米市登米町寺池銀山 108-1	メールアドレス	：sato@hidakami.co.jp

宮城県

こめこめう米牛
（こめこめうまいぎゅう）

品種または交雑種の交配様式
黒毛和種

飼育管理
出荷月齢 ：30カ月齢 指定肥育地 ：－ 飼料の内容 ：－

GI登録・農場HACCP・JGAP
GI登録：無 農場HACCP：無 JGAP：無

販売指定店制度について
指定店制度：有 販促ツール：シール、のぼり、ポスター

商標登録の有無：有
登録取得年月日：2013 年 5 月31日
銘柄規約の有無：無
規約設定年月日：－
規約改定年月日：－

特長

主な流通経路および販売窓口
◆主なと畜場 　：－
◆主な処理場 　：－
◆格付等級 ◆年間出荷頭数 ◆主要取扱企業 　：－
◆輸出実績国・地域 　：－
◆今後の輸出意欲 　：－

概要	管 理 主 体：農業生産法人㈲うしちゃんファーム 代 表 者：佐藤 一貴 代表取締役社長 所 在 地：宮城県石巻市須江字畳石前 1-11	電 話：0225-98-8829 FAX：0225-98-8829 URL：www.ushichan.jp メールアドレス：info@ushichan.jp

---

宮城県

蔵王牛
（ざおうぎゅう）

品種または交雑種の交配様式
黒毛和種を父牛とした交雑種または肉専用種

飼育管理
出荷月齢 ：27カ月齢 指定肥育地 ：蔵王高原牧場、宮城蔵王牧場 飼料の内容 ：国産大麦、宮城県産飼料米、東北産稲わらなど、飼料原料の国産化を目ざしている

GI登録・農場HACCP・JGAP
GI登録：無 農場HACCP：2018 年 3 月30日 JGAP：無

販売指定店制度について
指定店制度：有 販促ツール：有

商標登録の有無：有
登録取得年月日：2001 年 10月19日
銘柄規約の有無：有
規約設定年月日：2001 年 10月18日
規約改定年月日：2008 年 12 月 1 日

主な流通経路および販売窓口
◆主なと畜場 　：山形県食肉公社ほか
◆主な処理場 　：山形ビーフセンター（自社加工場）
◆格付等級 　：3 等級以上（生後 27 カ月齢以上は 2 等級も含める） ◆年間出荷頭数 　：800 頭 ◆主要取扱企業 　：髙橋畜産食肉
◆輸出実績国・地域 　：無
◆今後の輸出意欲 　：有

特長
- 作り手のコンセプトや技術がそのまま肉の個性になる蔵王牧場という、たった一つの生産者から出荷されるブランド。
- 品質はバラツキなく安定し、牧場環境から育て方、飼料、安全性に至るまで些細なこだわりを積み重ね最高品質を目ざして本来の個性を最大限に発揮する丁寧に仕上げている。
- 徹底した衛生管理行う農場 HACCP の認証農場から安心・安全をお届けする。
- 商標登録（平成 13 年 10 月 19 日）第 4514164 号

概要	管 理 主 体：髙橋畜産食肉㈱、㈱蔵王高原牧場 代 表 者：髙橋 勝幸 代表取締役 所 在 地：山形市青田 1-1-44	電 話：023-666-8429 FAX：023-685-1665 URL：www.takahashi-chikusan.co.jp メールアドレス：info@takachiku.jp

宮城県

三陸金華和牛
（さんりくきんかわぎゅう）

品種または交雑種の交配様式		主な流通経路および販売窓口

品種または交雑種の交配様式

黒毛和種

飼育管理

出荷月齢
　：26〜34カ月齢
指定肥育地
　：－
飼料の内容
　：－

GI登録・農場HACCP・JGAP

ＧＩ登　録：無
農場HACCP：無
Ｊ　Ｇ　Ａ　Ｐ：無

販売指定店制度について

指定店制度　：有
販促ツール　：有

商標登録の有無：有
登録取得年月日：2007年 8月31日
銘柄規約の有無：有
規約設定年月日：－
規約改定年月日：－

主な流通経路および販売窓口

◆主なと畜場
　：仙台市食肉市場

◆主な処理場
　：同上

◆格付等級
　：3等級以上
◆年間出荷頭数
　：480頭
◆主要取扱企業
　：－

◆輸出実績国・地域
　：香港、ベトナム、ロシア

◆今後の輸出意欲
　：有

特長
●三陸海岸の恵みを受けた緑豊かな気候の中で、適正管理のもと、安全な飼料と良質な稲わらを与え、愛情込めて育んだ牛肉です。

概要

管　理　主　体　： 農業生産法人㈲うしちゃんファーム
代　　表　　者　： 佐藤　一貴　代表取締役社長
所　　在　　地　： 宮城県石巻市須江字畳石前 1-11
電　　　　話　： 0225-98-8829
Ｆ　Ａ　Ｘ　： 0225-98-8929
Ｕ　Ｒ　Ｌ　： www.ushichan.jp
メールアドレス　： info@ushichan.jp

宮城県

新生漢方牛
（しんせいかんぽうぎゅう）

品種または交雑種の交配様式

黒毛和種、褐毛和種
黒毛和種 × 褐毛和種
交雑種（ホルスタイン種 × 黒毛和種）
日本短角種、そのほか

飼育管理

出荷月齢
　：27〜33カ月齢
指定肥育地
　：宮城、山形、岩手、熊本
飼料の内容
　：配合飼料、漢方草14種類を自家配合

GI登録・農場HACCP・JGAP

ＧＩ登　録：無
農場HACCP：無
Ｊ　Ｇ　Ａ　Ｐ：無

販売指定店制度について

指定店制度　：－
販促ツール　：－

商標登録の有無：有
登録取得年月日：－
銘柄規約の有無：有
規約設定年月日：－
規約改定年月日：－

主な流通経路および販売窓口

◆主なと畜場
　：仙台市食肉市場、山形県食肉公社

◆主な処理場
　：同上

◆格付等級
　：交雑種（AB2〜AB5）、黒毛 × 褐毛（AB2〜AB5）、黒毛和種（A2〜A5）
◆年間出荷頭数
　：700頭
◆主要取扱企業
　：新生漢方牛販売指定店舗

◆輸出実績国・地域
　：－

◆今後の輸出意欲
　：－

特長
●漢方のクコ、サンザシ、ナツメ、鹿角霊芝、ハトムギ、エゴマの実、桑の葉、半ぬか、クマザサ、ソバ、昆布、ハブ茶、ステビアの14種類を自家配合して漢方飼料として与えています。

概要

管　理　主　体　： 関村畜産
代　　表　　者　： 関村　清幸
所　　在　　地　： 栗原郡築館町字照越午房森24
電　　　　話　： 0228-22-2879
Ｆ　Ａ　Ｘ　： 0228-22-6400
Ｕ　Ｒ　Ｌ　： －
メールアドレス　： －

宮　城　県

仙台牛
せんだいぎゅう

品種または 交雑種の交配様式	主な流通経路および販売窓口
黒毛和種	◆主なと畜場 ：仙台市食肉市場、東京都食肉市場 ◆主な処理場 ：－
飼育管理	◆格付等級 ：AB・5等級 ◆年間出荷頭数 ：8,900頭 ◆主要取扱企業 ：－
出荷月齢 ：30カ月齢 指定肥育地 ：－ 飼料の内容 ：大麦を中心とした飼料給与と良質な稲わら	
GI登録・農場HACCP・JGAP	商標登録の有無：有 登録取得年月日：2007年8月10日 銘柄規約の有無：有 規約設定年月日：1978年4月1日 規約改定年月日：2017年4月1日
ＧＩ登録：無 農場HACCP：無 ＪＧＡＰ：無	◆輸出実績国・地域 ：香港、アメリカ、シンガポール、台湾、タイ、ベトナム、マカオ ◆今後の輸出意欲 ：有

	販売指定店制度について	特長	●仙台牛生産登録農家が宮城県（最長・最終飼養）で肥育した黒毛和種。 ●大麦を中心とした飼料給与と米どころである宮城県の良質な水と稲わらにより、風味豊かなでキメ細やか、柔らかな霜降り牛肉の逸品である。 ●5等級の肉質のみが仙台牛の称号を名乗ることができる全国屈指のブランド牛である。
	指定店制度：有 販促ツール：シール、のぼり、ポスター		

概要	管　理　主　体：仙台牛銘柄推進協議会 代　表　者：村井　嘉浩　会長　宮城県知事 所　在　地：遠田郡美里町北浦字生地22-1 　　　　　　　（JA全農みやぎ畜産部内）	電　　　　話：0229-35-2720 Ｆ　Ａ　Ｘ：0229-35-2677 Ｕ　Ｒ　Ｌ：－ メールアドレス：－

宮　城　県

仙台黒毛和牛
せんだいくろげわぎゅう

品種または 交雑種の交配様式	主な流通経路および販売窓口
黒毛和種	◆主なと畜場 ：仙台市食肉市場、東京都食肉市場 ◆主な処理場 ：－
飼育管理	◆格付等級 ：A・B3以上等級 ◆年間出荷頭数 ：10,900頭 ◆主要取扱企業 ：－
出荷月齢 ：30カ月齢 指定肥育地 ：－ 飼料の内容 ：大麦を中心とした飼料給与と良質な稲わら	
GI登録・農場HACCP・JGAP	商標登録の有無：有 登録取得年月日：2007年8月10日 銘柄規約の有無：有 規約設定年月日：1978年4月1日 規約改定年月日：2017年4月1日
ＧＩ登録：無 農場HACCP：無 ＪＧＡＰ：無	◆輸出実績国・地域 ：香港、アメリカ、シンガポール、台湾、タイ、ベトナム、マカオ ◆今後の輸出意欲 ：有

	販売指定店制度について	特長	●仙台牛生産登録農家が宮城県（最長・最終飼養）で肥育した黒毛和種。 ●大麦を中心とした飼料給与と米どころである宮城県の良質な水と稲わらにより、風味豊かなでキメ細やか、柔らかな霜降り牛肉の逸品である。
	指定店制度：有 販促ツール：シール、のぼり、ポスター		

概要	管　理　主　体：仙台牛銘柄推進協議会 代　表　者：村井　嘉浩　会長　宮城県知事 所　在　地：遠田郡美里町北浦字生地22-1 　　　　　　　（JA全農みやぎ畜産部内）	電　　　　話：0229-35-2720 Ｆ　Ａ　Ｘ：0229-35-2677 Ｕ　Ｒ　Ｌ：－ メールアドレス：－

宮城県
伊達の赤（だてのあか）

品種または交雑種の交配様式	
黒毛和種、褐毛和種	

飼育管理

出荷月齢	：28カ月齢
指定肥育地	：宮城県内の指定牧場
飼料の内容	：－

GI登録・農場HACCP・JGAP

GI登録	：無
農場HACCP	：無
JGAP	：無

商標登録の有無：－
登録取得年月日：－
銘柄規約の有無：－
規約設定年月日：－
規約改定年月日：－

販売指定店制度について

指定店制度	：有
販促ツール	：－

主な流通経路および販売窓口

- ◆ 主なと畜場：仙台市食肉市場
- ◆ 主な処理場：同上
- ◆ 格付等級：－
- ◆ 年間出荷頭数：100頭
- ◆ 主要取扱企業：－
- ◆ 輸出実績国・地域：－
- ◆ 今後の輸出意欲：有

特長

概要

管理主体	：農業生産法人㈲うしちゃんファーム
代表者	：佐藤 一貴 代表取締役社長
所在地	：宮城県石巻市須江字畳石前1-11
電話	：0225-98-8829
FAX	：0225-98-8929
URL	：www.ushichan.jp
メールアドレス	：info@ushichan.jp

宮城県
伊達の忍（だてのしのび）

品種または交雑種の交配様式	
黒毛和種	

飼育管理

出荷月齢	：－
指定肥育地	：宮城県内の指定牧場
飼料の内容	：－

GI登録・農場HACCP・JGAP

GI登録	：無
農場HACCP	：無
JGAP	：無

商標登録の有無：有
登録取得年月日：2012年10月26日
銘柄規約の有無：無
規約設定年月日：－
規約改定年月日：－

販売指定店制度について

指定店制度	：－
販促ツール	：シール、ミニのぼり、ポスター

主な流通経路および販売窓口

- ◆ 主なと畜場：－
- ◆ 主な処理場：－
- ◆ 格付等級：－
- ◆ 年間出荷頭数：200頭
- ◆ 主要取扱企業：－
- ◆ 輸出実績国・地域：－
- ◆ 今後の輸出意欲：

特長

概要

管理主体	：農業生産法人㈲うしちゃんファーム
代表者	：佐藤 一貴 代表取締役社長
所在地	：石巻市須江字畳石前1-11
電話	：0225-98-8829
FAX	：0225-98-8929
URL	：www.ushichan.jp
メールアドレス	：info@ushichan.jp

宮城県
たんち牛
(たんちぎゅう)

品種または交雑種の交配様式	
黒毛和種	

飼育管理	
出荷月齢	：30カ月齢
指定肥育地	：－
飼料の内容	：－

GI登録・農場HACCP・JGAP	
GI登録：無	
農場HACCP：無	
JGAP：無	

販売指定店制度について	
指定店制度：無	
販促ツール：－	

| 商標登録の有無：有 |
| 登録取得年月日：－ |
| 銘柄規約の有無：有 |
| 規約設定年月日：－ |
| 規約改定年月日：－ |

主な流通経路および販売窓口

- ◆ 主なと畜場
  ：宮城県食肉流通公社
- ◆ 主な処理場
  ：自社精肉店
- ◆ 格付等級
  ：3等級以上
- ◆ 年間出荷頭数
  ：750頭
- ◆ 主要取扱企業
  ：－
- ◆ 輸出実績国・地域
  ：－
- ◆ 今後の輸出意欲
  ：有

特長
- ●優れた血統をもった黒毛和種をサンバンエ牧場で30カ月前後肥育したA3～A5（B3～B5）等級の枝肉。

概要		
管理主体	：千葉忠畜産㈱	電話：0220-55-5029
代表者	：千葉 忠浩	FAX：0220-55-5129
所在地	：登米市米山町西野字三番江35-10	URL：準備中　メールアドレス：chibachu29@mild.ocn.ne.jp

---

宮城県
松島和牛
(まつしまわぎゅう)

品種または交雑種の交配様式	
黒毛和種	

飼育管理	
出荷月齢	：約26～34カ月齢以上
指定肥育地	：－
飼料の内容	：指定配合飼料"特選シリーズ"を給与し、適正管理を行う

GI登録・農場HACCP・JGAP	
GI登録：無	
農場HACCP：無	
JGAP：無	

販売指定店制度について	
指定店制度：無	
販促ツール：無	

| 商標登録の有無：有 |
| 登録取得年月日：2008年3月7日 |
| 銘柄規約の有無：無 |
| 規約設定年月日：－ |
| 規約改定年月日：－ |

主な流通経路および販売窓口

- ◆ 主なと畜場
  ：仙台市食肉市場
- ◆ 主な処理場
  ：同上
- ◆ 格付等級
  ：－
- ◆ 年間出荷頭数
  ：250頭
- ◆ 主要取扱企業
  ：－
- ◆ 輸出実績国・地域
  ：無
- ◆ 今後の輸出意欲
  ：有

特長
- ●高温でゆっくり蒸して熟成させて作る配合飼料、"特選シリーズ"を給与した牛。
- ●アルファカードが高く低温度で脂肪が溶けるうま味のある牛肉。

概要		
管理主体	：農業生産法人㈲うしちゃんファーム	電話：0225-98-8829
代表者	：佐藤 一貴 代表取締役社長	FAX：0225-98-8829
所在地	：石巻市須江字畳石前1-11	URL：www.ushichan.jp　メールアドレス：info@ushichan.jp

宮城県

みちのく日高見牛
(みちのくひだかみぎゅう)

品種または交雑種の交配様式		主な流通経路および販売窓口
交雑種 （ホルスタイン種 × 黒毛和種）		◆主なと畜場 ：仙台市食肉市場、東京食肉市場、横浜市食肉市場、京都市食肉市場、いわちく、和牛マスター食肉センター ◆主な処理場 ：－ ◆格付等級 ：2 等級以上 ◆年間出荷頭数 ：3,500 頭 ◆主要取扱企業 ：仙台市食肉市場、東京食肉市場、横浜市食肉市場、京都市食肉市場 ◆輸出実績国・地域 ：タイ、マカオ、アメリカ。シンガポール ◆今後の輸出意欲 ：有
飼育管理		
出荷月齢 ：約26～28カ月齢 指定肥育地 ：－ 飼料の内容 ：－	商標登録の有無：有 登録取得年月日：2002 年 11 月 22 日 銘柄規約の有無：有 規約設定年月日：2002 年 11 月 22 日 規約改定年月日：－	
GI登録・農場HACCP・JGAP		
GI登　録：無 農場HACCP：無 JGAP：無		
販売指定店制度について		
指定店制度 ： 無 販促ツール ： シール、パンフレット	特長： ●宮城、北海道から健康な子牛を導入し、通常より長めの 26～28 カ月飼育。 ●オレイン酸やリノール酸が多い、さらっとした味わいの健康的な牛肉。	

概要	管 理 主 体 ： ㈱日高見牧場	電　　　　話 ： 0220-52-3971
	代 表 者 ： 佐藤 健	F　A　X ： 0220-52-2885
	所 在 地 ： 登米市登米町寺池銀山 108-1	U　R　L ： www.hidakami.co.jp メールアドレス ： sato@hidakami.co.jp

秋田県

秋田牛
(あきたぎゅう)

品種または交雑種の交配様式		主な流通経路および販売窓口
黒毛和種		◆主なと畜場 ：秋田県食肉流通公社ほか ◆主な処理場 ：同上 ◆格付等級 ：3 等級以上 ◆年間出荷頭数 ：3,000 頭 ◆主要取扱企業 ：－ ◆輸出実績国・地域 ：タイ、台湾 ◆今後の輸出意欲 ：有
飼育管理		
出荷月齢 ：28カ月齢平均 指定肥育地 ：秋田県内 飼料の内容 ：出荷前の 6 カ月以上の間に米を給与	商標登録の有無：有 登録取得年月日：2015 年 7 月 3 日 銘柄規約の有無：有 規約設定年月日：2014 年 10 月 6 日 規約改定年月日：－	
GI登録・農場HACCP・JGAP		
GI登　録：無 農場HACCP：無 JGAP：無		
販売指定店制度について		
指定店制度 ： 取扱登録店 販促ツール ： シール、のぼり、はんてん、ポスター	特長： ●米の国秋田を象徴する米をキーワードにしたオール秋田の県産牛ブランド。 ●登録農家にて、餌として米を一定量与えられ、「軟らかい」「うまみが強い」「脂の口溶けが良い」のが特徴。	

概要	管 理 主 体 ： 秋田牛ブランド推進協議会	電　　　　話 ： 018-860-1806
	代 表 者 ： 佐竹 敬久 会長（秋田県知事）	F　A　X ： 018-860-3822
	所 在 地 ： 秋田市山王 4-1-1 秋田県農林水産部畜産振興課	U　R　L ： common3.pref.akita.lg.jp/akitagyuu/ メールアドレス ： kachiku@pref.akita.lg.jp

品種または 交雑種の交配様式	秋 田 県 あきたにしきぎゅう 秋 田 錦 牛	主な流通経路および販売窓口
黒毛和種		◆主なと畜場 ：秋田県食肉流通公社、越谷食肉 　センター
飼育管理		◆主な処理場 ：同上
出荷月齢 ：約25カ月齢以上 指定肥育地 ：秋田県内 飼料の内容 ：－		◆格付等級 ：3 等級以上 ◆年間出荷頭数 ：2,000 頭 ◆主要取扱企業 ：伊藤ハム、県内指定店
GI登録・農場HACCP・JGAP	商標登録の有無：有	◆輸出実績国・地域 ：－
GI登 録：無 農場HACCP：無 JGAP：無	登録取得年月日：1999 年 6 月 4 日 銘柄規約の有無：無 規約設定年月日：－ 規約改定年月日：－	◆今後の輸出意欲 ：有
販売指定店制度について	**特** ●秋田の風土の中で飼育され、肉色淡く、肉のきめが細かいことが特徴。	
指定店制度：無 販促ツール：シール、のぼり、 　　　　　　ポスター、看板	**長** ●秋田県を代表する銘柄の一つ。	

概 要	管 理 主 体 ： 秋田県畜産農業協同組合 代 表 者 ： 加藤 義康 代表理事組合長 所 在 地 ： 秋田市中通 6-7-9	電 話 ： 018-833-7261 F A X ： 018-831-2641 U R L ： www.akb.or.jp/nishikigyu/ メールアドレス ： nisiki-g@cna.ne.jp

品種または 交雑種の交配様式	秋 田 県 あきたゆりぎゅう 秋 田 由 利 牛	主な流通経路および販売窓口
黒毛和種		◆主なと畜場 ：秋田県食肉流通公社
飼育管理		◆主な処理場 ：－
出荷月齢 ：30カ月齢前後 指定肥育地 ：由利本荘市、にかほ市 飼料の内容 ：－		◆格付等級 ：AB・4 等級以上。3 等級の場合 　生後 30 カ月以上のもの ◆年間出荷頭数 　200 頭 ◆主要取扱企業 　秋田県食肉流通公社
GI登録・農場HACCP・JGAP	商標登録の有無：有	◆輸出実績国・地域 　－
GI登 録：無 農場HACCP：無 JGAP：無	登録取得年月日：2007 年 3 月 銘柄規約の有無：有 規約設定年月日：－ 規約改定年月日：－	◆今後の輸出意欲 　－
販売指定店制度について	**特** ●さらなるおいしさを追求するために、出荷6カ月前から「飼料用米」を1日1	
指定店制度：有 販促ツール：有	**長** kg以上与えて、さっぱりとした脂身を目ざし、安全でおいしい牛肉生産をしています。	

概 要	管 理 主 体 ： 秋田由利牛振興協議会 代 表 者 ： 長谷部 誠 会長 所 在 地 ： 由利本荘市尾崎 17	電 話 ： 0184-24-6354 F A X ： 0184-22-5107 U R L ： yurigyu.yurihonjo-kanko.jp/ メールアドレス ： －

秋 田 県

羽後牛（うごぎゅう）

品種または 交雑種の交配様式
黒毛和種

飼育管理
出荷月齢 　：30カ月齢前後 指定肥育地 　：— 飼料の内容 　：新銀河プレミアム

GI登録・農場HACCP・JGAP
GI登録：無 農場HACCP：無 JGAP：無

販売指定店制度について
指定店制度　：無 販促ツール　：有

商標登録の有無：無
登録取得年月日：—
銘柄規約の有無：有
規約設定年月日：—
規約改定年月日：—

主な流通経路および販売窓口

- ◆主なと畜場
　：秋田県食肉流通公社
- ◆主な処理場
　：同上
- ◆格付等級
　：—
- ◆年間出荷頭数
　：100頭
- ◆主要取扱企業
　：秋田県食肉流通公社
- ◆輸出実績国・地域
　：—
- ◆今後の輸出意欲
　：有

特長
- ●当牧場では山林や川、平坦な牧草地と放牧地など自然環境に恵まれた広大な敷地を有効に使い、適正管理のもと、安全な飼料と良質な稲わらを与え、愛情込めて育んだ牛肉です。

概要	管理主体	：羽後町肥育牛組合	電話	：0183-62-5827
	代表者	：千葉　義彰	FAX	：0183-62-5828
	所在地	：羽後町足田字泉田 45-1	URL	：—
			メールアドレス	：—

秋 田 県

かづの牛（かづのぎゅう）

品種または 交雑種の交配様式
日本短角種

飼育管理
出荷月齢 　：26カ月齢平均 指定肥育地 　：鹿角市、小坂町 飼料の内容 　：かづの牛スペシャル、アミノビーフ、WCS、地元牧草

GI登録・農場HACCP・JGAP
GI登録：無 農場HACCP：無 JGAP：無

販売指定店制度について
指定店制度　：無 販促ツール　：のぼり、ポスター

商標登録の有無：無
登録取得年月日：—
銘柄規約の有無：有
規約設定年月日：1992年 8月12日
規約改定年月日：2018年 12月21日

主な流通経路および販売窓口

- ◆主なと畜場
　：秋田県食肉流通公社
- ◆主な処理場
　：同上
- ◆格付等級
　：—
- ◆年間出荷頭数
　：80頭
- ◆主要取扱企業
　：伊藤ハムミート販売東、大門商店、グローバルフーズ
- ◆輸出実績国・地域
　：無
- ◆今後の輸出意欲
　：無

特長
- ●十和田・八幡平の清らかな水と空気の中、「自然放牧」で太陽をいっぱいに浴び、牧場を駆け巡り、のびのびと育つ「かづの牛」は低脂肪、高タンパクで安全・安心なヘルシー牛肉。

概要	管理主体	：秋田県畜産農業協同組合 　鹿角支所	電話	：0186-25-3311
	代表者	：加藤　義康　代表理事組合長	FAX	：0186-25-3312
	所在地	：鹿角市花輪字菩提野 1-2	URL	：akb.or.jp
			メールアドレス	：tikusan@ink.or.jp

品種または 交雑種の交配様式	秋　田　県 べごどろぼう **ベゴどろぼう**	主な流通経路および販売窓口
黒毛和種		◆主なと畜場 　：秋田県食肉流通公社
飼育管理		◆主な処理場 　：同上
出荷月齢 　：28〜31カ月齢 指定肥育地 　：秋田市内 飼料の内容 　：－		◆格付等級 　：A3 等級以上 ◆年間出荷頭数 　：360 頭 ◆主要取扱企業 　：伊藤ハム
GI登録・農場HACCP・JGAP	商標登録の有無：有 登録取得年月日：2004 年 12 月 9 日 銘柄規約の有無：無 規約設定年月日：－ 規約改定年月日：－	◆輸出実績国・地域 　：－ ◆今後の輸出意欲 　：－
GI登　録：無 農場HACCP：無 JGAP：無		
販売指定店制度について	特長	●牛舎の周りは自然環境に恵まれ、湧き水を牛に与えている。 ●秋田県内で産出する2：1型モンモリナイトを全期間、一定給与している。 ●肉の熟成期間を守っているため、肉の風味がよく、甘い肉に仕上がっている。
指定店制度：無 販促ツール：－		
概要	管　理　主　体：㈱寿牧場 代　表　者：高橋　長寿 所　在　地：秋田市上北手字寺村	電　　　　話：0188-82-5088 F A X：0188-82-5088 U R L：－ メールアドレス：－

品種または 交雑種の交配様式	山　形　県 おばなざわぎゅう **尾花沢牛**	主な流通経路および販売窓口
黒毛和種		◆主なと畜場 　：山形県食肉公社
飼育管理		◆主な処理場 　：同上
出荷月齢 　：30カ月齢平均 指定肥育地 　：－ 飼料の内容 　：稲わら、ＪＡ独自配合飼料		◆格付等級 　：3 等級以上 ◆年間出荷頭数 　：3,300 頭 ◆主要取扱企業 　：全国
GI登録・農場HACCP・JGAP	商標登録の有無：有 登録取得年月日：－ 銘柄規約の有無：有 規約設定年月日：1997 年 1 月 31 日 規約改定年月日：2012 年 2 月 3 日	◆輸出実績国・地域 　：－ ◆今後の輸出意欲 　：有
GI登　録：－ 農場HACCP：－ JGAP：－		
販売指定店制度について	特長	●奥羽山系から湧き出る豊潤な水、昼夜の寒暖差が大きい夏、日本三雪地の厳しい冬を2回乗り越えた肥育牛は、牛飼いたちの高い技術により、芸術品ともいうべき、きめ細かなサシを生み出します。
指定店制度：有 販促ツール：シール、パンフレット、ポスター		
概要	管　理　主　体：尾花沢牛振興協議会 代　表　者：菅根　光雄　会長 所　在　地：尾花沢市若葉町 1-2-3	電　　　　話：0237-22-1111 F A X：0237-22-1237 U R L：www.yukifuri-obanazawa.jp メールアドレス：HP 上の問い合わせフォーム

山形県

蔵王和牛（ざおうわぎゅう）

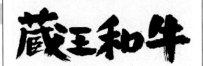

品種または 交雑種の交配様式
和牛または和牛間交雑種 （黒毛和種、日本短角種、褐毛和種または 黒毛和種を父牛とする和牛間交雑種）

飼育管理
出荷月齢 ：28カ月齢以上 指定肥育地 ：蔵王ファーム、山形蔵王牧場、山形第2農場、蔵王高原牧場、宮城蔵王牧場 飼料の内容 ：地元産わら麦を使用し、長年の研究から独自の割合で配合

GI登録・農場HACCP・JGAP
GI登録：無 農場HACCP：2018年3月30日 JGAP：2019年3月28日 （一部農場）

販売指定店制度について
指定店制度：有 販促ツール：有

商標登録の有無：有
登録取得年月日：2010年11月5日
銘柄規約の有無：有
規約設定年月日：2008年12月1日
規約改定年月日：—

主な流通経路および販売窓口

◆ 主なと畜場
：山形県食肉公社ほか

◆ 主な処理場
：山形ビーフセンター（自社加工場）ほか

◆ 格付等級
：3等級以上（生後27カ月齢以上は2等級も含める）

◆ 年間出荷頭数
：約400頭

◆ 主要取扱企業
：高橋畜産食肉

◆ 輸出実績国・地域
：シンガポール

◆ 今後の輸出意欲
：有

特長
- 蔵王山麓の大自然の中、直営牧場においてのびのびスクスクと丹精を込めて育まれた「蔵王和牛」
- 生産、加工、卸、小売まで一貫して行っており、農場HACCP取得の牧場で安心・安全な生産を心がけている。
- 商標登録（平成22年11月5日）第5366465号

概要			
管理主体	高橋畜産食肉㈱、㈱蔵王高原牧場、㈱蔵王ファーム	電話	023-666-8429
代表者	髙橋 勝幸 代表取締役	FAX	023-685-1665
		URL	www.takahashi-chikusan.co.jp
所在地	山形市青田1-1-44	メールアドレス	info@takachiku.jp

山形県

山形牛（やまがたぎゅう）

品種または 交雑種の交配様式
黒毛和種 平忠勝、満開1、幸花久、神安平等

飼育管理
出荷月齢 ：30カ月齢前後 指定肥育地 ：県内一円 飼料の内容 ：稲わら、穀物など

GI登録・農場HACCP・JGAP
GI登録：無 農場HACCP：— JGAP：—

販売指定店制度について
指定店制度：有 販促ツール：有

商標登録の有無：有
登録取得年月日：2004年9月10日
銘柄規約の有無：有
規約設定年月日：1965年5月31日
規約改定年月日：2006年8月9日

主な流通経路および販売窓口

◆ 主なと畜場
：県内3と畜場ほか全国のと畜場

◆ 主な処理場
：—

◆ 格付等級
：4等級以上とし、3等級も準ずる

◆ 年間出荷頭数
：18,000頭

◆ 主要取扱企業
：全国主要食肉卸、販売業者（取扱登録指定店204店舗）

◆ 輸出実績国・地域
：タイ、香港、アメリカ、台湾

◆ 今後の輸出意欲
：有

特長
- 総称「山形牛」の産地山形県の自然は、四季がはっきりしており、「夏暑く、冬寒く」また、「昼夜の寒暖の差が大きく」、その風土の中で丹精込め長期にわたり肥育された黒毛和種は、きめ細かく霜降りがあり、食べては軟らかく、まろやかなおいしい牛肉といわれている。
- 流通の明確化を図るため基準を満たした総称「山形牛」について産地証明書を発行している。

概要			
管理主体	山形肉牛協会	電話	023-634-8151
代表者	吉村 美栄子 会長（山形県知事）	FAX	023-631-5451
		URL	www.yamagata-gyu.org
所在地	山形市七日町3-1-16	メールアドレス	info4129@yamagata-gyu.org

山 形 県

ゆきふりわぎゅう　おばなざわ
雪降り和牛　尾花沢

品種または交雑種の交配様式	
黒毛和種（雌）	

飼育管理	
出荷月齢 ：32カ月齢以上 指定肥育地 ：－ 飼料の内容 ：稲わら、ＪＡ独自配合飼料	

GI登録・農場HACCP・JGAP	商標登録の有無：有
ＧＩ登録：－ 農場HACCP：－ ＪＧＡＰ：－	登録取得年月日：2010年 9月24日 銘柄規約の有無：有 規約設定年月日：1997年 1月31日 規約改定年月日：2012年 2月 3日

販売指定店制度について	
指定店制度：有 販促ツール：シール、パンフレット、ポスター	

主な流通経路および販売窓口
- ◆主なと畜場
  ：山形県食肉公社
- ◆主な処理場
  ：同上
- ◆格付等級
  ：3等級以上
- ◆年間出荷頭数
  ：1,100頭
- ◆主要取扱企業
  ：全国
- ◆輸出実績国・地域
  ：－
- ◆今後の輸出意欲
  ：有

特長	●尾花沢牛のなかでも特に月齢32カ月以上で、未経産の雌牛だけが「雪降り和牛　尾花沢」と呼ばれる資格を持ちます。 ●きめ細かなサシと、粉雪のように軽やかな口どけが特徴です。

概要	管 理 主 体：尾花沢牛振興協議会 代　表　者：菅根　光雄　会長 所　在　地：尾花沢市若葉町 1-2-3	電　　　話：0237-22-1111 Ｆ　Ａ　Ｘ：0237-22-1237 Ｕ　Ｒ　Ｌ：www.yukifuri-obanazawa.jp メールアドレス：HP上の問い合わせフォーム

山 形 県

よねざわぎゅう
米 沢 牛

品種または交雑種の交配様式	
黒毛和種（雌）	

飼育管理	
出荷月齢 ：32カ月齢以上 指定肥育地 ：置賜3市5町（米沢市、南陽市、長井市、高畠町、川西町、飯豊町、白鷹町、小国町） 飼料の内容 ：－	

GI登録・農場HACCP・JGAP	商標登録の有無：有
ＧＩ登録：2017年 3月3日 農場HACCP：－ ＪＧＡＰ：－	登録取得年月日：1981年 3月31日 銘柄規約の有無：有 規約設定年月日：1992年11月30日 規約改定年月日：2014年12月 1日

販売指定店制度について	
指定店制度：有 販促ツール：証明書、シール、のぼり、のれん、ポスターほか	

主な流通経路および販売窓口
- ◆主なと畜場
  ：米沢市食肉センター、東京都食肉市場
- ◆主な処理場
  ：同上
- ◆格付等級
  ：米沢牛定義による
- ◆年間出荷頭数
  ：2,500頭
- ◆主要取扱企業
  ：県内および首都圏
- ◆輸出実績国・地域
  ：タイ、香港
- ◆今後の輸出意欲
  ：有

特長	●黒毛和種、未経産の雌牛32カ月齢以上の長期肥育により食味が濃い。 ●米沢盆地特有の豊かな自然、百有余年培われた飼育技術と愛情込めた管理、厳しい認定定義により豊かな香り、おいしさを持つ伝統の逸品「米沢牛」が生産される。

概要	管 理 主 体：米沢牛銘柄推進協議会 代　表　者：中川　勝　会長　米沢市長 所　在　地：東置賜郡川西町大字上小松 978-1	電　　　話：0238-46-5303 Ｆ　Ａ　Ｘ：0238-46-5312 Ｕ　Ｒ　Ｌ：yonezawagyu.jp メールアドレス：info@yonezwagyu.jp

福島県

うねめ牛（うねめぎゅう）

商標登録第4935031号

品種または 交雑種の交配様式
黒毛和種（雌）

飼育管理

出荷月齢
：約30カ月齢
指定肥育地
：郡山市内
飼料の内容
：－

GI登録・農場HACCP・JGAP

ＧＩ登　録：無
農場HACCP：無
ＪＧＡＰ：無

販売指定店制度について

指定店制度：有
販促ツール：－

商標登録の有無：有
登録取得年月日：2007 年 3 月10 日
銘柄規約の有無：有
規約設定年月日：2006 年 8 月 5 日
規約改定年月日：－

主な流通経路および販売窓口

◆主なと畜場
：福島県食肉流通センター

◆主な処理場
：同上

◆格付等級
：4, 5 等級
◆年間出荷頭数
：100 頭
◆主要取扱企業
：ビーフふくしま

◆輸出実績国・地域
：－

◆今後の輸出意欲
：有

特長
●食肉のプロに認知された和牛

概要	管 理 主 体	： 采女牛を育てる会	電　　　　話	： 024-944-1581
	代 表 者	： 会長　武田　晃一	Ｆ　Ａ　Ｘ	： 024-944-6686
			Ｕ　Ｒ　Ｌ	： －
	所 在 地	： 郡山市富久山町久保田字古坦 120-1	メールアドレス	： beef.fukusima1017@plum.ocn.ne.jp

---

福島県

しゃくなげ和牛（しゃくなげわぎゅう）

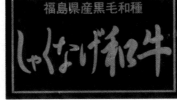

福島県産黒毛和種

品種または 交雑種の交配様式
黒毛和種

飼育管理

出荷月齢
：30カ月齢平均
指定肥育地
：福島県内
飼料の内容
：大麦、フスマ、大豆を中心とした
　配合飼料と自家産稲わらを給与

GI登録・農場HACCP・JGAP

ＧＩ登　録：無
農場HACCP：無
ＪＧＡＰ：無

販売指定店制度について

指定店制度：無
販促ツール：シール、ミニのぼ
　　　　　　り

商標登録の有無：有
登録取得年月日：2009 年 2 月27 日
銘柄規約の有無：有
規約設定年月日：2008 年 6 月 1 日
規約改定年月日：2020 年 2 月 1 日

主な流通経路および販売窓口

◆主なと畜場
：東京都食肉市場

◆主な処理場
：同上

◆格付等級
：A3 等級以上
◆年間出荷頭数
：350 頭
◆主要取扱企業
：コシヅカ、小川畜産興業、サガミ
　ヤホールセール
◆輸出実績国・地域
：－

◆今後の輸出意欲
：有

特長
●緑豊かな自然に囲まれた環境で、牛にストレスを与えず育てた肉牛で色鮮やかで良質の霜降りをもち、風味豊かな牛肉。

概要	管 理 主 体	： 丸二産業㈲　しゃくなげ牛出荷組合	電　　　　話	： 024-922-1178
	代 表 者	： 池上　登	Ｆ　Ａ　Ｘ	： 同上
			Ｕ　Ｒ　Ｌ	： －
	所 在 地	： 郡山市開成 3-22-2	メールアドレス	： －

福島県
磐梯牛
（ばんだいぎゅう）

品種または交雑種の交配様式
黒毛和種、交雑種

飼育管理
出荷月齢 　：28〜35カ月齢 指定肥育地 　：－ 飼料の内容 　：－

GI登録・農場HACCP・JGAP
GI登録：無 農場HACCP：無 JGAP：無

販売指定店制度について
指定店制度：無 販促ツール：有

商標登録の有無：有
登録取得年月日：2003 年 3 月 28 日
銘柄規約の有無：無
規約設定年月日：－
規約改定年月日：－

主な流通経路および販売窓口
◆主なと畜場 　：群馬県食肉市場ほか
◆主な処理場 　：コトラミートカルチャ
◆格付等級 　：B.M.S. No.4 以上
◆年間出荷頭数 　：－
◆主要取扱企業 　：ホームページに掲載
◆輸出実績国・地域 　：－
◆今後の輸出意欲 　：有

特長
●磐梯エリアを中心とした福島県内の提携牧場で肥育された肉牛の中から肉質、脂質の優れたものだけを磐梯牛として出荷しています。

概要	管理主体	：㈱コトラミートカルチャ	電話	：0284-71-3057
	代表者	：小林　伸光　代表取締役	FAX	：0284-72-8979
	所在地	：栃木県足利市堀込町 1558	URL	：www.0298.biz
			メールアドレス	：－

福島県
磐梯和牛
（ばんだいわぎゅう）

品種または交雑種の交配様式
黒毛和種

飼育管理
出荷月齢 　：25〜35カ月齢 指定肥育地 　：－ 飼料の内容 　：－

GI登録・農場HACCP・JGAP
GI登録：無 農場HACCP：無 JGAP：無

販売指定店制度について
指定店制度：無 販促ツール：有

商標登録の有無：有
登録取得年月日：2003 年 3 月 28 日
銘柄規約の有無：無
規約設定年月日：－
規約改定年月日：－
GI登録：未定

主な流通経路および販売窓口
◆主なと畜場 　：群馬県食肉市場ほか
◆主な処理場 　：コトラミートカルチャ
◆格付等級 　：B.M.S. No.4 以上
◆年間出荷頭数 　：300 頭
◆主要取扱企業 　：ホームページに掲載
◆輸出実績国・地域 　：－
◆今後の輸出意欲 　：有

特長
●みちのくの自然の中で、牧草と配合飼料を与え、長期肥育され、適度な霜降りで風味豊かである。

概要	管理主体	：㈱コトラミートカルチャ	電話	：0284-71-3057
	代表者	：小林　伸光　代表取締役	FAX	：0284-72-8979
	所在地	：栃木県足利市堀込町 1558	URL	：www.0298.biz
			メールアドレス	：－

福島県

ふくしまぎゅう
福島牛

品種または交雑種の交配様式		主な流通経路および販売窓口
黒毛和種		◆主なと畜場 ：福島県食肉流通センター、東京都食肉市場、横浜市食肉市場 ◆主な処理場 ：－
飼育管理		
出荷月齢 ：28〜32カ月齢 指定肥育地 ：－ 飼料の内容 ：－		◆格付等級 ：4等級以上（銘柄福島牛） ◆年間出荷頭数 ：約3,000頭 ◆主要取扱企業 ：首都圏および県内
GI登録・農場HACCP・JGAP	商標登録の有無：有 登録取得年月日：－ 銘柄規約の有無：有 規約設定年月日：－ 規約改定年月日：－	◆輸出実績国・地域 ：アメリカ ◆今後の輸出意欲 ：有
GI登録：－ 農場HACCP：－ JGAP：－		
販売指定店制度について	特長	●豊かな自然環境で、手塩にかけて育てられた黒毛和種「福島牛」は色鮮やか、良質な霜降り、軟らかな肉質、風味豊かでまろやかな味のブランド品。
指定店制度：有 販促ツール：－		

概要	管理主体：福島牛販売促進協議会 代表者：菅野 孝志 代表 所在地：福島市平野字三枚長1-1	電話：024-956-2983 FAX：024-943-5377 URL：www.fukushima-gyu.com メールアドレス：－

茨城県

うじょうのさとぎゅう
雨情の里牛

品種または交雑種の交配様式		主な流通経路および販売窓口
交雑種 （ホルスタイン種 × 黒毛和種）		◆主なと畜場 ：茨城県食肉市場、東京都食肉市場 ◆主な処理場 ：－
飼育管理		
出荷月齢 ：22〜30カ月齢前後 指定肥育地 ：－ 飼料の内容 ：－		◆格付等級 ：2等級以上 ◆年間出荷頭数 ：500頭 ◆主要取扱企業 ：東京都食肉市場
GI登録・農場HACCP・JGAP	商標登録の有無：有 登録取得年月日：2007年7月6日 銘柄規約の有無：有 規約設定年月日：2008年4月7日 規約改定年月日：2009年7月10日	◆輸出実績国・地域 ：無 ◆今後の輸出意欲 ：有
GI登録：無 農場HACCP：無 JGAP：無		
販売指定店制度について	特長	●JA 常陸高荻地区で生産された交雑種でコストを抑え、安全な飼料を与えて育てられたヘルシーな牛肉。
指定店制度：有 販促ツール：条件付きで有り		

概要	管理主体：銘柄牛振興協議会 代表者：大越 實 会長 所在地：高萩市本町1-100-2	電話：0293-23-6748 FAX：0293-24-2454 URL：－ メールアドレス：jahitach@aqua.ocn.ne.jp

茨城県

笠間和牛
かさまわぎゅう

品種または交雑種の交配様式
黒毛和種（雌）

飼育管理
出荷月齢 ：31カ月齢 指定肥育地 ：茨城県 飼料の内容 ：雪印指定配合

GI登録・農場HACCP・JGAP
GI登録：無 農場HACCP：無 JGAP：無

販売指定店制度について
指定店制度：無 販促ツール：無

商標登録の有無：無
登録取得年月日：－
銘柄規約の有無：無
規約設定年月日：－
規約改定年月日：－

主な流通経路および販売窓口
◆主なと畜場 ：東京都食肉市場 ◆主な処理場 ：同上 ◆格付等級 ：A3等級以上 ◆年間出荷頭数 ：250頭 ◆主要取扱企業 ：吉澤畜産 ◆輸出実績国・地域 ：タイ、ベトナム ◆今後の輸出意欲 ：有

特長	●雌牛を主体とした肥育形態であり、脂質が良く食べておいしい牛肉。

概要	管理主体：笠間出荷組合 代表者：川井　一浩 所在地：笠間市日草場4242-1	電話：0296-72-4341 FAX：0296-72-4341 URL：－ メールアドレス：－

茨城県

紫峰牛
しほうぎゅう

品種または交雑種の交配様式
黒毛和種

飼育管理
出荷月齢 ：30〜32カ月齢 指定肥育地 ：茨城県内 飼料の内容 ：国産稲わら、オーツヘイ、チモシー、紫峰牛オリジナルブレンド

GI登録・農場HACCP・JGAP
GI登録：無 農場HACCP：無 JGAP：無

販売指定店制度について
指定店制度：無 販促ツール：有

商標登録の有無：有
登録取得年月日：－
銘柄規約の有無：有
規約設定年月日：－
規約改定年月日：－

主な流通経路および販売窓口
◆主なと畜場 ：下妻食肉協同組合 ◆主な処理場 ：伊藤ハム東京ミートセンター、関東日本フード関東牛加工センター ◆格付等級 ：A3等級以上 ◆年間出荷頭数 ：1,500頭 ◆主要取扱企業 ：伊藤ハム、日本ハム、エスフーズ、芝浦 ◆輸出実績国・地域 ：シンガポール ◆今後の輸出意欲 ：有

特長	●北海道および宮崎県を中心に良質な血統の素牛を導入し、筑波山のふもとで約2年間、丹精込めて肥育しています。 ●長年の肥育技術により肉質もよく、きめも細かい良質な牛肉で、ユーザーに喜ばれています。

概要	管理主体：農事組合法人　紫峰牛肥育組合 代表者：横瀬　治 所在地：下妻市小島950	電話：0296-44-3605 FAX：0296-43-2693 URL：www.shihougyuh.jp メールアドレス：shihohgyuh@ybb.ne.jp

茨 城 県

つくば牛
(つくばぎゅう)

品種または交雑種の交配様式	
交雑種 （ホルスタイン種 × 黒毛和種）	

飼育管理	
出荷月齢 　：25〜30カ月齢 指定肥育地 　：茨城県 飼料の内容 　：大麦、フスマ、大豆を中心とした 　　配合飼料と国産稲わらを給与。成 　　長ホルモンは一切与えていない	

GI登録・農場HACCP・JGAP	
ＧＩ登　録：無 農場HACCP：無 ＪＧＡＰ：無	

販売指定店制度について	
指 定 店 制 度　：　－ 販 促 ツ ー ル　：　有	

商標登録の有無：有
登録取得年月日：2007 年 1 月 12 日
銘柄規約の有無：有
規約設定年月日：2006 年 4 月 1 日
規約改定年月日：－

主な流通経路および販売窓口

◆ 主なと畜場
　：東京都食肉市場

◆ 主な処理場
　：－

◆ 格付等級
　：B3 等級以上
◆ 年間出荷頭数
　：750 頭
◆ 主要取扱企業
　：コシヅカ、小川畜産興業

◆ 輸出実績国・地域
　：－

◆ 今後の輸出意欲
　：無

特長	● 自然に恵まれた飼養環境と、良質な飼料の給与で育てた風味豊かな牛肉です。

概要	管 理 主 体　：　丸二産業㈲	電　　　　話　：　029-851-1279
	代 表 者　：　細田 泰	Ｆ Ａ Ｘ　：　029-851-1279
	所 在 地　：　つくば市妻木 618	Ｕ Ｒ Ｌ　：　－
		メールアドレス　：　－

茨 城 県

つくば山麓飯村牛
(つくばさんろくいいむらぎゅう)

品種または交雑種の交配様式	
黒毛和種	

飼育管理	
出荷月齢 　：32〜34カ月齢 指定肥育地 　：－ 飼料の内容 　：独自配合飼料	

GI登録・農場HACCP・JGAP	
ＧＩ登　録：無 農場HACCP：無 ＪＧＡＰ：無	

販売指定店制度について	
指 定 店 制 度　：　有 販 促 ツ ー ル　：　有	

商標登録の有無：有
登録取得年月日：－
銘柄規約の有無：有
規約設定年月日：－
規約改定年月日：－

主な流通経路および販売窓口

◆ 主なと畜場
　：東京都食肉市場、茨城県食肉市場

◆ 主な処理場
　：吉澤畜産

◆ 格付等級
　：AB・4 等級以上
◆ 年間出荷頭数
　：400 頭
◆ 主要取扱企業
　：吉澤畜産

◆ 輸出実績国・地域
　：－

◆ 今後の輸出意欲
　：有

特長	● 牛舎にマイナスイオンを放出する大型トルマリン扇風機を設置し、水は麦飯石とトルマリンで浄化した井戸水を使用。 ● 餌は独自配合し通常より 4 カ月長く育てるので、飯村牛はきめ細やかな肉質と風味豊かな脂質が絶妙におりなす霜降りの甘みが特長。

概要	管 理 主 体　：　飯村牛出荷組合	電　　　　話　：　029-862-2122
	代 表 者　：　飯村 昭次	Ｆ Ａ Ｘ　：　029-862-5572
	所 在 地　：　土浦市田宮 793	Ｕ Ｒ Ｌ　：　－
		メールアドレス　：　－

茨城県

つくばわぎゅう

筑波和牛

品種または 交雑種の交配様式
黒毛和種

飼育管理
出荷月齢 　：28〜32カ月齢前後 指定肥育地 　：茨城県 飼料の内容 　：大麦、フスマ、大豆を中心とした 　　配合飼料と国産稲わらを給与。成 　　長ホルモンは一切与えていない

GI登録・農場HACCP・JGAP
ＧＩ登録：無 農場HACCP：無 ＪＧＡＰ：無

販売指定店制度について
指定店制度：− 販促ツール：有

商標登録の有無：有
登録取得年月日：2007 年 1 月 12 日
銘柄規約の有無：有
規約設定年月日：2006 年 4 月 1 日
規約改定年月日：−

主な流通経路および販売窓口
◆主なと畜場 　：東京都食肉市場 ◆主な処理場 　：− ◆格付等級 　：A3 等級以上 ◆年間出荷頭数 　：1,500 頭 ◆主要取扱企業 　：吉澤畜産、コシヅカ、マルイミート ◆輸出実績国・地域 　：− ◆今後の輸出意欲 　：無

特長	●自然に恵まれた飼養環境と良質飼料の給与により育てられた黒毛和種で、良質な霜降り、軟らかな肉質の牛肉です。

概要	管　理　主　体：丸二産業㈲ 代　　表　　者：細田　泰 所　　在　　地：つくば市妻木 618	電　　　　　話：029-851-1279 Ｆ　Ａ　Ｘ：029-851-1279 Ｕ　Ｒ　Ｌ：− メールアドレス：−

茨城県

つむぎぎゅう

紬牛

品種または 交雑種の交配様式
黒毛和種

飼育管理
出荷月齢 　：30〜34カ月齢 指定肥育地 　：茨城県 飼料の内容 　：配合飼料、粗飼料

GI登録・農場HACCP・JGAP
ＧＩ登録：無 農場HACCP：無 ＪＧＡＰ：無

販売指定店制度について
指定店制度：有 販促ツール：−

商標登録の有無：有
登録取得年月日：−
銘柄規約の有無：有
規約設定年月日：−
規約改定年月日：−

主な流通経路および販売窓口
◆主なと畜場 　：越谷食肉センター ◆主な処理場 　：伊藤ハム東京ミートセンター ◆格付等級 　：AB・3 等級以上 ◆年間出荷頭数 　：300 頭 ◆主要取扱企業 　：伊藤ハム ◆輸出実績国・地域 　：無 ◆今後の輸出意欲 　：無

特長	●東北、北海道の素牛を長期肥育して味のよい牛をつくります。 ※情報の一部は 2019 年時点。

概要	管　理　主　体：紬牛肥育生産組合 代　　表　　者：中尾　徹 所　　在　　地：結城市大字大木 2084	電　　　　　話：0296-35-1944 Ｆ　Ａ　Ｘ：0296-35-1943 Ｕ　Ｒ　Ｌ：− メールアドレス：−

茨城県 花園牛（はなぞのぎゅう）

花園牛 茨城ひたち

品種または交雑種の交配様式	
黒毛和種	

飼育管理	
出荷月齢	：24〜32カ月齢前後
指定肥育地	：－
飼料の内容	：－

GI登録・農場HACCP・JGAP	
GI登録：無	
農場HACCP：無	
JGAP：無	

商標登録の有無：有
登録取得年月日：2007 年 7 月 6 日
銘柄規約の有無：有
規約設定年月日：2008 年 7 月 7 日
規約改定年月日：2009 年 7 月 10 日

販売指定店制度について	
指定店制度：有	
販促ツール：条件付きで有り	

主な流通経路および販売窓口

◆ 主なと畜場
：東京都食肉市場

◆ 主な処理場
：－

◆ 格付等級
：4 等級以上
◆ 年間出荷頭数
：1,000 頭
◆ 主要取扱企業
：東京都食肉市場

◆ 輸出実績国・地域
：無

◆ 今後の輸出意欲
：有

特長
● 枝肉規格 A および B4 等級以上のものだけを認定。
● 統一された飼養管理により育てられた風味豊かな牛肉。

概要		
管理主体 ： 銘柄牛振興協議会	電話 ： 0293-23-6748	
代表者 ： 大越 實 会長	FAX ： 0293-24-2454	
所在地 ： 高萩市本町 1-100-2	URL ： －	
	メールアドレス ： jahitach@aqua.ocn.ne.jp	

茨城県 常陸牛（ひたちぎゅう）

常陸牛

品種または交雑種の交配様式	
黒毛和種 全国の優良血統	

飼育管理	
出荷月齢	：30カ月齢平均
指定肥育地	：県内全域
飼料の内容	：良質な粗飼料と配合飼料を給与

GI登録・農場HACCP・JGAP	
GI登録：無	
農場HACCP：無	
JGAP：無	

商標登録の有無：有
登録取得年月日：1988 年 6 月 24 日
銘柄規約の有無：有
規約設定年月日：1988 年 6 月
規約改定年月日：－

販売指定店制度について	
指定店制度：有	
販促ツール：のぼり、のれん、シール、盾、ポスター	

主な流通経路および販売窓口

◆ 主なと畜場
：東京都食肉市場、茨城県中央食肉公社、川口食肉荷受、越谷食肉センター、水戸ミート
◆ 主な処理場
：同上
◆ 格付等級
：AB・4 等級以上
◆ 年間出荷頭数
：9,700 頭
◆ 主要取扱企業
：コシヅカ、SCミート、橋本畜産、吉澤畜産、日南、鎌倉ハム、石井大一商店
◆ 輸出実績国・地域
：タイ、ベトナム、アメリカ、シンガポール
◆ 今後の輸出意欲
：有

特長
● オレイン酸値が高い。
● 生産者指定制度を設け、日本食肉格付協会取引規格 A、B4 等級以上を認定し、産地証明書を発行する。
● 特徴は、枝肉重量が大きく、とくにバラ厚は厚く、焼き肉に最適。また脂肪交雑もよく、風味が豊かです。
● オレイン酸値を高めるライスオイル等を給与し、さらにおいしさを求めています。

概要		
管理主体 ： 茨城県常陸牛振興協会	電話 ： 029-292-8364	
代表者 ： 鴨川 隆計 会長	FAX ： 029-292-8231	
所在地 ： 東茨城郡茨城町下土師 1950	URL ： www.ibaraki.lin.gr.jp/hitachigyuu.html	
	メールアドレス ： hitachigyuu@eco.ocn.ne.jp	

茨城県

瑞穂牛
（みずほぎゅう）

品種または 交雑種の交配様式		主な流通経路および販売窓口
黒毛和種 交雑種（ホルスタイン種 × 黒毛和種）		◆主なと畜場 ：川口食肉市場、東京都食肉市場
飼育管理		◆主な処理場 ：下山畜産
出荷月齢 　：29カ月齢（黒毛和種）、26カ月齢 指定肥育地 　：常陸大宮本社、那須支店 飼料の内容 　：指定配合飼料、飼料米、ビールかす、チモシー、ライグラスストロー、稲わら、稲WCS		◆格付等級 ：2 等級以上 ◆年間出荷頭数 ：約 5,000 頭（年間） ◆主要取扱企業 ：下山畜産
GI登録・農場HACCP・JGAP	商標登録の有無：有	◆輸出実績国・地域 ：アメリカ
G I 登 録：－ 農場HACCP：－ J G A P：2019 年 7 月 23 日 　　　　　　（一部農場）	登録取得年月日：2003 年 8 月 15 日 銘柄規約の有無：有 規約設定年月日：2002 年 6 月 1 日 規約改定年月日：－	◆今後の輸出意欲 ：有
販売指定店制度について	特	●種の選別から出生、出荷まで、一貫した飼養管理により、安心、安全な牛肉づくりをしている。
指定店制度：無 販促ツール：シール	長	●生産情報公表牛肉（JAS）の認証を受けており、給与飼料および動物用医薬品等の生産履歴が確認できる。 ●本社肥育成部では JGAP 認証を受け、より食の安全、環境保全に取り組んでいる。
概 要	管 理 主 体：㈲瑞穂農場 代 表 者：下山 一郎 代表取締役 所 在 地：常陸大宮市小祝 1535	電　　　　　話：0295-52-0551 F A X：0295-53-4974 U R L：www.mizuho-farm.co.jp メールアドレス：－

栃木県

おやま和牛
（おやまわぎゅう）

品種または 交雑種の交配様式		主な流通経路および販売窓口
黒毛和種		◆主なと畜場 ：東京食肉市場
飼育管理		◆主な処理場 ：同上
出荷月齢 　：32カ月齢平均 指定肥育地 　：小山市内 飼料の内容 　：－		◆格付等級 ：3 等級以上 ◆年間出荷頭数 ：1,300 頭 ◆主要取扱企業 ：JA 全農ミートフーズ
GI登録・農場HACCP・JGAP	商標登録の有無：有	◆輸出実績国・地域 ：米国、EU、シンガポール、香港
G I 登 録：－ 農場HACCP：－ J G A P：－	登録取得年月日：2004 年 銘柄規約の有無：無 規約設定年月日：－ 規約改定年月日：－	◆今後の輸出意欲 ：有
販売指定店制度について	特	●小山市内で肥育された黒毛和牛で、牛枝肉取引規格歩留等級 A、肉質等級 3～5 等級に格付けされたものを、おやまブランド「おやま和牛」としている。
指定店制度：有 販促ツール：シール、のぼり	長	●小山市内の広大な水田から生産される稲わらが健康な牛を育て、自然に近い状態の肥育がうまみにつながり、安全でおいしいおやま和牛となっている。
概 要	管 理 主 体：小山ブランド創生協議会 代 表 者：浅野 正富 小山市長 所 在 地：小山市中央町 1-1-1 　　　　　　小山市役所 商業観光課内	電　　　　　話：0285-22-9317 F A X：0285-22-9256 U R L：－ メールアドレス：－

栃 木 県

かぬま和牛
(かぬまわぎゅう)

品種または交雑種の交配様式
黒毛和種

飼育管理
出荷月齢 ：30～32カ月齢 指定肥育地 ：鹿沼市 飼料の内容 ：配合飼料、飼料米

GI登録・農場HACCP・JGAP
GI登録：無 農場HACCP：無 JGAP：無

販売指定店制度について
指定店制度：－ 販促ツール：－

商標登録の有無：無
登録取得年月日：－
銘柄規約の有無：有
規約設定年月日：2013年4月11日
規約改定年月日：－

主な流通経路および販売窓口
◆主なと畜場 ：東京都食肉市場ほか
◆主な処理場 ：同上
◆格付等級 ：A・B4等級以上 ◆年間出荷頭数 ：200頭 ◆主要取扱企業 ：首都圏近郊の精肉店、丸金おおつか ◆輸出実績国・地域 ：－
◆今後の輸出意欲 ：－

特長
● 全国レベルの品評会で最優秀賞を受賞。
● 生産農家が衛生面、健康面を管理し、丹精込めて肥育。
● 毎月29日を「かぬま29の日　和牛の日」とし、鹿沼市内のかぬま和牛振興会加盟店において特別価格で提供。

概要		
管理主体	：	かぬま和牛振興会
代表者	：	鷹見　直人
所在地	：	鹿沼市今宮町 1688-1 鹿沼市農政課内

電話	： 0289-63-2192
FAX	： 0289-63-2189
URL	： －
メールアドレス	： －

栃 木 県

紅 の 牛
(くれないのうし)

品種または交雑種の交配様式
褐毛和種

飼育管理
出荷月齢 ：20～30カ月齢 指定肥育地 ：栃木県内指定農家 飼料の内容 ：那須ハーブビーフ（ハーブ入り発酵飼料）

GI登録・農場HACCP・JGAP
GI登録：無 農場HACCP：無 JGAP：無

販売指定店制度について
指定店制度：無 販促ツール：パンフレットほか

商標登録の有無：無
登録取得年月日：－
銘柄規約の有無：無
規約設定年月日：－
規約改定年月日：－

主な流通経路および販売窓口
◆主なと畜場 ：全国のと畜場
◆主な処理場 ：同上
◆格付等級 ：－ ◆年間出荷頭数 ：－ ◆主要取扱企業 ：国内食肉パッカー
◆輸出実績国・地域 ：無
◆今後の輸出意欲 ：無

特長
● ハーブ入り発酵飼料を給与し、牛を健康に育てる。

概要		
管理主体	：	那須ハーブ牛協会
代表者	：	見目　正行
所在地	：	さくら市狭間田 687

電話	： 028-682-5646
FAX	： 028-681-0821
URL	： －
メールアドレス	： －

栃 木 県

さくら和牛（さくらわぎゅう）

品種または交雑種の交配様式
黒毛和種

飼育管理

出荷月齢
：35カ月齢以下
指定肥育地
：栃木県内指定農家
飼料の内容
：那須ハーブビーフ（ハーブ入り発酵飼料）

GI登録・農場HACCP・JGAP

ＧＩ登録：無
農場HACCP：無
ＪＧＡＰ：無

販売指定店制度について

指定店制度：無
販促ツール：シール、ミニのぼり、産地証明書

商標登録の有無：有
登録取得年月日：2009 年 7 月 24 日
銘柄規約の有無：有
規約設定年月日：－
規約改定年月日：－

主な流通経路および販売窓口

◆ 主なと畜場
：全国のと畜市場

◆ 主な処理場
：同上

◆ 格付等級
：－
◆ 年間出荷頭数
：－
◆ 主要取扱企業
：国内食肉パッカー

◆ 輸出実績国・地域
：無

◆ 今後の輸出意欲
：有

特長 ●ハーブ入り発酵飼料を給与し、牛を健康に育てる。

概要			
管 理 主 体 ： 那須ハーブ牛協会	電　　　話：028-682-5646
代 表 者 ： 見目　正行	ＦＡＸ：028-681-0821
所 在 地 ： さくら市狭間田 687	ＵＲＬ：www.sakurawagyu.jp
	メールアドレス：info@nasu-harb-gyu.net

栃 木 県

下 野 牛（しもつけぎゅう）

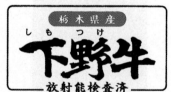

品種または交雑種の交配様式
黒毛和種、交雑種

飼育管理

出荷月齢
：24〜35カ月齢
指定肥育地
：－
飼料の内容
：－

GI登録・農場HACCP・JGAP

ＧＩ登録：無
農場HACCP：無
ＪＧＡＰ：無

販売指定店制度について

指定店制度：無
販促ツール：有

商標登録の有無：有
登録取得年月日：2003 年 10 月 24 日
銘柄規約の有無：有
規約設定年月日：－
規約改定年月日：－

主な流通経路および販売窓口

◆ 主なと畜場
：群馬県食肉市場ほか

◆ 主な処理場
：コトラミートカルチャ

◆ 格付等級
：B.M.S. №4 以上
◆ 年間出荷頭数
：交雑種 800 頭、黒毛和種 150 頭
◆ 主要取扱企業
：ホームページに掲載

◆ 輸出実績国・地域
：－

◆ 今後の輸出意欲
：有

特長 ●栃木県内で生産された肉牛の中から肉質、脂質、風味の優れたものだけを下野牛ブランドとして出荷している。

概要			
管 理 主 体 ： ㈱コトラミートカルチャ	電　　　話：0284-71-3057
代 表 者 ： 小林　伸光　代表取締役	ＦＡＸ：0284-72-8979
所 在 地 ： 足利市堀込町 1558	ＵＲＬ：www.0298.biz
	メールアドレス：－

栃木県

だいちのものがたり
大地の物語

品種または 交雑種の交配様式	
日本短角種	

飼育管理

出荷月齢
：－
指定肥育地
：栃木県内指定農家
飼料の内容
：那須ハーブビーフ（ハーブ入り
　発酵飼料）

GI登録・農場HACCP・JGAP

GI登録：無
農場HACCP：無
JGAP：無

販売指定店制度について

指定店制度：無
販促ツール：パンフレットほ
　　　　　　か

商標登録の有無：無
登録取得年月日：－
銘柄規約の有無：無
規約設定年月日：－
規約改定年月日：－

主な流通経路および販売窓口

◆ 主なと畜場
　：全国のと畜市場

◆ 主な処理場
　：同上

◆ 格付等級
　：－
◆ 年間出荷頭数
　：－
◆ 主要取扱企業
　：国内食肉パッカー

◆ 輸出実績国・地域
　：無

◆ 今後の輸出意欲
　：無

特長
● ハーブ入り発酵飼料を給与し、牛を健康に育てる。

概要

管理主体：那須ハーブ牛協会	電話：028-682-5646
代表者：見目 正行	FAX：028-681-0821
所在地：さくら市狭間田687	URL：－
	メールアドレス：－

栃木県

とちおとめぎゅう
とちおとめ牛

品種または 交雑種の交配様式	
黒毛和種（雌）	

飼育管理

出荷月齢
：32カ月齢平均
指定肥育地
：栃木県内のKuni's ファーム
飼料の内容
：自家産稲わら、とちおとめミッ
　クス

GI登録・農場HACCP・JGAP

GI登録：無
農場HACCP：無
JGAP：無

販売指定店制度について

指定店制度：無
販促ツール：－

商標登録の有無：有
登録取得年月日：2013年9月6日
銘柄規約の有無：有
規約設定年月日：－
規約改定年月日：－

主な流通経路および販売窓口

◆ 主なと畜場
　：東京食肉市場、筑西食肉センター

◆ 主な処理場
　：東和食品

◆ 格付等級
　：－
◆ 年間出荷頭数
　：約100頭
◆ 主要取扱企業
　：東和食品

◆ 輸出実績国・地域
　：－

◆ 今後の輸出意欲
　：有

特長
● 雌牛ならではの脂のうま味、甘みが味わえる。
● 雌牛のみの肥育で、栃木県産とちおとめいちご果実を飼料として与え、月齢
　にこだわり長期肥育された牛。

概要

管理主体：Kuni's ファーム	電話：0285-53-2689
代表者：前原 邦宏	FAX：同上
所在地：河内郡上三川町多功1859	URL：towa-foods.com
	メールアドレス：－

栃 木 県

とちぎ霧降高原牛
とちぎきりふりこうげんぎゅう

品種または交雑種の交配様式	
交雑種 （ホルスタイン種 × 黒毛和種）	

飼育管理
出荷月齢
：－
指定肥育地
：－
飼料の内容
：－

GI登録・農場HACCP・JGAP
ＧＩ登録：－
農場HACCP：－
ＪＧＡＰ：－

主な流通経路および販売窓口
◆ 主なと畜場
：東京都食肉市場、栃木県畜産公社
◆ 主な処理場
：同上

◆ 格付等級
：2 等級以上
◆ 年間出荷頭数
：約 3,300 頭
◆ 主要取扱企業
：東京都食肉市場

◆ 輸出実績国・地域
：－

◆ 今後の輸出意欲
：有

商標登録の有無：有
登録取得年月日：－
銘柄規約の有無：有
規約設定年月日：－
規約改定年月日：－

販売指定店制度について
指定店制度 ：有
販促ツール ：条件付きで有り

特長
- 指定生産者（20 名）で東京都食肉市場を中心に 3,300 頭を出荷。
- 配合飼料のメイン原料のトウモロコシは NON-GMO を使用。
- 肉質は極めて高い「交雑牛」として評価。
- 平成 22 年、25 年度全国肉用牛枝肉共励会最優秀賞受賞、第 10〜20 回全農肉牛枝肉共励会最優秀賞受賞。

概要
管理主体 ：全農栃木県本部
代表者 ：髙橋 武 会長
所在地 ：芳賀郡芳賀町稲毛田 1921-7
電話：028-689-9033
ＦＡＸ：028-689-9020
ＵＲＬ：－
メールアドレス：－

栃 木 県

とちぎ高原和牛
とちぎこうげんわぎゅう

品種または交雑種の交配様式	
黒毛和種	

飼育管理
出荷月齢
：－
指定肥育地
：－
飼料の内容
：－

GI登録・農場HACCP・JGAP
ＧＩ登録：－
農場HACCP：－
ＪＧＡＰ：－

主な流通経路および販売窓口
◆ 主なと畜場
：東京食肉市場、栃木県畜産公社
◆ 主な処理場
：同上

◆ 格付等級
：AB・2 等級以上
◆ 年間出荷頭数
：約 500 頭
◆ 主要取扱企業
：東京都食肉市場

◆ 輸出実績国・地域
：－

◆ 今後の輸出意欲
：有

商標登録の有無：有
登録取得年月日：－
銘柄規約の有無：有
規約設定年月日：－
規約改定年月日：－

販売指定店制度について
指定店制度 ：無
販促ツール ：条件付きで有り

特長
- 血統明確な黒毛和種であり、栃木県の豊かな自然環境の中、指定生産者（200名）が約 2 年間、1 頭 1 頭、愛情込めて育てています。

概要
管理主体 ：全農栃木県本部
代表者 ：髙橋 武 会長
所在地 ：芳賀郡芳賀町稲毛田 1921-7
電話：028-689-9033
ＦＡＸ：028-689-9020
ＵＲＬ：－
メールアドレス：－

栃 木 県

栃木ハーブ牛
（とちぎはーぶぎゅう）

品種または交雑種の交配様式
交雑種 （乳用種 × 黒毛和種）

飼育管理

出荷月齢
：33カ月齢以下
指定肥育地
：栃木県内
飼料の内容
：ハーブ入り発酵飼料

GI登録・農場HACCP・JGAP

GI 登 録：無
農場HACCP：無
J G A P：無

販売指定店制度について

指 定 店 制 度 ： 無
販 促 ツ ー ル ： シール、ミニのぼ
　　　　　　　　り、産地証明書

商標登録の有無：申請中
登録取得年月日：－
銘柄規約の有無：有
規約設定年月日：－
規約改定年月日：－

主な流通経路および販売窓口

◆ 主なと畜場
：全国の食肉市場

◆ 主な処理場
：同上

◆ 格付等級
：－
◆ 年間出荷頭数
：－
◆ 主要取扱企業
：国内食肉パッカー

◆ 輸出実績国・地域
：無

◆ 今後の輸出意欲
：無

特長
● ハーブ入り発酵飼料を給与し、牛を健康に育てる。

概要
管 理 主 体	： 栃木ハーブ牛協会	電　　　話 ： 028-965-1919
代　表　者	： 篠崎　直人	F A X ： 028-968-1919
所　在　地	： 鹿沼市塩山町 1112-3	U R L ： － メールアドレス ： －

栃 木 県

とちぎ和牛
（とちぎわぎゅう）

品種または交雑種の交配様式
黒毛和種

飼育管理

出荷月齢
：30.5カ月齢平均
指定肥育地
：栃木県内
飼料の内容
：肥育後期に米を含む飼料を給与

GI登録・農場HACCP・JGAP

GI 登 録：－
農場HACCP：－
J G A P：－

販売指定店制度について

指 定 店 制 度 ： 有
販 促 ツ ー ル ： 条件付きで有り
　　　　　　　　（シール、ポスタ
　　　　　　　　ー、のぼり）

商標登録の有無：有
登録取得年月日：2004 年 7 月
銘柄規約の有無：有
規約設定年月日：1994 年 6 月
規約改定年月日：－

主な流通経路および販売窓口

◆ 主なと畜場
：東京都食肉市場

◆ 主な処理場
：－

◆ 格付等級
：AB・4 等級以上
◆ 年間出荷頭数
：3,700 頭
◆ 主要取扱企業
：東京都食肉市場

◆ 輸出実績国・地域
：香港、シンガポール、アメリカ、
E U
◆ 今後の輸出意欲
：有

特長
● 栃木県内で育てられた最高の肉質の和牛肉です。
● 血統の明確な黒毛和種の子牛を、清潔な環境の中で、指定生産農家が 1 頭 1 頭丹精込め
て大切に育て上げました。
● 平成 21 年度全国肉用牛枝肉共励会名誉賞受賞。
● 第 20 回全農肉牛枝肉共励会名誉賞受賞（平成 30 年度）

概要
管 理 主 体	： （一社)とちぎ農産物マーケティング協会	電　　　話 ： 028-616-8787
代　表　者	： 髙橋　武　会長	F A X ： 028-616-8715
所　在　地	： 宇都宮市平出工業団地 9-25	U R L ： www.tochigipower.com メールアドレス ： －

栃 木 県

那須高原牛
（なすこうげんぎゅう）

品種または交雑種の交配様式
交雑種 （ホルスタイン種 × 黒毛和種）

飼育管理
出荷月齢 ：28カ月齢前後 指定肥育地 ：－ 飼料の内容 ：米粉入りの指定配合飼料

GI登録・農場HACCP・JGAP
ＧＩ登録：無 農場HACCP：無 ＪＧＡＰ：無

販売指定店制度について
指定店制度 ：有 販促ツール ：無

商標登録の有無：有
登録取得年月日：2011 年 4 月 8 日
銘柄規約の有無：無
規約設定年月日：－
規約改定年月日：－

主な流通経路および販売窓口
◆主なと畜場 ：東京都食肉市場、宇都宮市食肉市場 ◆主な処理場 ：同上
◆格付等級 ：－ ◆年間出荷頭数 ：600 頭 ◆主要取扱企業 ：那須塩原市、大田原市、那須町、管内精肉店および指定提供店 ◆輸出実績国・地域 ：－ ◆今後の輸出意欲 ：無

特長
- 品種は交雑種にて JA なすの管内で肥育された安全、安心な牛です。
- 牛舎環境の整備による健全牛の生産管理。

概要	管 理 主 体：那須野農業協同組合	電　　　話：0287-62-5555
	代　表　者：菊地 秀俊 代表理事組合長	Ｆ Ａ Ｘ：0287-62-6616
	所　在　地：那須塩原市黒磯 6-1	Ｕ Ｒ Ｌ：www.janasuno.or.jp
		メールアドレス：soumu@janasuno.or.jp

栃 木 県

那須ハーブ牛
（なすはーぶぎゅう）

品種または交雑種の交配様式
交雑種 （乳用種 × 黒毛和種）

飼育管理
出荷月齢 ：33カ月齢以下 指定肥育地 ：栃木県内 飼料の内容 ：那須ハーブビーフ（ハーブ入り発酵飼料）

GI登録・農場HACCP・JGAP
ＧＩ登録：無 農場HACCP：無 ＪＧＡＰ：無

販売指定店制度について
指定店制度 ：無 販促ツール ：シール、ミニのぼり、産地証明書

商標登録の有無：有
登録取得年月日：2004 年 9 月 9 日
銘柄規約の有無：有
規約設定年月日：－
規約改定年月日：－

主な流通経路および販売窓口
◆主なと畜場 ：全国の食肉市場 ◆主な処理場 ：同上
◆格付等級 ：－ ◆年間出荷頭数 ：－ ◆主要取扱企業 ：国内食肉パッカー ◆輸出実績国・地域 ：無 ◆今後の輸出意欲 ：有

特長
- ハーブ入り発酵飼料を給与し、牛を健康に育てる。

概要	管 理 主 体：那須ハーブ牛協会	電　　　話：028-682-5646
	代　表　者：見目 正行	Ｆ Ａ Ｘ：028-681-0821
	所　在　地：さくら市狭間田 687	Ｕ Ｒ Ｌ：www.nasu-herb-gyu.net
		メールアドレス：info@nasu-herb-gyu.net

栃 木 県

那須和牛
（なすわぎゅう）

品種または 交雑種の交配様式
黒毛和種

飼育管理
出荷月齢 　：30カ月齢前後 指定肥育地 　：指定農家50農場 飼料の内容 　：炭粉を添加し、肥育後期には米 　　粉を配合飼料に混ぜる、地元の 　　稲わらを使用

GI登録・農場HACCP・JGAP
GI登録：無 農場HACCP：無 JGAP：無

販売指定店制度について
指定店制度 ： 有 販促ツール ： 有

商標登録の有無：有
登録取得年月日：2008 年 1 月 16 日
銘柄規約の有無：有
規約設定年月日：2007 年 7 月 30 日
規約改定年月日：－

主な流通経路および販売窓口

- ◆主なと畜場
　：東京都食肉市場、宇都宮市食肉
　　市場
- ◆主な処理場
　：同上

- ◆格付等級
　：AB・3 等級以上
- ◆年間出荷頭数
　：1,200 頭
- ◆主要取扱企業
　：那須塩原市、大田原市、那須町管
　　内指定店
- ◆輸出実績国・地域
　：－

- ◆今後の輸出意欲
　：無

特長
- ●JA なすの和牛部会員の飼育牛並びに肥育牛部会の生産した枝肉で、AB・3 等級以上のもの。
- ●牛舎環境の整備による健全牛の生産管理を徹底しています。

概要	管 理 主 体 ： 那須野農業協同組合 代 表 者 ： 菊地 秀俊 代表理事組合長 所 在 地 ： 那須塩原市黒磯 6-1	電 話 ： 0287-62-5555 F A X ： 0287-62-6616 U R L ： www.janasuno.or.jp メールアドレス ： soumu@janasuno.or.jp

---

栃 木 県

日光高原牛
（にっこうこうげんぎゅう）

品種または 交雑種の交配様式
交雑種 （ホルスタイン種 × 黒毛和種）

飼育管理
出荷月齢 　：－ 指定肥育地 　：－ 飼料の内容 　：－

GI登録・農場HACCP・JGAP
GI登録：－ 農場HACCP：－ JGAP：－

販売指定店制度について
指定店制度 ： 有 販促ツール ： 条件付きで有り

商標登録の有無：有
登録取得年月日：－
銘柄規約の有無：有
規約設定年月日：－
規約改定年月日：－

主な流通経路および販売窓口

- ◆主なと畜場
　：東京食肉市場、栃木県畜産公社

- ◆主な処理場
　：同上

- ◆格付等級
　：2 等級以上
- ◆年間出荷頭数
　：約 3,300 頭
- ◆主要取扱企業
　：東京都食肉市場

- ◆輸出実績国・地域
　：－

- ◆今後の輸出意欲
　：有

特長
- ●日光連山の懐に抱かれ、深い霧に覆われた幻想的な世界のように、まろやかで風味ある牛肉を生産するということから命名しました。
- ●指定生産農家（20 名）から年間約 3,300 頭を出荷。配合飼料の主原料のNON-GMO トウモロコシを使用。

概要	管 理 主 体 ： 全農栃木県本部 代 表 者 ： 髙橋 武 会長 所 在 地 ： 芳賀郡芳賀町稲毛田 1921-7	電 話 ： 028-689-9033 F A X ： 028-689-9020 U R L ： － メールアドレス ： －

栃 木 県

前日光和牛
（まえにっこうわぎゅう）

前日光和牛

品種または交雑種の交配様式	
黒毛和種	

飼育管理	
出荷月齢	：30カ月齢前後
指定肥育地	：有
飼料の内容	：大麦、とうもろこし、大豆かす、ふすまを主体に配合

GI登録・農場HACCP・JGAP	
GI登 録	：無
農場HACCP	：一部農場
JGAP	：無

販売指定店制度について	
指 定 店 制 度	：無
販 促 ツ ー ル	：－

商標登録の有無	：有
登録取得年月日	：1997 年 5 月 23 日
銘柄規約の有無	：無
規約設定年月日	：－
規約改定年月日	：－

主な流通経路および販売窓口

- ◆ 主なと畜場
  ：栃木県畜産公社、東京都食肉市場、茨城県中央食肉公社
- ◆ 主な処理場
  ：滝沢ハム泉川ミートセンター
- ◆ 格付等級
  ：3 等級以上
- ◆ 年間出荷頭数
  ：800 頭
- ◆ 主要取扱企業
  ：レッケルバルト本店
- ◆ 輸出実績国・地域
  ：無
- ◆ 今後の輸出意欲
  ：有

特長	● 日光連山を水源とする清涼で良質な水を飲料水として肉質、脂質、食感を良くするために、ふすま、麦類、米ぬかを配合し、清潔な環境のもと丹精込めて肥育管理をしている。

概要	管 理 主 体	：前日光牛生産組合	電　　　話	：0282-27-2067
	代 表 者	：㈱前日光都賀牧場	F A X	：0282-27-2067
	所 在 地	：栃木市都賀町家中 6494	U R L	：－
			メールアドレス	：－

栃 木 県

みかも牛
（みかもぎゅう）

品種または交雑種の交配様式	
黒毛和種、交雑種	

飼育管理	
出荷月齢	：24～33カ月齢
指定肥育地	：－
飼料の内容	：－

GI登録・農場HACCP・JGAP	
GI登 録	：無
農場HACCP	：無
JGAP	：無

販売指定店制度について	
指 定 店 制 度	：無
販 促 ツ ー ル	：有

商標登録の有無	：有
登録取得年月日	：2003 年 8 月 21 日
銘柄規約の有無	：有
規約設定年月日	：－
規約改定年月日	：－

主な流通経路および販売窓口

- ◆ 主なと畜場
  ：群馬県食肉市場ほか
- ◆ 主な処理場
  ：コトラミートカルチャ
- ◆ 格付等級
  ：B.M.S. No.3 以上
- ◆ 年間出荷頭数
  ：交雑種 800 頭、黒毛和種 100 頭
- ◆ 主要取扱企業
  ：ホームページに掲載
- ◆ 輸出実績国・地域
  ：－
- ◆ 今後の輸出意欲
  ：有

特長	● 栃木県内で生産された牛肉の中で、ほど良い霜降りで、肉質、脂質ともに優れているものを「みかも牛」ブランドとして出荷。

概要	管 理 主 体	：㈱コトラミートカルチャ	電　　　話	：0284-71-3057
	代 表 者	：小林 伸光 代表取締役	F A X	：0284-72-8979
	所 在 地	：足利市堀込町 1558	U R L	：www.0298.biz
			メールアドレス	：－

栃 木 県

与一和牛
（よいちわぎゅう）

品種または 交雑種の交配様式	主な流通経路および販売窓口
黒毛和種	◆主なと畜場 ：東京都食肉市場

飼育管理
出荷月齢 ：30カ月齢平均 指定肥育地 ：栃木県大田原市地域 飼料の内容 ：パスポートに記載

◆主な処理場
：同上

◆格付等級
：A5 等級
◆年間出荷頭数
：650 頭
◆主要取扱企業
：東京都食肉市場

GI登録・農場HACCP・JGAP
Ｇ Ｉ 登 録：－ 農場HACCP：－ Ｊ Ｇ Ａ Ｐ：－

商標登録の有無：有
登録取得年月日：2015 年 3 月 20 日
銘柄規約の有無：有
規約設定年月日：2015 年 5 月 25 日
規約改定年月日：－

◆輸出実績国・地域
：無

◆今後の輸出意欲
：有

販売指定店制度について
指 定 店 制 度 ： 無 販 促 ツ ー ル ： 条件付きで有り

特長
● 栃木県大田原市で育てられた A5 等級のみの黒毛和牛肉。

概要
管 理 主 体 ： 与一和牛研究会
代 表 者 ： 新江 和平
所 在 地 ： 大田原市北金丸 238-1

電 話 ： 0287-22-3290
Ｆ Ａ Ｘ ： 同上
Ｕ Ｒ Ｌ ： yoichi-wagyu.jimdo.com
メールアドレス ： yoichi-wagyu@gmail.com

群 馬 県

赤城牛（総称）
（あかぎぎゅう）

群馬銘柄
赤城牛
商標登録第2608058号

品種または 交雑種の交配様式	主な流通経路および販売窓口
黒毛和種（赤城和牛と称する） 交雑種（ホルスタイン種 × 黒毛和種）	◆主なと畜場 ：佐久広域食肉公社、 　群馬県食肉市場ほか 3 カ所 ◆主な処理場 ：鳥山畜産食品

飼育管理
出荷月齢 ：28～32カ月齢 指定肥育地 ：群馬県内、組合生産者 飼料の内容 ：－

◆格付等級
：A4 を主体とする
◆年間出荷頭数
：1,500 頭
◆主要取扱企業
：鳥山畜産食品、マルイチ産商

GI登録・農場HACCP・JGAP
Ｇ Ｉ 登 録：無 農場HACCP： 2018 年 3 月 Ｊ Ｇ Ａ Ｐ ： 2019 年 3 月

商標登録の有無：有
登録取得年月日：1993 年 12 月
銘柄規約の有無：無
規約設定年月日：－
規約改定年月日：－

◆輸出実績国・地域
：シンガポール、イタリア、香港、
　アメリカ、オランダ、ドイツ
◆今後の輸出意欲
：有

販売指定店制度について
指 定 店 制 度 ： 有 販 促 ツ ー ル ： 条件付きで有り

特長
● うま味の素である良質なアミノ酸が多い。
● 不飽和脂肪酸が多く、融点が低く、なめらかで味がよく、健康的な脂肪組織を形成する。
● 脂肪が光沢に優れ、弾力に富み、肉色が鮮明（ピンク）で正肉歩留まりが高い。

概要
管 理 主 体 ： 赤城肉牛生産販売組合
代 表 者 ： 石坂 敏夫
所 在 地 ： 渋川市渋川 1137-12
　　　　　　 鳥山畜産食品㈱

電 話 ： 0279-24-1147 ㈹
Ｆ Ａ Ｘ ： 0279-24-4745
Ｕ Ｒ Ｌ ： －
メールアドレス ： concielge@akagi-beef.jp

群　馬　県

群馬牛
ぐんまぎゅう

品種または 交雑種の交配様式	
黒毛和種 交雑種（ホルスタイン種 × 黒毛和種）	

飼育管理

出荷月齢
　：22～35カ月齢
指定肥育地
　：群馬県内
飼料の内容
　：－

GI登録・農場HACCP・JGAP

ＧＩ登　録：無
農場HACCP：無
ＪＧＡＰ：無

商標登録の有無：有
登録取得年月日：2008 年 6 月 6 日
銘柄規約の有無：有
規約設定年月日：－
規約改定年月日：－

主な流通経路および販売窓口

◆ 主なと畜場
　：金沢食肉流通センター、本庄食
　　肉センター、東京都食肉市場
◆ 主な処理場
　：サニーサイド、寄居食肉

◆ 格付等級
　：2 等級以上
◆ 年間出荷頭数
　：1,200 頭
◆ 主要取扱企業
　：サニーサイド、寄居食肉、米久

◆ 輸出実績国・地域
　：ドバイ

◆ 今後の輸出意欲
　：有

販売指定店制度について

指定店制度：－
販促ツール：条件付きで有り

特長
- 金田畜産グループ牧場を中心に恵まれた自然環境と快適な飼育環境の中で育てられた和牛と交雑牛です。
- 軟らかな舌ざわりと、奥深い味わいが特徴です。

概要

管 理 主 体：㈲金田畜産	電　　　話：0279-22-4029	
代　表　者：田村 秀一	Ｆ Ａ Ｘ：0279-24-6999	
所　在　地：渋川市中村 838-1	Ｕ Ｒ Ｌ：－	
	メールアドレス：kanetiku@oboe.ocn.ne.jp	

群　馬　県

五穀和牛／五穀牛
ごごくわぎゅう／ごごくぎゅう

品種または 交雑種の交配様式	
黒毛和種 交雑種（ホルスタイン種 × 黒毛和種）	

飼育管理

出荷月齢
　：27～29カ月齢
指定肥育地
　：群馬県内
飼料の内容
　：スーパーネッカリッチを配合

GI登録・農場HACCP・JGAP

ＧＩ登　録：無
農場HACCP：無
ＪＧＡＰ：無

商標登録の有無：有
登録取得年月日：2003 年 5 月 9 日
銘柄規約の有無：無
規約設定年月日：－
規約改定年月日：－

主な流通経路および販売窓口

◆ 主なと畜場
　：アグリスワン、和光ミートセンター
◆ 主な処理場
　：同上

◆ 格付等級
　：2 等級以上
◆ 年間出荷頭数
　：1,500 頭
◆ 主要取扱企業
　：ミートコンパニオン、各市場

◆ 輸出実績国・地域
　：マカオ、タイ、フィリピン

◆ 今後の輸出意欲
　：有

販売指定店制度について

指定店制度：－
販促ツール：有

特長
- 飼料に灰（スーパーネッカリッチ）を混ぜて給与している。

概要

管 理 主 体：21 世紀肉牛研究会	電　　　話：0495-33-1324	
代　表　者：植井 敏夫	Ｆ Ａ Ｘ：0495-33-3384	
所　在　地：児玉郡上里町神保原 1995	Ｕ Ｒ Ｌ：－	
㈱ウエイミート	メールアドレス：－	

群 馬 県

上 州 牛
じょうしゅうぎゅう

品種または交雑種の交配様式	
黒毛和種 交雑種（ホルスタイン種 × 黒毛和種）	
飼育管理	
出荷月齢　：−	
指定肥育地　：−	
飼料の内容　：−	
GI登録・農場HACCP・JGAP	
ＧＩ登　録：無 農場HACCP：無 ＪＧＡＰ：無	
販売指定店制度について	
指定店制度　：有 販促ツール　：条件付きで有り	

商標登録の有無：有	
登録取得年月日：2007 年 2 月 23 日	
銘柄規約の有無：有	
規約設定年月日：2003 年 4 月 1 日	
規約改定年月日：2014 年 6 月 26 日	

主な流通経路および販売窓口

- ◆ 主なと畜場
  ：群馬県食肉卸売市場
- ◆ 主な処理場
  ：同上
- ◆ 格付等級
  ：−
- ◆ 年間出荷頭数
  ：12,500 頭
- ◆ 主要取扱企業
  ：ホームページに掲載
- ◆ 輸出実績国・地域
  ：香港、シンガポール
- ◆ 今後の輸出意欲
  ：有

特長
- ●群馬県内で肥育され群馬食肉卸売市場で処理された黒毛和牛と交雑牛の総称。
- ●HACCP が義務付けられた対米輸出認定工場で食肉処理された極めて安全性の高い牛肉。

概要

管 理 主 体	： 群馬県食肉品質向上対策協議会	電　　　話 ： 0270-65-7135
代 表 者	： 大澤 孝志 会長	Ｆ Ａ Ｘ ： 0270-65-9236
所 在 地	： 佐波郡玉村町大字上福島 1189	Ｕ Ｒ Ｌ ： www.gunmanooniku.com メールアドレス ： kyogikai@gunmanooniku.com

---

群 馬 県

上州新田牛
じょうしゅうにったぎゅう

品種または交雑種の交配様式	
黒毛和種 交雑種（ホルスタイン種 × 黒毛和種）	
飼育管理	
出荷月齢	
指定肥育地	
飼料の内容地域 　：くみあい配合飼料	
GI登録・農場HACCP・JGAP	
ＧＩ登　録：無 農場HACCP：無 ＪＧＡＰ：無	
販売指定店制度について	
指定店制度　：無 販促ツール　：無	

商標登録の有無：無	
登録取得年月日：−	
銘柄規約の有無：無	
規約設定年月日：−	
規約改定年月日：−	

主な流通経路および販売窓口

- ◆ 主なと畜場
  ：群馬県食肉卸売市場
- ◆ 主な処理場
  ：同上
- ◆ 格付等級
  ：3 等級以上
- ◆ 年間出荷頭数
  ：1,500 頭
- ◆ 主要取扱企業
  ：群馬県食肉卸売市場にてせり販売
- ◆ 輸出実績国・地域
  ：−
- ◆ 今後の輸出意欲
  ：有

特長
- ●JA にったみどりにった地域管内の生産者で構成する肉牛肥育部会員がくみあい配合飼料により肥育した風味豊かで、信頼性の高い牛肉です。

概要

管 理 主 体	： 新田みどり農協にった地域肉牛肥育部会	電　　　話 ： 0276-57-2111
代 表 者	： 飯島 実	Ｆ Ａ Ｘ ： 0276-57-3603
所 在 地	： 太田市新田金井町 16	Ｕ Ｒ Ｌ ： www.gunmanooniku.com メールアドレス ： −

群馬県
上州和牛
じょうしゅうわぎゅう

品種または交雑種の交配様式	
黒毛和種	

飼育管理	
出荷月齢 ： －	
指定肥育地 ： －	
飼料の内容 ： －	

GI登録・農場HACCP・JGAP	
GI登録：－	
農場HACCP：－	
JGAP：－	

販売指定店制度について	
指定店制度 ： 有	
販促ツール ： 条件付きで有り	

商標登録の有無：有
登録取得年月日：－
銘柄規約の有無：有
規約設定年月日：－
規約改定年月日：2014 年 6 月 26 日

特長
● 飼育に十分な手間と時間を費やし、独自の飼料を与えることで軟らかい赤身の中にきめ細かに風味漂う美しい霜降りが入り、芳醇でコクのある奥深い味わいをもつ牛肉。

主な流通経路および販売窓口
◆ 主なと畜場 ：群馬県食肉卸売市場
◆ 主な処理場 ：同上
◆ 格付等級 ：－
◆ 年間出荷頭数 ：4,500 頭
◆ 主要取扱企業 ：ホームページに掲載
◆ 輸出実績国・地域 ：アメリカ、カナダ、香港、シンガポール、タイ、マカオ、メキシコ、EU
◆ 今後の輸出意欲 ：有

概要	管 理 主 体 ：	群馬県食肉品質向上対策協議会	電 話 ：	0270-65-7135
	代 表 者 ：	大澤 孝志 会長	F A X ：	0270-65-9236
	所 在 地 ：	佐波郡玉村町大字上福島 1189	U R L ：	www.gunmanooniku.com
			メールアドレス ：	kyogikai@gunmanooniku.com

群馬県
増田和牛
ますだわぎゅう

品種または交雑種の交配様式	
黒毛和種 但馬系（雌）	

飼育管理	
出荷月齢 ：34カ月齢平均	
指定肥育地 ：群馬県	
飼料の内容 ：増田畜産独自指定配合飼料、炊いた麦を 6 カ月以上給与	

GI登録・農場HACCP・JGAP	
GI登録：－	
農場HACCP：－	
JGAP：－	

販売指定店制度について	
指定店制度 ： 無	
販促ツール ： －	

商標登録の有無：無
登録取得年月日：－
銘柄規約の有無：無
規約設定年月日：－
規約改定年月日：－

特長
● 肉質、脂質に特徴をもつ。
● モネンシン入り飼料を使わない。

主な流通経路および販売窓口
◆ 主なと畜場 ：本庄食肉センター、東京都食肉市場
◆ 主な処理場 ：東京都食肉市場
◆ 格付等級 ：－
◆ 年間出荷頭数 ：180 頭
◆ 主要取扱企業 ：スズチク
◆ 輸出実績国・地域 ：－
◆ 今後の輸出意欲 ：有

概要	管 理 主 体 ：	増田畜産	電 話 ：	027-371-2351
	代 表 者 ：	増田 順彦	F A X ：	027-371-5766
	所 在 地 ：	高崎市箕郷町西明屋 423-6	U R L ：	－
			メールアドレス ：	－

埼玉県

川口市場発ブランド「ほほえみ牛」
かわぐちしじょうはつぶらんどほほえみぎゅう

品種または交雑種の交配様式	
黒毛和種、交雑種	

飼育管理	
出荷月齢	：22カ月齢以上
指定肥育地	：－
飼料の内容	：粗飼料、糖蜜度を含む配合飼料

GI登録・農場HACCP・JGAP	
G I 登 録：無	
農場HACCP：無	
J G A P：無	

販売指定店制度について	
指定店制度：無	
販促ツール：有	

商標登録の有無：有	
登録取得年月日：2007 年 11 月 22 日	
銘柄規約の有無：有	
規約設定年月日：2007 年 11 月 22 日	
規約改定年月日：－	

主な流通経路および販売窓口	
◆主なと畜場 ：川口食肉市場	
◆主な処理場 ：－	
◆格付等級 ：2 等級以上	
◆年間出荷頭数 ：3,000 頭	
◆主要取扱企業 ：川口食肉荷受	
◆輸出実績国・地域 ：無	
◆今後の輸出意欲 ：無	

特長
- ●指定生産農家が 1 頭 1 頭丹精を込めて大切に育て上げている。
- ●川口市場と指定農家が自信をもって届ける安心と信頼のあるブランド牛。
- ●特許庁より（登録第 5094271 号）認可され川口市場発のブランドとして高い評価を得ている。

概要

管 理 主 体：	ほほえみ牛生産研究会	電　　　　話：	048-223-3121
代　表　者：	石井　一雄	Ｆ　Ａ　Ｘ：	048-224-2917
所　在　地：	川口市領家 4-7-18	Ｕ　Ｒ　Ｌ：	－
		メールアドレス：	－

埼玉県

彩さい和牛／彩さい牛
さいさいわぎゅう／さいさいぎゅう

品種または交雑種の交配様式	
黒毛和種	
交雑種（ホルスタイン種 × 黒毛和種）	

飼育管理	
出荷月齢	：26～32カ月齢前後
指定肥育地	：埼玉県内
飼料の内容	：スーパーネッカリッチを配合

GI登録・農場HACCP・JGAP	
G I 登 録：無	
農場HACCP：無	
J G A P：無	

販売指定店制度について	
指定店制度：有	
販促ツール：有	

商標登録の有無：有	
登録取得年月日：2012 年 4 月 13 日	
銘柄規約の有無：無	
規約設定年月日：－	
規約改定年月日：－	

主な流通経路および販売窓口	
◆主なと畜場 ：和光ミートセンター	
◆主な処理場 ：同上	
◆格付等級 ：2 等級以上	
◆年間出荷頭数 ：1,500 頭	
◆主要取扱企業 ：ミートコンパニオン、ウエイ	
◆輸出実績国・地域 ：マカオ、タイ、フィリピン	
◆今後の輸出意欲 ：有	

特長
- ●飼料に灰（スーパーネッカリッチ）を混ぜて給与している。

概要

管 理 主 体：	21 世紀 肉牛研究会	電　　　　話：	0495-33-1324
代　表　者：	植井　敏夫	Ｆ　Ａ　Ｘ：	0495-33-3384
所　在　地：	児玉郡上里町神保原 1995	Ｕ　Ｒ　Ｌ：	－
	㈱ウエイミート	メールアドレス：	ueimeat@ueimeat.co.jp

埼 玉 県

埼玉武州和牛
さいたまぶしゅうわぎゅう

品種または 交雑種の交配様式
黒毛和種

飼育管理
出荷月齢 ：28〜34カ月齢平均 指定肥育地 ：埼玉県内 飼料の内容 ：配合飼料を指定し、ブレンドしている

GI登録・農場HACCP・JGAP
ＧＩ登　録：無 農場HACCP：無 ＪＧＡＰ：無

販売指定店制度について
指定店制度：無 販促ツール：シール、のぼり 　　　　　　旗、ポスターなど

商標登録の有無：有
登録取得年月日：2013 年 6 月 21 日
銘柄規約の有無：有
規約設定年月日：2001 年
規約改定年月日：2008 年 10 月

主な流通経路および販売窓口
◆ 主なと畜場 　：東京都食肉市場、さいたま市食 　　肉市場、川口食肉市場 ◆ 主な処理場 　：同上
◆ 格付等級 　：2 等級以上 ◆ 年間出荷頭数 　：3,000 頭 ◆ 主要取扱企業 　：－
◆ 輸出実績国・地域 　：－
◆ 今後の輸出意欲 　：有

特長
● 肥育期間をかけて肉の風味、甘み、そしてきめ細かい肉質をモットーにした銘柄和牛です。

概要	管 理 主 体：埼玉県武州和牛組合 代 表 者：塚田　正行 所 在 地：本庄市児玉町児玉 2152-9	電　　　　　話：0495-72-0828 Ｆ　Ａ　Ｘ：0495-72-8576 Ｕ　Ｒ　Ｌ：bushu-wagyu.jp メールアドレス：busyuuwagyuu@ybb.ne.jp

---

埼 玉 県

彩の夢味牛
さいのゆめみぎゅう

品種または 交雑種の交配様式
黒毛和種 交雑種（黒毛和種 × ホルスタイン種）

飼育管理
出荷月齢 ：26カ月齢前後 指定肥育地 ：－ 飼料の内容 ：夢味牛生産者部会の指定したブランド用肥育配合飼料

GI登録・農場HACCP・JGAP
ＧＩ登　録：無 農場HACCP：無 ＪＧＡＰ：無

販売指定店制度について
指定店制度：無 販促ツール：有

商標登録の有無：有
登録取得年月日：2007 年 6 月 29 日
銘柄規約の有無：有
規約設定年月日：2003 年 9 月 5 日
規約改定年月日：2007 年 12 月 26 日

主な流通経路および販売窓口
◆ 主なと畜場 　：さいたま市食肉市場、東京都食 　　肉市場 ◆ 主な処理場 　：和光ミートセンター
◆ 格付等級 　：－ ◆ 年間出荷頭数 　：264 頭 ◆ 主要取扱企業 　：－
◆ 輸出実績国・地域 　：－
◆ 今後の輸出意欲 　：無

特長
● ブランド用肥育配合飼料を使用し、後味のよいサッパリとした甘みのある脂質で、また食べたくなる牛肉生産をしています。
● 彩の国畜産物ガイドラインによる衛生管理を実施しています。

概要	管 理 主 体：全国開拓農業協同組合連合会 　　　　　　　東日本支所　東京事業所 代 表 者：平木 勇 代表理事会長 所 在 地：東京都港区赤坂 1-9-13　三会堂ビル	電　　　　　話：050-3481-1332 Ｆ　Ａ　Ｘ：03-3587-2373 Ｕ　Ｒ　Ｌ：zenkairen.or.jp メールアドレス：info@zenkairen.or.jp

埼 玉 県

深谷牛
（ふかやぎゅう）

品種または 交雑種の交配様式
黒毛和種

飼育管理
出荷月齢 　：24〜34カ月齢前後 指定肥育地 　：深谷市および近交の市町 飼料の内容 　：指定配合飼料

GI登録・農場HACCP・JGAP
GI登録：無 農場HACCP：無 JGAP：無

販売指定店制度について
指定店制度：無 販促ツール：－

商標登録の有無：無
登録取得年月日：－
銘柄規約の有無：無
規約設定年月日：－
規約改定年月日：－

主な流通経路および販売窓口

◆ 主なと畜場
　：さいたま市食肉市場
◆ 主な処理場
　：買参者指定可

◆ 格付等級
　：会員すべての牛
◆ 年間出荷頭数
　：300 頭
◆ 主要取扱企業
　：コトラミートカルチャ

◆ 輸出実績国・地域
　：－

◆ 今後の輸出意欲
　：無

特長	● 深谷市と近交の市町に居住する生産者で構成され、指定配合飼料とこだわりの肥育技術で、肥育期間をかけて、ていねいに育てられている。 ● 肉のきめが細かく、軟らかく甘味があって風味がある牛肉。

概要	管 理 主 体：深谷特撰黒毛和牛振興協議会	電　　話：048-585-1262
	代 表 者：山下　勝	FAX：048-594-6159
	所 在 地：深谷市櫛挽 46-1	URL：saitama.lin.gr.jp/mobile/fukayagyu/offcial/index.html
		メールアドレス：4im943@bma.biglobe.ne.jp

千 葉 県

卯の花牛
（うのはなぎゅう）

品種または 交雑種の交配様式
黒毛和種 交雑種（ホルスタイン種 × 黒毛和種）

飼育管理
出荷月齢 　：黒毛和種：28カ月平均 　　交雑種：25カ月平均 指定肥育地 　：宇井畜産 飼料の内容 　：豆腐を作るときに出る「おから」 　　を給与している

GI登録・農場HACCP・JGAP
GI登録：未定 農場HACCP：未定 JGAP：－

販売指定店制度について
指定店制度：無 販促ツール：証明書、シール、のぼり（大小）リーフレット、はっぴ

商標登録の有無：有
登録取得年月日：2006 年 10 月 19 日
銘柄規約の有無：有
規約設定年月日：－
規約改定年月日：－

主な流通経路および販売窓口

◆ 主なと畜場
　：千葉県食肉公社、東京食肉市場
◆ 主な処理場
　：同上

◆ 格付等級
　：無
◆ 年間出荷頭数
　：200 頭
◆ 主要取扱企業
　：OMI、小川畜産興業、スターゼン
◆ 輸出実績国・地域
　：－

◆ 今後の輸出意欲
　：無

特長	● "卯の花"とは豆腐をつくるときにでる副産物（おから） ● 豊かな自然に囲まれ、潮風そよぐ匝瑳市育ち。牛と環境にやさしいエコフィードで育った安全で安心な肉用牛が「卯の花牛」であり、おいしさには自信がある。

概要	管 理 主 体：㈱宇井畜産	電　　話：0479-67-3364
	代 表 者：宇井　正之	FAX：0479-67-5292
	所 在 地：匝瑳市今泉 6779	URL：無
		メールアドレス：無

千　葉　県

かずさ和牛
（かずさわぎゅう）

品種または 交雑種の交配様式	
黒毛和種	

飼育管理	
出荷月齢 　：30カ月齢平均 指定肥育地 　：千葉県内 飼料の内容 　：－	

GI登録・農場HACCP・JGAP	
ＧＩ登　録：－ 農場HACCP：－ ＪＧＡＰ：－	

販売指定店制度について	
指定店制度　：無 販促ツール：ポスター、シール、のぼり、パンフレット	

商標登録の有無：有	
登録取得年月日：－	
銘柄規約の有無：有	
規約設定年月日：－	
規約改定年月日：－	

特長	●かずさの自然で育った「かずさ和牛」の牛肉は、融点が低くあっさりとした脂質が特徴で、たくさん食べても飽きのこない、さっぱりとした牛肉です。 ●高品質の飼料にこだわり、水も千葉県にはヨード（千葉県に世界の60％）を含んだ豊富な水があり、新鮮でおいしい牛肉です。

主な流通経路および販売窓口

◆主なと畜場
　：東京都食肉市場

◆主な処理場
　：－

◆格付等級
　：3等級以上
◆年間出荷頭数
　：1,500頭
◆主要取扱企業
　：東京都食肉市場

◆輸出実績国・地域
　：－

◆今後の輸出意欲
　：－

概要	管理主体：かずさ和牛肥育研究会 代表者：麻生　義一　会長 所在地：千葉市若葉区若松町432-35	電話：043-231-6330 ＦＡＸ：043-231-6355 ＵＲＬ：www.kazusa-wagyu.com メールアドレス：info@kazusa-wagyu.com

---

千　葉　県

しあわせ絆牛
（しあわせきずなぎゅう）

しあわせ絆牛（きづな）
東日本産直ビーフ研究会

品種または 交雑種の交配様式	
交雑種 （ホルスタイン種 × 黒毛和種）	

飼育管理	
出荷月齢 　：26～28カ月齢 指定肥育地 　：千葉、茨城、福島、栃木、青森 飼料の内容 　：－	

GI登録・農場HACCP・JGAP	
ＧＩ登　録：無 農場HACCP：無 ＪＧＡＰ：無	

販売指定店制度について	
指定店制度　：有 販促ツール　：有	

商標登録の有無：有	
登録取得年月日：2004年 8月20日	
銘柄規約の有無：有	
規約設定年月日：2002年 4月 1日	
規約改定年月日：2016年10月 1日	

特長	●漢方、生薬の素材に含まれる植物性多糖体とビタミンEをバランスよく配合し、牛の健康に留意したおいしい牛肉です。

主な流通経路および販売窓口

◆主なと畜場
　：千葉県食肉公社

◆主な処理場
　：－

◆格付等級
　：－
◆年間出荷頭数
　：2,000頭
◆主要取扱企業
　：東京都食肉市場

◆輸出実績国・地域
　：－

◆今後の輸出意欲
　：有

概要	管理主体：東日本産直ビーフ研究会 代表者：岩渕　一晃 所在地：旭市岩井1967	電話：0479-55-4511 ＦＡＸ：0479-55-4525 ＵＲＬ：www.sanchoku-beef.org メールアドレス：－

千 葉 県

しあわせまんてんぎゅう
しあわせ満天牛

しあわせ
満天牛
東日本産直ビーフ研究会

品種または交雑種の交配様式
黒毛和種

飼育管理
出荷月齢 　：26〜30カ月齢 指定肥育地 　：千葉、茨城、福島、栃木、青森 飼料の内容 　：−

GI登録・農場HACCP・JGAP
ＧＩ登　録：無 農場HACCP：無 ＪＧＡＰ：無

販売指定店制度について
指 定 店 制 度 ：無 販 促 ツ ー ル ：有

主な流通経路および販売窓口
◆主なと畜場 　：千葉県食肉公社 ◆主な処理場 　：− ◆格付等級 　：− ◆年間出荷頭数 　：200 頭 ◆主要取扱企業 　：東京都食肉市場 ◆輸出実績国・地域 　：− ◆今後の輸出意欲 　：有

商標登録の有無：有
登録取得年月日：2004 年 8 月20日
銘柄規約の有無：有
規約設定年月日：2002 年 4 月 1 日
規約改定年月日：2016 年 10 月 1 日

特 長	●漢方、生薬の素材に含まれる植物性多糖体とビタミンEをバランスよく配合し、牛の健康に留意したおいしい牛肉です。

概 要	管 理 主 体 ： 東日本産直ビーフ研究会 代　表　者 ： 岩渕　一晃 所　在　地 ： 旭市岩井 1967	電　　　　　話 ： 0479-55-4511 Ｆ　Ａ　Ｘ ： 0479-55-4525 Ｕ　Ｒ　Ｌ ： www.sanchoku-beef.org メールアドレス ： −

千 葉 県

せんばぎゅう
せんば牛

せんば牛
SENBA-GYU
千バうビーフ
新

品種または交雑種の交配様式
交雑種

飼育管理
出荷月齢 　：27カ月齢平均 指定肥育地 　：− 飼料の内容 　：県内で調達できる飼料・粗飼料を活用

GI登録・農場HACCP・JGAP
ＧＩ登　録：− 農場HACCP：2019 年 5 月23日 　　　　　　（一部農場、八農場） ＪＧＡＰ：2020 年 6 月 3 日 　　　　　　（一部農場、二農場）

販売指定店制度について
指 定 店 制 度 ：無 販 促 ツ ー ル ：シール、のぼり、 　　　　　　　パンフレット、ポ 　　　　　　　スター

主な流通経路および販売窓口
◆主なと畜場 　：千葉県食肉公社 ◆主な処理場 　：− ◆格付等級 　：− ◆年間出荷頭数 　：2,000 頭 ◆主要取扱企業 　：東京都食肉市場 ◆輸出実績国・地域 　：− ◆今後の輸出意欲 　：有

商標登録の有無：無
登録取得年月日：−
銘柄規約の有無：有
規約設定年月日：2013 年 8 月
規約改定年月日：−

特 長	

概 要	管 理 主 体 ： せんば牛グループ 代　表　者 ： 岩渕　義徳 所　在　地 ： 千葉市中央区中央 4-10-12	電　　　　　話 ： 043-222-9400 Ｆ　Ａ　Ｘ ： 043-202-3105 Ｕ　Ｒ　Ｌ ： − メールアドレス ： −

千 葉 県

せんばわぎゅう
せんば和牛

品種または交雑種の交配様式
黒毛和種

飼育管理
出荷月齢 ：30カ月齢平均 指定肥育地 ：－ 飼料の内容 ：県内で調達できる飼料・粗飼料を活用

GI登録・農場HACCP・JGAP
ＧＩ登録：－ 農場HACCP：2019年 5 月23日 （八農場） ＪＧＡＰ：2020年 6 月3日 （二農場）

販売指定店制度について
指 定 店 制 度 ： 無 販 促 ツ ー ル ： シール、のぼり、パンフレット、ポスター

商標登録の有無：無
登録取得年月日：－
銘柄規約の有無：有
規約設定年月日：2013年 8 月
規約改定年月日：－

特長

主な流通経路および販売窓口
◆ 主なと畜場 ：千葉県食肉公社 ◆ 主な処理場 ：－ ◆ 格付等級 ：－ ◆ 年間出荷頭数 ：200 頭 ◆ 主要取扱企業 ：東京都食肉市場 ◆ 輸出実績国・地域 ：－ ◆ 今後の輸出意欲 ：有

概要	管 理 主 体 ： せんば牛グループ	電 話 ： 043-222-9400
	代 表 者 ： 岩渕 義徳	Ｆ Ａ Ｘ ： 043-202-3105
	所 在 地 ： 千葉市中央区中央 4-10-12	Ｕ Ｒ Ｌ ： －
		メールアドレス ： －

千 葉 県

ちばけんあさひしさんこうごぼくじょうぎゅう
千葉県旭市産
コウゴ牧場牛

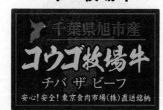

品種または交雑種の交配様式
交雑種 （ホルスタイン種雌 × 黒毛和種雄）

飼育管理
出荷月齢 ：25カ月齢以上 指定肥育地 ：千葉県旭市 飼料の内容 ：－

GI登録・農場HACCP・JGAP
ＧＩ登録：無 農場HACCP：無 ＪＧＡＰ：無

販売指定店制度について
指 定 店 制 度 ： 無 販 促 ツ ー ル ： シール

商標登録の有無：有
登録取得年月日：－
銘柄規約の有無：無
規約設定年月日：－
規約改定年月日：－

特長

主な流通経路および販売窓口
◆ 主なと畜場 ：千葉県食肉公社 ◆ 主な処理場 ：同上 ◆ 格付等級 ：－ ◆ 年間出荷頭数 ：1,400 頭 ◆ 主要取扱企業 ：丸全、日本ハム ◆ 輸出実績国・地域 ：－ ◆ 今後の輸出意欲 ：無

概要	管 理 主 体 ： ㈲コウゴ牧場	電 話 ： 0479-57-3532
	代 表 者 ： 向後 眞	Ｆ Ａ Ｘ ： 同上
	所 在 地 ： 旭市荻園 1153	Ｕ Ｒ Ｌ ： －
		メールアドレス ： －

千 葉 県

ちばざびーふ
チバザビーフ

品種または 交雑種の交配様式
黒毛和種、ホルスタイン種、 交雑種（ホルスタイン種雌×黒毛和種雄）

飼育管理
出荷月齢 　：25〜30カ月齢平均 指定肥育地 　：千葉県内 飼料の内容 　：－

GI登録・農場HACCP・JGAP
ＧＩ登　録：無 農場HACCP：2019 年　5 月 23 日 　　　　　　（一部農場） ＪＧＡＰ：2020 年　6 月 3 日 　　　　　　（一部農場）

販売指定店制度について
指定店制度　：無 販促ツール　：シール、のぼり 　　　　　　　等

商標登録の有無：有（「チバザ」で登録）
登録取得年月日：2008 年　8 月 15 日
銘柄規約の有無：無
規約設定年月日：－
規約改定年月日：－

主な流通経路および販売窓口
◆主なと畜場 　：千葉県食肉公社、東京食肉市場 　　など ◆主な処理場 　：同上 ◆格付等級 　：－ ◆年間出荷頭数 　：約 14,000 頭（参加銘柄含む） ◆主要取扱企業 　：東京食肉市場 ◆輸出実績国・地域 　：－ ◆今後の輸出意欲 　：有

特長	●千葉県産牛肉の総称銘柄。 ●参加銘柄には、かずさ和牛、みやざわ和牛、しあわせ満天牛、しあわせ絆牛、しあわせ牛、ナイスビーフ、若潮牛、八千代黒牛、八千代牛、卯の花牛、北総和牛、北総花牛、せんば和牛、せんば牛、コウゴ牧場牛の 15 銘柄。

概要	管理主体：チバザビーフ協議会 代表者：宮澤　武志　会長 所在地：千葉市中央区新宿 1-2-3 K&T 千葉 　　　　ビル 3 階（千葉県畜産協会内）	電話：043-242-6333 ＦＡＸ：043-238-1255 ＵＲＬ：chibathebeef.jp/ メールアドレス：info@chiba@.lin.gr.jp

---

千 葉 県

ちばしあわせぎゅう
千葉しあわせ牛

品種または 交雑種の交配様式
ホルスタイン種

飼育管理
出荷月齢 　：20〜22カ月齢 指定肥育地 　：千葉 飼料の内容 　：－

GI登録・農場HACCP・JGAP
ＧＩ登　録：無 農場HACCP：無 ＪＧＡＰ：無

販売指定店制度について
指定店制度　：－ 販促ツール　：有

商標登録の有無：有
登録取得年月日：2003 年 11 月 14 日
銘柄規約の有無：有
規約設定年月日：2002 年　4 月 1 日
規約改定年月日：2016 年 10 月 1 日

主な流通経路および販売窓口
◆主なと畜場 　：千葉県食肉公社 ◆主な処理場 　：－ ◆格付等級 　：－ ◆年間出荷頭数 　：200 頭 ◆主要取扱企業 　：伊藤ハム ◆輸出実績国・地域 　：－ ◆今後の輸出意欲 　：有

特長	●漢方、生薬の素材に含まれる植物性多糖体とビタミンEをバランスよく配合し、牛の健康に留意したおいしい牛肉です。

概要	管理主体：東日本産直ビーフ研究会 代表者：岩渕　一晃 所在地：旭市岩井 1967	電話：0479-55-4511 ＦＡＸ：0479-55-4525 ＵＲＬ：www.sanchoku-beef.org メールアドレス：－

千 葉 県

千葉しおさい牛
（ちばしおさいぎゅう）

商標登録　第4245378号

品種または 交雑種の交配様式
黒毛和種 交雑種（黒毛和種 × ホルスタイン種）

飼育管理
出荷月齢 　：23～33カ月齢 指定肥育地 　：－ 飼料の内容 　：－

GI登録・農場HACCP・JGAP
ＧＩ登　録：無 農場HACCP：無 ＪＧＡＰ：無

販売指定店制度について
指定店制度　：有 販売促進ツール：－

商標登録の有無：有
登録取得年月日：－
銘柄規約の有無：有
規約設定年月日：－
規約改定年月日：－

主な流通経路および販売窓口

◆ 主なと畜場
　：横浜市食肉市場

◆ 主な処理場
　：－

◆ 格付等級
　：－
◆ 年間出荷頭数
　：650頭
◆ 主要取扱企業
　：中山畜産、鎌倉ハム村井商会

◆ 輸出実績国・地域
　：－

◆ 今後の輸出意欲
　：－

特長	● 安定した肉質を最重点に、管理面に細心の注意を払い、肉牛を管理している。 ● 「軟らかい」「おいしい」牛肉生産をモットーに、同一の飼料を使用し、出荷月齢を交雑種で25カ月、黒毛和種で30カ月以上としている。

概要	管理主体　：千葉しおさい牛出荷組合 代表者　：伊藤　敬二 所在地　：山武郡横芝光町尾垂イ4267-1	電　話　：0479-84-2343 ＦＡＸ　：0479-84-1349 ＵＲＬ　：－ メールアドレス：－

千 葉 県

千葉若潮牛
（ちばわかしおぎゅう）

品種または 交雑種の交配様式
黒毛和種、交雑牛

飼育管理
出荷月齢 　：26カ月齢以上 指定肥育地 　：ＪＡちばみどり組合員 飼料の内容 　：肉質を重視して、穀類を主体としたものを使用。ホルモン剤は一切使用せず、飼養管理に配慮し、健康に育てている

GI登録・農場HACCP・JGAP
ＧＩ登　録：－ 農場HACCP：2020年3月30日 　　　　　（一部農場） ＪＧＡＰ：－

販売指定店制度について
指定店制度　：無 販売促進ツール：のぼり、はっぴ、 ボールペン、ぼうし、Tシャツ

商標登録の有無：有
登録取得年月日：－
銘柄規約の有無：有
規約設定年月日：－
規約改定年月日：－

主な流通経路および販売窓口

◆ 主なと畜場
　：千葉県食肉公社

◆ 主な処理場
　：－

◆ 格付等級
　：日格協枝肉取引規格による
◆ 年間出荷頭数
　：600頭
◆ 主要取扱企業
　：小川畜産興業、小川畜産食品

◆ 輸出実績国・地域
　：－

◆ 今後の輸出意欲
　：無

特長	● 地域は太平洋に面し、冬は温暖で夏は冷涼な気候で、良質な牛肉を生産するのに適している。 ● そのような自然に恵まれた環境の中で、指定配合飼料を中心に飼養管理の明確化を図り、風味豊かで脂肪も極めて細かく、軟らかい牛肉。 ● 乳用牛雌 × 黒毛和種の交雑種が中心。

概要	管理主体　：そうさ若潮牛振興協議会 代表者　：関口　次敏　会長 所在地　：旭市後草2077	電　話　：0479-50-1355 ＦＡＸ　：0479-55-1181 ＵＲＬ　：－ メールアドレス：－

千 葉 県

ナイスビーフ
ないすびーふ

品種または 交雑種の交配様式
黒毛和種 交雑種（ホルスタイン種 × 黒毛和種）

飼育管理
出荷月齢 　：28〜30カ月齢 指定肥育地 　：－ 飼料の内容 　：－

GI登録・農場HACCP・JGAP
ＧＩ登　録：無 農場HACCP：無 ＪＧＡＰ：無

販売指定店制度について
指 定 店 制 度　：無 販 促 ツ ー ル　：有

商標登録の有無：有
登録取得年月日：2006 年 10 月 19 日
銘柄規約の有無：有
規約設定年月日：－
規約改定年月日：－

特 長	

主な流通経路および販売窓口
◆主なと畜場 　：千葉県食肉公社 ◆主な処理場 　：－ ◆格付等級 　：－ ◆年間出荷頭数 　：1,000 頭 ◆主要取扱企業 　：東京都食肉市場 ◆輸出実績国・地域 　：－ ◆今後の輸出意欲 　：無

概 要	管 理 主 体　：　ナイスビーフ研究会	電　　　　　話　：　0479-24-2877
	代　表　者　：　土佐　英樹	Ｆ　Ａ　Ｘ　：　0479-24-2891
	所　在　地　：　銚子市上野町 318-6	Ｕ　Ｒ　Ｌ　：　－ メールアドレス　：　－

千 葉 県

美笑牛
びしょうぎゅう

品種または 交雑種の交配様式
交雑種（ホルスタイン種雌 × 黒毛 和種雄）の雌のみ 　父（黒毛和種雄）の血統が但馬系

飼育管理
出荷月齢 　：30カ月齢以上 指定肥育地 　：千葉県旭市ほか 飼料の内容 　：ハーブ飼料

GI登録・農場HACCP・JGAP
ＧＩ登　録：無 農場HACCP：2019 年　6 月 14 日 ＪＧＡＰ：2020 年　6 月 3 日

販売指定店制度について
指 定 店 制 度　：無 販 促 ツ ー ル　：シール

商標登録の有無：有
登録取得年月日：2016 年　7 月 29 日
銘柄規約の有無：有
規約設定年月日：2014 年　9 月
規約改定年月日：－

特 長	●食べた人を笑顔でつなげる「Beef smile project」から誕生したブランド牛です。 ●父親の血統を但馬系にし、一般的な黒毛和種よりも長い 30 カ月以上肥育し、 　融点の低いあっさりとした脂、うまみのある赤身に仕上げました。 ●赤身のおいしさにこだわった交雑種です。

主な流通経路および販売窓口
◆主なと畜場 　：千葉県食肉公社 ◆主な処理場 　：同上 ◆格付等級 　：－ ◆年間出荷頭数 　：100 頭 ◆主要取扱企業 　：トップフィールドマーケティング ◆輸出実績国・地域 　：－ ◆今後の輸出意欲 　：有

概 要	管 理 主 体　：　Beef smile project	電　　　　　話　：　03-5643-5529
	代　表　者　：　片平　梨絵	Ｆ　Ａ　Ｘ　：　03-5643-5532
	所　在　地　：　東京都中央区日本橋茅場町 3-3-7	Ｕ　Ｒ　Ｌ　：　beef-smileproject.com メールアドレス　：　order@tf-marke.co.jp

千 葉 県

ほくそうはなうし
北総花牛

品種または交雑種の交配様式
交雑種 （ホルスタイン種 × 黒毛和種）

飼育管理
出荷月齢 ：28カ月平均 指定肥育地 ：千葉県内北総地域（佐倉市、八街市、四街道市、富里市） 飼料の内容 ：肥育後期に落花生給与（出荷まで）、肥育中期から出荷までパイナップル粕給与

GI登録・農場HACCP・JGAP
ＧＩ登録： 未定 農場HACCP： 未定 ＪＧＡＰ： 未定

販売指定店制度について
指定店制度： 無 販促ツール： シール、ミニのぼり、リーフレット、ポスター

商標登録の有無：無
登録取得年月日：－
銘柄規約の有無：無
規約設定年月日：－
規約改定年月日：－

主な流通経路および販売窓口

◆主なと畜場
：東京食肉市場、横浜市食肉市場、千葉県食肉公社
◆主な処理場
：同上

◆格付等級
：3等級以上
◆年間出荷頭数
：150頭
◆主要取扱企業
：東京食肉市場、横浜市食肉市場

◆輸出実績国・地域
：－

◆今後の輸出意欲
：有

特長	●肥育後期に千葉県の特産品でもある落花生を給与することで、口溶けのよいうまみある脂質になっている。 ●中期からパイナップル粕由来酵素を給与することで赤身のうまみ成分が向上している。

概要	管理主体： 北総肉牛生産組合 代表者： 江口 幸太郎 組合長 所在地： 成田市中台 6-15-3	電話： 0476-26-4129 ＦＡＸ： 0476-33-3039 ＵＲＬ：－ メールアドレス： imudon1965@gmail.com

---

千 葉 県

ほくそうわぎゅう
北総和牛

品種または交雑種の交配様式
黒毛和種

飼育管理
出荷月齢 ：30カ月平均 指定肥育地 ：千葉県内北総地域（佐倉市、八街市、四街道市、富里市） 飼料の内容 ：肥育後期に落花生給与（出荷まで）、肥育中期から出荷までパイナップル粕給与

GI登録・農場HACCP・JGAP
ＧＩ登録： 未定 農場HACCP： 未定 ＪＧＡＰ： 未定

販売指定店制度について
指定店制度： 無 販促ツール： シール、ミニのぼり、リーフレット、ポスター

商標登録の有無：無
登録取得年月日：－
銘柄規約の有無：無
規約設定年月日：－
規約改定年月日：－

主な流通経路および販売窓口

◆主なと畜場
：東京食肉市場、横浜市食肉市場、千葉県食肉公社
◆主な処理場
：同上

◆格付等級
：4等級以上
◆年間出荷頭数
：250〜300頭
◆主要取扱企業
：東京食肉市場、横浜市食肉市場

◆輸出実績国・地域
：－

◆今後の輸出意欲
：有

特長	●肥育後期に千葉県の特産品でもある落花生を給与することで、口溶けのよいうまみある脂質になっている。 ●中期からパイナップル粕由来酵素を給与することで赤身のうまみ成分が向上している。

概要	管理主体： 北総肉牛生産組合 代表者： 江口 幸太郎 組合長 所在地： 成田市中台 6-15-3	電話： 0476-26-4129 ＦＡＸ： 0476-33-3039 ＵＲＬ：－ メールアドレス： imudon1965@gmail.com

<table>
<tr><td colspan="3" style="text-align:center;">

千 葉 県

みやざわわぎゅう
みやざわ和牛

</td></tr>
</table>

品種または 交雑種の交配様式		主な流通経路および販売窓口
黒毛和種 栄光系、田尻系、藤良系、気高系		◆主なと畜場 ：東京食肉市場、群馬県食肉卸売市場

品種または交雑種の交配様式	みやざわ和牛	主な流通経路および販売窓口
飼育管理 出荷月齢 ：28カ月齢以上 指定肥育地 ：千葉県 飼料の内容 ：とうもろこし、大麦、ふすま、米ぬか、チモシー、国産稲わらなど		◆主なと畜場 ：東京食肉市場、群馬県食肉卸売市場 ◆主な処理場 ：同上 ◆格付等級 ：3等級以上 ◆年間出荷頭数 ：200〜250頭 ◆主要取扱企業 ：全農千葉県本部（全農ミートフーズ）、SCミート ◆輸出実績国・地域 ：アメリカ ◆今後の輸出意欲 ：有
GI登録・農場HACCP・JGAP GI登　録：無 農場HACCP：無 JGAP：無	商標登録の有無：－ 登録取得年月日：－ 銘柄規約の有無：無 規約設定年月日：－ 規約改定年月日：－	
販売指定店制度について 指定店制度：無 販促ツール：有	特 長	●自然豊かな北総台地で、愛情いっぱいに育てられた和牛です。 ●自農場一貫生産なので生産履歴が明確で安全、安心な牛肉です。
概 要	管　理　主　体：農事組合法人　宮澤農産 代　表　者：宮澤　哲雄 所　在　地：旭市萬歳1455	電　　　話：0479-68-2411 FAX：0479-68-3319 URL：－ メールアドレス：kmbokujyou@dream.jp

<table>
<tr><td colspan="3" style="text-align:center;">

千 葉 県

やちよぎゅう
八 千 代 牛

</td></tr>
</table>

品種または交雑種の交配様式	八千代牛	主な流通経路および販売窓口
乳用種（主にホルスタイン種）		◆主なと畜場 ：千葉県食肉公社
飼育管理 出荷月齢 ：21カ月齢前後 指定肥育地 ：千葉県、組合肥育農家 飼料の内容 ：安心・安全の確認された指定配合飼料で肥育		◆主な処理場 ：東総食肉センター（部分肉加工）、コープミート千葉（コンシューマーパック） ◆格付等級 ：2等級以上 ◆年間出荷頭数 ：約800頭 ◆主要取扱企業 ：－
GI登録・農場HACCP・JGAP GI登　録：無 農場HACCP：無 JGAP：無	商標登録の有無：無 登録取得年月日：－ 銘柄規約の有無：有 規約設定年月日：1987年4月 規約改定年月日：－	◆輸出実績国・地域 ：無 ◆今後の輸出意欲 ：－
販売指定店制度について 指定店制度：無 販促ツール：条件付きで有り	特 長	●いつどこでだれが生産したのかが明確に分かる牛肉を直接消費者団体へ販売している。 ●餌の安全性、肉の安全性(抗生物質、合成抗菌剤)などのチェックが定期的に行われている。
概 要	管　理　主　体：千葉北部酪農農業協同組合 代　表　者：髙橋　憲二　代表理事組合長 所　在　地：八千代市大和田新田188	電　　　話：047-450-4411 FAX：047-459-4041 URL：www.yachiyo-beef.jp メールアドレス：nikuji@chiba-hokuraku.jp

千 葉 県

八千代黒牛
やちよくろうし

品種または交雑種の交配様式	主な流通経路および販売窓口

品種または交雑種の交配様式

交雑種
（ホルスタイン種 × 黒毛和種）

飼育管理

出荷月齢
：26カ月齢前後
指定肥育地
：千葉県、組合肥育農家
飼料の内容
：給餌飼料の申請が必要

GI登録・農場HACCP・JGAP

ＧＩ登　録：無
農場HACCP：無
ＪＧＡＰ：無

販売指定店制度について

指定店制度：無
販促ツール：条件付きで有り

（商標登録 等）

商標登録の有無：無
登録取得年月日：－
銘柄規約の有無：有
規約設定年月日：1987 年 4 月
規約改定年月日：－

主な流通経路および販売窓口

◆主なと畜場
：千葉県食肉公社

◆主な処理場
：東総食肉センター（部分肉真空包装加工）、コープミート千葉（コンシューマーパック）
◆格付等級
：3、4 等級が中心
◆年間出荷頭数
：150 頭
◆主要取扱企業
：－

◆輸出実績国・地域
：無

◆今後の輸出意欲
：

特長

●千葉県内の組合に登録の肥育農家より出荷され、と畜場併設の加工場にて部分肉に真空処理されているため、衛生的に優位性があります。

概要

管 理 主 体 ： 千葉北部酪農農業協同組合
代 表 者 ： 髙橋 憲二 代表理事組合長
所 在 地 ： 八千代市大和田新田 188

電　　　話 ： 047-450-4411
Ｆ Ａ Ｘ ： 047-459-4041
Ｕ Ｒ Ｌ ： www.yachiyo-beef.jp
メールアドレス ： nikuji@chiba-hokuraku.jp

東 京 都

秋 川 牛
あきかわぎゅう

品種または交雑種の交配様式

黒毛和種

飼育管理

出荷月齢
：30〜32カ月齢
指定肥育地
：－
飼料の内容
：－

GI登録・農場HACCP・JGAP

ＧＩ登　録：無
農場HACCP：無
ＪＧＡＰ：無

販売指定店制度について

指定店制度：無
販促ツール：－

（商標登録 等）

商標登録の有無：有
登録取得年月日：－
銘柄規約の有無：有
規約設定年月日：－
規約改定年月日：－

主な流通経路および販売窓口

◆主なと畜場
：東京都食肉市場、横浜食肉市場

◆主な処理場
：同上

◆格付等級
：AB・4 等級以上
◆年間出荷頭数
：130 頭
◆主要取扱企業
：荒木商店、松村精肉店

◆輸出実績国・地域
：－

◆今後の輸出意欲
：有

特長

●おいしい牛肉は健康な牛からをモットーに、きめ細かな管理が生み出す、おいしい牛肉。

概要

管 理 主 体 ： 竹内牧場
代 表 者 ： 竹内 孝司
所 在 地 ： あきる野市菅生 1460

電　　　話 ： 042-558-7454
Ｆ Ａ Ｘ ： 042-558-7523
Ｕ Ｒ Ｌ ： －
メールアドレス ： －

東 京 都

とうきょうくろげわぎゅう
東京黒毛和牛

品種または 交雑種の交配様式
黒毛和種 但馬系等

飼育管理
出荷月齢 ：30カ月齢前後 **指定肥育地** ：東京都西部 **飼料の内容** ：大麦、フスマ、とうもろこし、ビールかす、大豆かす、マイロ、稲わら

GI登録・農場HACCP・JGAP
ＧＩ登　録：無 農場HACCP：無 ＪＧＡＰ：無

販売指定店制度について
指定店制度：有 販促ツール：有

商標登録の有無：申請中
登録取得年月日：－
銘柄規約の有無：有
規約設定年月日：2008 年 7 月 17 日
規約改定年月日：－

主な流通経路および販売窓口
◆ 主なと畜場 ：東京都食肉市場
◆ 主な処理場 ：ミートコンパニオングループ
◆ 格付等級 ：3 等級以上 ◆ 年間出荷頭数 ：100 頭 ◆ 主要取扱企業 ：ミートコンパニオングループ
◆ 輸出実績国・地域 ：マカオ、タイ、ベトナム、ミャンマー、台湾、フィリピン ◆ 今後の輸出意欲 ：有

特長	● 東京都下で肥育され、牛の生理機能に十分配慮され、粗飼料を十分に食べている健康で、安心・安全な牛。 ● 肉はきめ細かく、軟らかく甘みがあり、さらりとした風味が特徴。

概要	管 理 主 体　：㈱ミートコンパニオン 代　表　者　：阿部　昌史 所　在　地　：立川市富士見町 6 -65- 9	電　　　　話：042-526-3451 Ｆ Ａ Ｘ：042-528-0457 Ｕ Ｒ Ｌ：www.meat-c.co.jp メールアドレス：meat@meat-c.co.jp

神 奈 川 県

あしがらぎゅう
足 柄 牛

品種または 交雑種の交配様式
交雑種 （ホルスタイン種 × 黒毛和種）

飼育管理
出荷月齢 ：約24カ月齢以上 **指定肥育地** ：神奈川県西部、大野山かどやファーム **飼料の内容** ：地域の特産である足柄茶の粉末を配合

GI登録・農場HACCP・JGAP
ＧＩ登　録：無 農場HACCP：一部農場 ＪＧＡＰ：無

販売指定店制度について
指定店制度：無 販促ツール：有

商標登録の有無：有
登録取得年月日：－
銘柄規約の有無：有
規約設定年月日：－
規約改定年月日：－

主な流通経路および販売窓口
◆ 主なと畜場 ：東京食肉市場、横浜市食肉市場、神奈川食肉センター ◆ 主な処理場 ：同上
◆ 格付等級 ：2 等級以上 ◆ 年間出荷頭数 ：250 頭 ◆ 主要取扱企業 ：東京都食肉市場、横浜市食肉市場 ◆ 輸出実績国・地域 ：－
◆ 今後の輸出意欲 ：無

特長	● 神奈川県西部、足柄の豊かな自然環境の中で飼育され、とくに育成前期において地域の特産である足柄茶の粉末を与え、健康的に育まれた牛です。

概要	管 理 主 体　：足柄牛生産者推進協議会 代　表　者　：真壁　秀男　会長 所　在　地　：平塚市土屋 1275-1	電　　　　話：0463-58-0977 Ｆ Ａ Ｘ：0463-58-9625 Ｕ Ｒ Ｌ：－ メールアドレス：－

神 奈 川 県

さがみ牛
（さがみぎゅう）

品種または交雑種の交配様式
ホルスタイン種

飼育管理
出荷月齢 ：22カ月齢平均 指定肥育地 ：神奈川県内 飼料の内容 ：－

GI登録・農場HACCP・JGAP
GI登録：無 農場HACCP：無 JGAP：無

販売指定店制度について
指定店制度：有 販促ツール：－

商標登録の有無：有
登録取得年月日：2015 年 5 月 20 日
銘柄規約の有無：有
規約設定年月日：－
規約改定年月日：－

主な流通経路および販売窓口
◆主なと畜場 ：神奈川食肉センター ◆主な処理場 ：同上 ◆格付等級 ：－ ◆年間出荷頭数 ：20 頭 ◆主要取扱企業 ：櫻井商店 ◆輸出実績国・地域 ：－ ◆今後の輸出意欲 ：無

特長	●ホルスタイン種のオスを去勢した牛です。ビール粕、米ぬか、とうふ粕等のエコフィードを加えた発酵飼料は、赤身をシッカリとつくり、脂肪が少なくサッパリとした独自のコクと食べ応えのある肉質です。

概要	管 理 主 体：株式会社湘南ファーム	電　　　　　話：0466-87-7781
	代　表　者：櫻井 堯浩	F A X：0466-87-7784
	所　在　地：藤沢市遠藤 3210	U R L：－ メールアドレス：nikuno-sakurai@marble.ocn.ne.jp

---

神 奈 川 県

市場発 横浜牛
（しじょうはつ　よこはまぎゅう）

品種または交雑種の交配様式
黒毛和種

飼育管理
出荷月齢 ：28～34カ月齢 指定肥育地 ：－ 飼料の内容 ：－

GI登録・農場HACCP・JGAP
GI登録：無 農場HACCP：無 JGAP：無

販売指定店制度について
指定店制度：無 販促ツール：シール、のぼり、 　　　　　　ポスターなど

商標登録の有無：有
登録取得年月日：2003 年 2 月 14 日
銘柄規約の有無：無
規約設定年月日：－
規約改定年月日：－

主な流通経路および販売窓口
◆主なと畜場 ：横浜市食肉市場 ◆主な処理場 ：－ ◆格付等級 ：AB・4 等級以上 ◆年間出荷頭数 ：800 頭 ◆主要取扱企業 ：横浜市食肉市場 ◆輸出実績国・地域 ：－ ◆今後の輸出意欲 ：有

特長	●趣旨に賛同する全国の生産者から出荷された黒毛和種で、横浜食肉市場でと畜生産された枝肉で、格付等級 AB・4 等級以上のものを対象に市場発横浜牛販売促進協議会が確認の上、認定する。 ●産地にかかわらず品物の良さを評価し、販売促進を図るための市場発のブランドである。

概要	管 理 主 体：市場発横浜牛販売促進協議会	電　　　　　話：045-521-1171
	代　表　者：山口 義行 会長	F A X：045-504-5182
	所　在　地：横浜市鶴見区大黒町 3-53	U R L：－ メールアドレス：－

神 奈 川 県

湘南和牛
しょうなんわぎゅう

品種または 交雑種の交配様式
黒毛和種
飼育管理
出荷月齢 ：26カ月齢平均（自家繁殖を含む） 指定肥育地 ：藤沢市、茅ヶ崎市、大和市、綾瀬 市（さがみ農協管内牧場） 飼料の内容 ：厳選された配合飼料を基に、お から、ビール粕や各農場独自の 飼料を給与しています
GI登録・農場HACCP・JGAP
Ｇ Ｉ 登 録：無 農場HACCP：無 Ｊ Ｇ Ａ Ｐ：無
販売指定店制度について
指定店制度：無 販促ツール：シール、のぼり旗

商標登録の有無：有
登録取得年月日：2014 年 10 月 24 日
銘柄規約の有無：無
規約設定年月日：－
規約改定年月日：－

主な流通経路および販売窓口
◆主なと畜場 ：東京食肉市場、神奈川食肉セン ター ◆主な処理場 ：同上
◆格付等級 ：3 等級以上 ◆年間出荷頭数 ：30 頭 ◆主要取扱企業 ：鎌倉ハム村井商会、桜井商店、
◆輸出実績国・地域 ：－
◆今後の輸出意欲 ：有

特 長	●湘南という自然に恵まれた環境のもと、選び抜かれた飼料と牛にストレス ない環境づくりを心がけ、肉のうま味を引き出すえさを食べさせ、一頭一 頭大切にそだてています。 ● 3 等級以上。

概 要	管 理 主 体：さがみ農業協同組合畜産部会連絡 協議会肉牛専門部会 代 表 者：齋藤和子 所 在 地：藤沢市宮原 3500	電 話：0466-49-5100 Ｆ Ａ Ｘ：0466-48-6682 Ｕ Ｒ Ｌ：－ メールアドレス：－

神 奈 川 県

相 州 牛
そうしゅうぎゅう

品種または 交雑種の交配様式
交雑種 （ホルスタイン種 × 黒毛和種）
飼育管理
出荷月齢 ：24カ月齢平均 指定肥育地 ：南足柄市・長崎牧場 飼料の内容 ：ビールかす、豆腐かす、炊いた 米、麦などを合わせた発酵飼料
GI登録・農場HACCP・JGAP
Ｇ Ｉ 登 録：無 農場HACCP：－ Ｊ Ｇ Ａ Ｐ：無
販売指定店制度について
指定店制度：有 販促ツール：ポスター、リーフ レット、シール、 のぼり

商標登録の有無：有
登録取得年月日：2008 年 10 月 9 日
銘柄規約の有無：有
規約設定年月日：2008 年 10 月 9 日
規約改定年月日：－

主な流通経路および販売窓口
◆主なと畜場 ：横浜市食肉市場、神奈川ミート センター（厚木） ◆主な処理場 ：中川食肉、長崎畜産
◆格付等級 ：－ ◆年間出荷頭数 ：約 250 頭 ◆主要取扱企業 ：中川食肉、長崎畜産
◆輸出実績国・地域 ：－
◆今後の輸出意欲 ：有

特 長	●南足柄市の雄大な峰にある長崎牧場で子牛から出荷（月齢 2 カ月～約 24 カ 月）までの期間移動せず、南足柄の地で育てられます。 ●富士・箱根・丹沢からの清らかな水と、地元産業の副産物で出来るビール かす、豆腐かすなどを再利用した発酵飼料（エコフィード）を与え、南足 柄で大切にしっかりと育てられた安心・安全な銘柄牛です。

概 要	管 理 主 体：相州牛推進協議会・㈱長崎牧場 代 表 者：長崎 光次 所 在 地：南足柄市竹松 251	電 話：0465-74-7411・0465-23-3729 Ｆ Ａ Ｘ：0465-74-7411・0465-23-3721 Ｕ Ｒ Ｌ：www.soshugyu.com メールアドレス：nakagawa-meat@ac.wakwak.com

神 奈 川 県

相州和牛
そうしゅうわぎゅう

品種または 交雑種の交配様式
黒毛和種

飼育管理
出荷月齢 ：30カ月齢以上 指定肥育地 ：南足柄市・長崎牧場 飼料の内容 ：ビールかす、豆腐かす、炊いた 米、麦などを合わせた発酵飼料

GI登録・農場HACCP・JGAP
GI登録：無 農場HACCP：－ JGAP：無

販売指定店制度について
指定店制度　：有 販促ツール　：ポスター、リーフ レット、シール、 のぼり

商標登録の有無：有
登録取得年月日：2008 年 10 月 9 日
銘柄規約の有無：有
規約設定年月日：2008 年 10 月 9 日
規約改定年月日：－

主な流通経路および販売窓口
◆主なと畜場 ：横浜市食肉市場、神奈川ミート センター（厚木） ◆主な処理場 ：中川食肉、長崎畜産
◆格付等級 ：－ ◆年間出荷頭数 ：約 30 頭 ◆主要取扱企業 ：中川食肉、長崎畜産
◆輸出実績国・地域 ：－
◆今後の輸出意欲 ：有

特長
●相州牛（交雑種）と同じ南足柄市の長崎牧場で育てられています。
●月間の出荷頭数は平均約 2 頭。A4～A5 の発生率約 95％。
●少数、長期肥育によって肉質はよりキメ細かく、しっとりとした上質な脂は甘く、極上のうまみと和牛香を持つ、プレミアム黒毛和牛。

概要	管 理 主 体	：相州牛推進協議会・㈱長崎牧場	電　　　　　話	：0465-74-7411・0465-23-3729
	代　表　者	：長崎　光次	F A X	：0465-74-7411・0465-23-3721
	所　在　地	：南足柄市竹松 251	U R L	：www.soshugyu.com
			メールアドレス	：nakagawa-meat@ac.wakwak.com

神 奈 川 県

ちがさき牛
ちがさきぎゅう

品種または 交雑種の交配様式
交雑種 （黒毛和種 × ホルスタイン種）

飼育管理
出荷月齢 ：26カ月齢平均 指定肥育地 ：茅ヶ崎市 飼料の内容 ：海藻、ミネラル、米、米ぬか、おか ら、ビールかす等、全15種類

GI登録・農場HACCP・JGAP
GI登録：無 農場HACCP：無 JGAP：無

販売指定店制度について
指定店制度　：無 販促ツール　：POP、のぼり、ス テッカー

商標登録の有無：有
登録取得年月日：2015 年 5 月 29 日
銘柄規約の有無：無
規約設定年月日：－
規約改定年月日：－

主な流通経路および販売窓口
◆主なと畜場 ：神奈川食肉センター
◆主な処理場 ：同上
◆格付等級 ：－ ◆年間出荷頭数 ：65 頭 ◆主要取扱企業 ：－
◆輸出実績国・地域 ：香港
◆今後の輸出意欲 ：有

特長
●海藻、ミネラル等を与え地下 70m からくみ上げた地下水を飲ませ、くどくないサラッとした脂質が特徴。

※情報の一部は 2019 年時点

概要	管 理 主 体	：㈱ちがさき牛齋藤牧場	電　　　　　話	：0467－51－0128
	代　表　者	：齋藤　勝己　代表取締	F A X	：0467－51－0128
	所　在　地	：茅ヶ崎市芹沢 397-1	U R L	：－
			メールアドレス	：loyalty.1981@hotmail.co.jp

品種または 交雑種の交配様式	神奈川県 葉山牛 （はやまぎゅう）	主な流通経路および販売窓口

神奈川県

葉山牛
（はやまぎゅう）

品種または 交雑種の交配様式
黒毛和種

飼育管理
出荷月齢 　：30カ月齢平均 指定肥育地 　：葉山町、横須賀市、三浦市 飼料の内容 　：―

GI登録・農場HACCP・JGAP
ＧＩ登　録：無 農場HACCP：　2017 年　1 月 16 日 　　　　　　（一部農場） ＪＧＡＰ：無

販売指定店制度について
指定店制度　：有 販促ツール　：シール、のぼり、 　　　　　　　パンフレット

商標登録の有無：有
登録取得年月日：2006 年　2 月 24 日
銘柄規約の有無：有
規約設定年月日：1991 年　7 月 1 日
規約改定年月日：2007 年　6 月 4 日

主な流通経路および販売窓口

◆ 主なと畜場
　：東京都食肉市場、横浜市食肉市場
◆ 主な処理場
　：同上

◆ 格付等級
　：4 等級以上
◆ 年間出荷頭数
　：200 頭
◆ 主要取扱企業
　：―

◆ 輸出実績国・地域
　：―

◆ 今後の輸出意欲
　：有

特長	● 肥育前期は良質の粗飼料を中心に体づくりに重点をおき、後期は濃厚飼料をとくに麦米を加熱処理したものを与え、むだな脂肪分を少なくし、極上の牛肉を生産している。

概要	管　理　主　体　：三浦半島酪農組合連合会 　　　　　　　　葉山牛出荷部会 代　表　者　：石井 廣 会長 所　在　地　：横須賀市林 3-1-11	電　　　話　：046-857-9656 Ｆ　Ａ　Ｘ　：046-857-2131 Ｕ　Ｒ　Ｌ　：kanagawa.lin.go.jp メールアドレス　：―

神奈川県

やまゆり牛
（やまゆりぎゅう）

品種または 交雑種の交配様式
交雑種 （ホルスタイン種 × 黒毛和種）

飼育管理
出荷月齢 　：24カ月齢以上 指定肥育地 　：神奈川県内の指定生産農場 飼料の内容 　：系統配合飼料

GI登録・農場HACCP・JGAP
ＧＩ登　録：無 農場HACCP：無 ＪＧＡＰ：無

販売指定店制度について
指定店制度　：― 販促ツール　：有

商標登録の有無：有
登録取得年月日：2016 年　8 月 1 日
銘柄規約の有無：有
規約設定年月日：2004 年　2 月 1 日
規約改定年月日：2017 年　6 月 1 日

主な流通経路および販売窓口

◆ 主なと畜場
　：神奈川食肉センター
◆ 主な処理場
　：同上

◆ 格付等級
　：2 等級以上
◆ 年間出荷頭数
　：400〜450 頭
◆ 主要取扱企業
　：ＪＡ全農ミートフーズ

◆ 輸出実績国・地域
　：無

◆ 今後の輸出意欲
　：無

特長	● 和牛と乳牛の交雑種で、味は和牛、価格は乳牛に近いというそれぞれの長所を活かしていることが特徴です。

概要	管　理　主　体　：やまゆり牛生産者協議会 代　表　者　：櫻井 堯浩 会長 所　在　地　：厚木市酒井 900	電　　　話　：046-227-0218 Ｆ　Ａ　Ｘ　：046-227-0221 Ｕ　Ｒ　Ｌ　：― メールアドレス　：―

神奈川県

横濱ビーフ
よこはまびーふ

品種または 交雑種の交配様式
黒毛和種 二代祖は但馬系

飼育管理
出荷月齢 　：28～32カ月齢 指定肥育地 　：神奈川県内 飼料の内容 　：横濱ビーフA（基本配合飼料）、 　　ビールかす、とうふかす

GI登録・農場HACCP・JGAP
G I 登録：無 農場HACCP：無 J G A P：無

販売指定店制度について
指定店制度：無 販促ツール：有（有料）

商標登録の有無：有
登録取得年月日：2006年 4 月28日
銘柄規約の有無：有
規約設定年月日：2005年 3 月19日
規約改定年月日：2008年 4 月24日

主な流通経路および販売窓口

◆ 主なと畜場
　：東京都食肉市場、神奈川食肉セ
　　ンター、横浜市食肉市場
◆ 主な処理場
　：－

◆ 格付等級
　：4 等級以上
◆ 年間出荷頭数
　：280 頭
◆ 主要取扱企業
　：スターゼンミートプロセッサー、
　　小川畜産食品、横浜南部市場食肉
◆ 輸出実績国・地域
　：ドバイ

◆ 今後の輸出意欲
　：有

特長
● 牛肉文化発祥の地であり、文明開化の象徴である横浜で生まれた神奈川県高品質牛肉ブランドです。
● 高品質の牛肉を生産するため優秀な血統の和子牛を選定し、神奈川県内でじっくり丹精込めて育てた安全な黒毛和牛です。
● えさに統一の基本配合飼料「横濱ビーフA」を使用し、上質な肉の味わいを均一に保っています。さらに、この基本配合におからやビール粕などを加えて発酵させた独自の飼料を給与して育てています。
● 風味豊かな軟らかい牛肉です。

概要
管 理 主 体：横濱ビーフ推進協議会
代 表 者：小野 浩二 会長
所 在 地：横浜市磯子区西町 14-3
電 話：045-761-4191
F A X：045-759-1162
U R L：kanagawa.lin.gr.jp
メールアドレス：mail@kanali.or.jp

山 梨 県

キロサ牧場 富士山麓牛
きろさぼくじょう　ふじさんろくぎゅう

品種または 交雑種の交配様式
交雑種 （ホルスタイン種×黒毛和種）

飼育管理
出荷月齢 　：27カ月齢 指定肥育地 　：山梨県・静岡県 飼料の内容 　：－

GI登録・農場HACCP・JGAP
G I 登録：無 農場HACCP：無 J G A P：無

販売指定店制度について
指定店制度：有 販促ツール：－

商標登録の有無：無
登録取得年月日：－
銘柄規約の有無：無
規約設定年月日：－
規約改定年月日：－

主な流通経路および販売窓口

◆ 主なと畜場
　：本庄食肉センター

◆ 主な処理場
　：同上

◆ 格付等級
　：－
◆ 年間出荷頭数
　：500～550 頭
◆ 主要取扱企業
　：米久

◆ 輸出実績国・地域
　：－

◆ 今後の輸出意欲
　：有

特長
● 和牛のうまみを兼ね備えながら飼料効率が高くリーズナブル価格で販売します。

概要
管 理 主 体：㈲キロサ肉畜生産センター
代 表 者：金森 史浩 代表取締役
所 在 地：岩手県岩手郡岩手町大字川口
　　　　　　第 22 地割 80-38
電 話：0195-68-7766
F A X：0195-68-7767
U R L：kirosa.jp/
メールアドレス：info@kirosa/jp

山 梨 県

こうしゅうぎゅう
甲 州 牛

品種または 交雑種の交配様式	主な流通経路および販売窓口
黒毛和種	◆主なと畜場 ：山梨県食肉流通センター

飼育管理

出荷月齢
　：－
指定肥育地
　：－
飼料の内容
　：－

◆主な処理場
　：同上

◆格付等級
　：4 等級以上
◆年間出荷頭数
　：450 頭
◆主要取扱企業
　：山梨県食肉流通センター

GI登録・農場HACCP・JGAP

GI登　録：－
農場HACCP：－
J G A P：－

商標登録の有無：有
登録取得年月日：1992 年 12 月 25 日
銘柄規約の有無：有
規約設定年月日：1989 年 5 月 11 日
規約改定年月日：2011 年 4 月 1 日

◆輸出実績国・地域
　：－

◆今後の輸出意欲
　：有

販売指定店制度について

指定店制度：有
販促ツール：－

特長
●山梨の豊かな自然の中で、甲州牛出荷組合の会員により、磨き抜かれた飼育技術の積み重ねによって、丹念に育てられた黒毛和種肥育牛の中で、肉質ランク 4〜5 等級に格付けされた牛のみが甲州牛として販売される。

概要
管 理 主 体　：　甲州牛出荷組合
代 表 者　：　清水　清明　会長
所 在 地　：　甲府市飯田 1-1-20
電 話　：　055-223-5535
F A X　：　055-228-8153
U R L　：　－
メールアドレス　：　－

山 梨 県

こうしゅうさんわぎゅう
甲州産和牛

品種または 交雑種の交配様式	主な流通経路および販売窓口
黒毛和種	◆主なと畜場 ：山梨県食肉流通センター、東京 　都食肉市場

飼育管理

出荷月齢
　：－
指定肥育地
　：－
飼料の内容
　：－

◆主な処理場
　：同上

◆格付等級
　：3 等級以下が基準
◆年間出荷頭数
　：100 頭
◆主要取扱企業
　：山梨県食肉流通センター

GI登録・農場HACCP・JGAP

GI登　録：－
農場HACCP：－
J G A P：－

商標登録の有無：有
登録取得年月日：2007 年 2 月 23 日
銘柄規約の有無：有
規約設定年月日：2004 年 8 月 13 日
規約改定年月日：2011 年 4 月 1 日

◆輸出実績国・地域
　：－

◆今後の輸出意欲
　：有

販売指定店制度について

指定店制度：－
販促ツール：－

特長

概要
管 理 主 体　：　甲州牛出荷組合
代 表 者　：　清水　清明　会長
所 在 地　：　甲府市飯田 1-1-20
電 話　：　055-223-5535
F A X　：　055-228-8153
U R L　：　－
メールアドレス　：　－

山 梨 県

甲州麦芽ビーフ
こうしゅうばくがびーふ

品種または交雑種の交配様式
交雑種 （ホルスタイン種 × 黒毛和種）

飼育管理

出荷月齢
：－
指定肥育地
：－
飼料の内容
：麦芽糖化粕を飼料の一部として
　給与

GI登録・農場HACCP・JGAP

ＧＩ登　録：－
農場HACCP：－
ＪＧＡＰ：－

販売指定店制度について

指定店制度：無
販促ツール：－

商標登録の有無：有
登録取得年月日：2006 年 12 月 22 日
銘柄規約の有無：有
規約設定年月日：2003 年 11 月 20 日
規約改定年月日：2011 年 4 月 1 日

主な流通経路および販売窓口

◆ 主なと畜場
　：山梨食肉流通センター、東京都
　　食肉市場
◆ 主な処理場
　：同上

◆ 格付等級
　：－
◆ 年間出荷頭数
　：350 頭
◆ 主要取扱企業
　：山梨県食肉流通センター

◆ 輸出実績国・地域
　：－

◆ 今後の輸出意欲
　：有

特長	●富士山、八ヶ岳など日本有数の山々に囲まれた緑豊かな大地と、名水百選に選ばれた湧き水など自然豊かな山紫水明の地。 ●その自然に恵まれた地において、麦芽糖化粕を飼料の一部として給与し、熱心な生産者により 1 頭 1 頭ていねいに、しかも熟練した技によって仕上げられた牛です。

概要	管　理　主　体：甲州牛出荷組合 代　表　者：清水　清明　会長 所　在　地：甲府市飯田 1-1-20	電　　　　　話：055-223-5535 Ｆ　Ａ　Ｘ：055-228-8153 Ｕ　Ｒ　Ｌ：－ メールアドレス：－

山 梨 県

甲州ワインビーフ
こうしゅうわいんびーふ

品種または交雑種の交配様式
交雑種 （ホルスタイン種 × 黒毛和種）

飼育管理

出荷月齢
：24カ月齢前後
指定肥育地
：山梨県内
飼料の内容
：一定期間のワインかす給与

GI登録・農場HACCP・JGAP

ＧＩ登　録：無
農場HACCP：無
ＪＧＡＰ：無

販売指定店制度について

指定店制度：無
販促ツール：シール、のぼり、
　　　　　　各種販促物

商標登録の有無：有
登録取得年月日：1992 年 10 月
銘柄規約の有無：有
規約設定年月日：1991 年 12 月 1 日
規約改定年月日：2008 年 4 月

主な流通経路および販売窓口

◆ 主なと畜場
　：山梨食肉流通センター

◆ 主な処理場
　：同上

◆ 格付等級
　：B2、3 等級中心
◆ 年間出荷頭数
　：900 頭
◆ 主要取扱企業
　：美郷、伊藤ハム、ニイチク、ふじ
　　なわ、ミートコンパニオン
◆ 輸出実績国・地域
　：－

◆ 今後の輸出意欲
　：有

特長	●遺伝子組み換えでないとうもろこしなどの給与。 ●生産情報公表ＪＡＳ認定牛肉

概要	管　理　主　体：甲州ワインビーフ生産普及組合 代　表　者：小林　英輝　組合長 所　在　地：笛吹市石和町唐柏 1028 　　　　　　㈱山梨食肉流通センター内	電　　　　　話：055-262-2288 Ｆ　Ａ　Ｘ：055-262-3632 Ｕ　Ｒ　Ｌ：www.y-meat-center.co.jp メールアドレス：info@y-meat-center.co.jp

長　野　県

きたしんしゅうみゆきわぎゅう
北信州美雪和牛

品種または交雑種の交配様式
黒毛和種

飼育管理
出荷月齢 ：28〜32カ月齢 指定肥育地 ：ながの農業協同組合みゆきブロック管内 飼料の内容 ：－

GI登録・農場HACCP・JGAP
ＧＩ登録：－ 農場HACCP：－ ＪＧＡＰ：－

販売指定店制度について
指定店制度：無 販促ツール：－

商標登録の有無：有
登録取得年月日：2003 年 11 月 7 日
銘柄規約の有無：無
規約設定年月日：－
規約改定年月日：－

主な流通経路および販売窓口
◆ 主なと畜場 ：川口食肉荷受
◆ 主な処理場 ：－
◆ 格付等級 ：3 等級以上 ◆ 年間出荷頭数 ：200 頭 ◆ 主要取扱企業 ：首都圏内
◆ 輸出実績国・地域 ：－
◆ 今後の輸出意欲 ：無

特長
- 清らかな雪解け水が大地をうるおす自然豊かな北信州で、のびやかに育てられた黒毛和種。
- きめ細やかでツヤのある肉質と軟らかくとろけるような食感があります。

概要		
管理主体：ながの農業協同組合	電話：0269-62-5600
代表者：宮澤 清志 代表理事組合長	ＦＡＸ：0269-81-2171
所在地：長野市大字中御所字岡田 131-14	ＵＲＬ：－　メールアドレス：－

長　野　県

しんしゅうしらかばわかうし
信州白樺若牛

品種または交雑種の交配様式
肉専用種 （アンガス種 × 黒毛和種）

飼育管理
出荷月齢 ：23〜25カ月齢平均 指定肥育地 ：佐久市・グリーンフィールド長者原牧場 飼料の内容 ：りんごジュースの搾りかす・飼料米等の発酵飼料

GI登録・農場HACCP・JGAP
ＧＩ登録：－ 農場HACCP：－ ＪＧＡＰ：－

販売指定店制度について
指定店制度：無 販促ツール：有

商標登録の有無：有
登録取得年月日：2018 年 4 月
銘柄規約の有無：無
規約設定年月日：－
規約改定年月日：－

主な流通経路および販売窓口
◆ 主なと畜場 ：北信食肉センター
◆ 主な処理場 ：大信畜産工業
◆ 格付等級 ：－ ◆ 年間出荷頭数 ：300 頭 ◆ 主要取扱企業 ：マルイチ産商
◆ 輸出実績国・地域 ：無
◆ 今後の輸出意欲 ：有

特長
- オーストラリアからアンガス種と黒毛和種の特徴をあわせ持つ素牛を導入、"おいしい赤身肉を創る"をコンセプトに信州の恵まれた環境下で地域資源を活用した専用飼料を給餌、飽きのこない風味ある牛肉です。

概要		
管理主体：㈱マルイチ産商	電話：026-285-4101
代表者：平野 敏樹 代表取締役社長	ＦＡＸ：026-285-3401
所在地：長野市市場 3-48	ＵＲＬ：www.maruichi.com/ メールアドレス：chikusan-eigyobu@maruichi-sansho.co.jp

長野県

信州肉牛
しんしゅうにくうし

品種または交雑種の交配様式		
黒毛和種、ホルスタイン種 交雑種（乳用種 × 黒毛和種）		

飼育管理

出荷月齢
：黒毛和種30カ月齢前後、交雑種27カ月齢前後、ホルスタイン種20カ月齢前後
指定肥育地
：長野県全域
飼料の内容
：—

GI登録・農場HACCP・JGAP

GI登録：無
農場HACCP：一部農場
JGAP：無

販売指定店制度について

指定店制度：有
販促ツール：有

商標登録の有無：有
登録取得年月日：—
銘柄規約の有無：有
規約設定年月日：—
規約改定年月日：—

主な流通経路および販売窓口

◆ 主なと畜場
：長野県食肉公社、佐久広域食肉公社、大阪・京都・姫路の各食肉市場
◆ 主な処理場
同上
◆ 格付等級
信州和牛（黒毛和種）3 等級以上、信州アルプス牛（交雑種）2 等級以上、ホルスタイン種 2 等級以上
◆ 年間出荷頭数
9,000 頭
◆ 主要取扱企業
長野県農協直販、ニチレイフレッシュ、大阪市食肉市場、京都市食肉市場、和牛マスター
◆ 輸出実績国・地域
—
◆ 今後の輸出意欲
：有

特長
● 信州肉牛の中の和牛については、オレイン酸の含有量を測定し、県の認定基準を満たしたものは「信州プレミアム牛肉」として販売します。

概要
管理主体：JA全農長野県本部	電話：026-236-2217	
代表者：嶌田 武司 県本部長	FAX：026-236-2387	
所在地：長野市大字南長野北石堂町 1177-3	URL：www.nn.zennoh.or.jp/gyuniku/index.html メールアドレス：nikuusi@nn.zennoh.or.jp	

長野県

信州プレミアム牛肉
しんしゅうぷれみあむぎゅうにく

品種または交雑種の交配様式		
黒毛和種		

飼育管理

出荷月齢
：長野県認定農場が最も長い飼養場であること
指定肥育地
：長野県内
飼料の内容
：—

GI登録・農場HACCP・JGAP

GI登録：無
農場HACCP：2016 年 11月7日
　　　　　　（一部農場）
JGAP：無

販売指定店制度について

指定店制度：有
販促ツール：認定POP、ポスター、のぼり旗、ミニブック

商標登録の有無：有
登録取得年月日：2009 年 11月 27 日
銘柄規約の有無：有
規約設定年月日：2009 年 3月 24 日
規約改定年月日：2018 年 9月 3日

主な流通経路および販売窓口

◆ 主なと畜場
：長野県内、京都、大阪、兵庫、愛知

◆ 主な処理場
：同上

◆ 格付等級
：4 等級以上
◆ 年間出荷頭数
：約 3,800 頭
◆ 主要取扱企業
：長野県内、京都、大阪

◆ 輸出実績国・地域
：アメリカ

◆ 今後の輸出意欲
：有

特長
● 長野県が、安全で安心な牛肉を提供できる施設として厳格な基準により認定した「信州あんしん農産物〔牛肉〕生産農場」で育てられた黒毛和種のうち、長野県が独自に定めたおいしさ基準（脂肪交雑と香り口溶けに影響するオレイン酸含有率）を満たすおいしい牛肉を「信州プレミアム牛肉」として認定。

概要
管理主体：長野県	電話：026-235-7216	
代表者：阿部 守一 長野県知事	FAX：026-235-7393	
所在地：長野市大字南長野字幅下 692-2	URL：www.oishii-shinshu.net/library/premium/beef/11004.html メールアドレス：marketing@pref.nagano.lg.jp	

長野県

信州和牛出荷組合

しんしゅうわぎゅうしゅっかくみあい

品種または交雑種の交配様式
黒毛和種

飼育管理

出荷月齢
　：29カ月齢平均
指定肥育地
　：長野県内
飼料の内容
　：－

GI登録・農場HACCP・JGAP

ＧＩ登録：無
農場HACCP：無
ＪＧＡＰ：無

販売指定店制度について

指定店制度　：無
販促ツール　：シール、ポスター、のぼり、リーフレット

商標登録の有無：有
登録取得年月日：2005 年 12 月 16 日
銘柄規約の有無：有
規約設定年月日：2005 年 4 月 19 日
規約改定年月日：2016 年 4 月 1 日

主な流通経路および販売窓口

◆ 主なと畜場
　：山梨食肉流通センター

◆ 主な処理場
　：同上

◆ 格付等級
　：3 等級以上
◆ 年間出荷頭数
　：200 頭
◆ 主要取扱企業
　：ミートコンパニオン、コヤマミート、ニイチク、ふじなわ
◆ 輸出実績国・地域
　：－

◆ 今後の輸出意欲
　：有

特長

概要	管 理 主 体： 信州和牛出荷組合 代 表 者： 高塚 洋朗 組合長 所 在 地： 山梨県笛吹市石和町唐柏 1028 　　　　　　　㈱山梨食肉流通センター	電 話： 055-262-2288 Ｆ Ａ Ｘ： 055-262-3632 Ｕ Ｒ Ｌ： － メールアドレス： －

長野県

村沢牛

むらさわぎゅう

品種または交雑種の交配様式
黒毛和種

飼育管理

出荷月齢
　：32～35カ月齢平均
指定肥育地
　：長野県内
飼料の内容

GI登録・農場HACCP・JGAP

ＧＩ登録：無
農場HACCP：未取得
　　　　　農場HACCP 取得
　　　　　チャレンジシステム
ＪＧＡＰ：未定

販売指定店制度について

指定店制度　：有
販促ツール　：シール、ポスター、パンフレット

商標登録の有無：無
登録取得年月日：－
銘柄規約の有無：有
規約設定年月日：1993 年
規約改定年月日：－

主な流通経路および販売窓口

◆ 主なと畜場
　：京都市中央食肉市場
◆ 主な処理場
　：銀閣寺大西外商部プロセスセンター
◆ 格付等級
　：AB・4 等級以上
◆ 年間出荷頭数
　：約 80 頭
◆ 主要取扱企業
　：京都府内
◆ 輸出実績国・地域
　：マカオ
◆ 今後の輸出意欲
　：無（国内外、ともに需要が高く、供給が追いついていないため）

特長

● 長野県の生産者、村澤氏が育てた黒毛和牛。
● 血統を三代先までさかのぼって調べ、極上の雌のみを厳しく吟味し 24 カ月から 27 カ月もの時間をかけて日々、一頭一頭の体調にきめ細やかに気を配りながらじっくり丹念に飼育されています。
● 牛舎は、毎日丁寧に清掃されており、牛にストレスを感じさせないよう育てられています。
● 年間出荷頭数も少なく、知る人ぞ知る幻の絶品として讃えられています。

概要	管 理 主 体： ㈱銀閣寺大西 代 表 者： 大西 雷三 所 在 地： 京都市左京区浄土寺東田町 53	電 話： 075-761-0024 Ｆ Ａ Ｘ： 075-751-7575 Ｕ Ｒ Ｌ： www.onishi-g.co.jp メールアドレス： －

長　野　県

りんごで育った信州牛
りんごでそだったしんしゅうぎゅう

品種または交雑種の交配様式		主な流通経路および販売窓口

品種または交雑種の交配様式

黒毛和種

飼育管理

出荷月齢
：28〜32カ月齢
指定肥育地
：県内
飼料の内容
：農産加工物の副産物（豆の煮汁、りんごジュース粕など）を飼料として活用

GI登録・農場HACCP・JGAP

ＧＩ登　録：無
農場HACCP：無
ＪＧＡＰ：無

販売指定店制度について

指定店制度：有
販促ツール：有

商標登録の有無：有
登録取得年月日：－
銘柄規約の有無：有
規約設定年月日：－
規約改定年月日：－

主な流通経路および販売窓口

◆主なと畜場
：北信食肉センター

◆主な処理場
：福田屋

◆格付等級
：4等級以上
◆年間出荷頭数
：450頭
◆主要取扱企業
：福田屋

◆輸出実績国・地域
：－

◆今後の輸出意欲
：無

特長
- 農産物加工による副産物（豆の煮汁、りんごジュース粕など）を飼料として活かし、安定した肉質の牛肉をつくり上げる。
- 脂肪の融点が低いので、くどくない滑らかな味わいが特徴である。

概要

管理主体：りんごで育った信州牛生産販売協議会
代表者：掛川　一富
所在地：下高井郡山ノ内町大字平穏 4225-5

電話：0269-33-3571
ＦＡＸ：0269-33-5444
ＵＲＬ：www.ringogyuu.com
メールアドレス：－

長　野　県

りんご和牛　信州牛
りんごわぎゅう　しんしゅうぎゅう

りんご和牛
信州牛

品種または交雑種の交配様式

黒毛和種

飼育管理

出荷月齢
：28〜34カ月齢
指定肥育地
：協議会、生産部会員
飼料の内容
：りんごジュースのしぼりかす等の発酵飼料

GI登録・農場HACCP・JGAP

ＧＩ登　録：無
農場HACCP：2016年 12月1日
ＪＧＡＰ：無

販売指定店制度について

指定店制度：有
販促ツール：有

商標登録の有無：有
登録取得年月日：1966年 4月
銘柄規約の有無：有
規約設定年月日：1993年 4月1日
規約改定年月日：2013年 2月8日

主な流通経路および販売窓口

◆主なと畜場
：北信食肉センター

◆主な処理場
：大信畜産工業

◆格付等級
：全等級
◆年間出荷頭数
：1,500頭
◆主要取扱企業
：マルイチ産商

◆輸出実績国・地域
：無

◆今後の輸出意欲
：有

特長
- 信州牛生産販売協議会の専用飼料工場「（農）中野固形粗飼料」を持っており、りんご等の食品副産物による発酵飼料を中心に飼育。
- 牛肉のオレイン酸値を測定し、基準値を超えた牛肉は長野県より「信州プレミアム牛肉」として認定される。

概要

管理主体：信州牛生産販売協議会
代表者：根橋　博志
所在地：中野市江部 634-1

電話：0269-22-4196
ＦＡＸ：0269-26-7390
ＵＲＬ：www.shinshugyu.net
メールアドレス：info@shinshugyu.net

新潟県

あがの姫牛
(あがのひめうし)

品種または 交雑種の交配様式
交雑種

飼育管理
出荷月齢 　：22カ月齢平均 指定肥育地 　：新潟県阿賀野市産の牛肉 飼料の内容 　：スワンレイクビール(天朝閣グループ)のビールかすを使用

GI登録・農場HACCP・JGAP
ＧＩ登　録：－ 農場HACCP：－ ＪＧＡＰ：－

販売指定店制度について
指定店制度：無 販促ツール：のぼり、販促シール、販促ポスター、パンフレット

商標登録の有無：有
登録取得年月日：2016年7月8日
銘柄規約の有無：無
規約設定年月日：－
規約改定年月日：－

主な流通経路および販売窓口

◆ 主なと畜場
　：長岡食肉センター

◆ 主な処理場
　：同上

◆ 格付等級
　：－

◆ 年間出荷頭数
　：130頭

◆ 主要取扱企業
　：佐藤食肉

◆ 輸出実績国・地域
　：無

◆ 今後の輸出意欲
　：無

特長
- 大きな特長は食べた時のとろけるようなまろやかな口当たりと上質な赤身のうまみ。
- "あがの姫牛"は姫という名の通り、オス牛よりも肉質が軟らかい雌牛に限定して育てています。もともとサシが少ないメス牛にビール粕を与えると、より質の高い赤身にバランス良くサシが入り、まろやかな口当たりになります。
- ビールかすは赤身の甘みやうまみを引き出すため、噛むほどにおいしさが広がります。

概要		
管理主体：㈱佐藤食肉	電　話：0250-62-2149	
代表者：佐藤　広国	ＦＡＸ：0250-62-6707	
所在地：阿賀野市荒屋88-3	ＵＲＬ：aganohimeushi.com/	
	メールアドレス：hirokuni.satou@sato-shokuniku.com	

新潟県

越後牛
(えちごぎゅう)

品種または 交雑種の交配様式
交雑種

飼育管理
出荷月齢 　：25カ月齢平均 指定肥育地 　：新潟県内の三国農場と三国契約農家 飼料の内容 　：オリジナル飼料

GI登録・農場HACCP・JGAP
ＧＩ登　録：無 農場HACCP：無 ＪＧＡＰ：無

販売指定店制度について
指定店制度：有 販促ツール：越後牛証明書、のぼり、ポスター、シール

商標登録の有無：有
登録取得年月日：2016年1月15日
銘柄規約の有無：有
規約設定年月日：2016年1月15日
規約改定年月日：－

主な流通経路および販売窓口

◆ 主なと畜場
　：長岡食肉センター

◆ 主な処理場
　：三国

◆ 格付等級
　：2等級以上

◆ 年間出荷頭数
　：250頭

◆ 主要取扱企業
　：三国

◆ 輸出実績国・地域
　：－

◆ 今後の輸出意欲
　：有

特長
- 新潟県の自然豊かな気候風土とオリジナル配合飼料により風味豊かな牛肉となっています。
- 越後牛はすべて新潟畜産協会が認定するクリーンビーフ生産農場にて肥育されています。
- 商標登録第5819731号。

概要		
管理主体：㈱三国	電　話：0258-22-2155	
代表者：鈴木　淳之介	ＦＡＸ：0258-22-2163	
所在地：長岡市妙見町771	ＵＲＬ：www.echigogyu.jp	
	メールアドレス：mikuni@echigogyu.jp	

新潟県

にいがた和牛
（にいがたわぎゅう）

品種または 交雑種の交配様式		
黒毛和種（未経産雌、去勢）		
飼育管理		
出荷月齢 　：新潟県内で肥育され、最長飼育 　　地が県内であるもの 指定肥育地 　：新潟県内 飼料の内容 　：－		
GI登録・農場HACCP・JGAP		
Ｇ Ｉ 登 録　：－ 農場HACCP　：－ Ｊ Ｇ Ａ Ｐ　：－		
販売指定店制度について		
指定店制度　：　有 販促ツール　：　ポスター、のぼり 　　　　　　　　など		

商標登録の有無：有
登録取得年月日：2007 年 8 月 3 日
銘柄規約の有無：有
規約設定年月日：2003 年 9 月 11 日
規約改定年月日：2013 年 5 月 22 日

主な流通経路および販売窓口

◆ 主なと畜場
　：東京食肉市場、新潟市食肉セン
　　ター、長岡食肉センター
◆ 主な処理場
　：－

◆ 格付等級
　：AB・3 等級以上
◆ 年間出荷頭数
　：1,100 頭
◆ 主要取扱企業
　：タカノ、三国、よねー、内山肉店、
　　新潟コープ畜産
◆ 輸出実績国・地域
　：－

◆ 今後の輸出意欲
　：有

特 長	● 新潟県内の生産から流通に至る関係者および関係団体 27 機関が平成 15 年 9 月、当協議会を 　設立し、一定条件を満たした県産和牛を「にいがた和牛」として名称を統一した。 ● 豊かな自然のもとで肥育された和牛で、平成 15 年度全国肉用牛枝肉共励会で名誉賞を受賞す 　るなど、品質の高さが認められている。 ● ロゴマークは平成 19 年 8 月 3 日、商標登録第 5067369 号で登録済み。

概 要	管 理 主 体　：　にいがた和牛推進協議会 代 表 者　：　花角 英世 会長（新潟県知事） 所 在 地　：　新潟市西区山田 2310-15	電　　　　　話　：　025-234-6782 Ｆ Ａ Ｘ　：　025-234-7045 Ｕ Ｒ Ｌ　：　niigata-chikusan.jp/publics/index/161/ メールアドレス　：　wagyu@niigata-chikusan.jp

---

新潟県

にいがた和牛　村上牛
（にいがたわぎゅう　むらかみぎゅう）

商標登録 第4804405号

品種または 交雑種の交配様式		
黒毛和種		
飼育管理		
出荷月齢 　：約30カ月齢平均 指定肥育地 　：村上市、関川村、胎内市 飼料の内容 　：－		
GI登録・農場HACCP・JGAP		
Ｇ Ｉ 登 録　：－ 農場HACCP　：－ Ｊ Ｇ Ａ Ｐ　：－		
販売指定店制度について		
指定店制度　：　無 販促ツール　：　のぼり、のれん、 　　　　　　　　ポスター、パンフ 　　　　　　　　レット		

商標登録の有無：有
登録取得年月日：2004 年 9 月 17 日
銘柄規約の有無：有
規約設定年月日：1989 年 3 月 1 日
規約改定年月日：2014 年 7 月 14 日

主な流通経路および販売窓口

◆ 主なと畜場
　：東京都食肉市場、新潟市食肉セン
　　ター
◆ 主な処理場
　：－

◆ 格付等級
　：4 等級以上
◆ 年間出荷頭数
　：約 600 頭
◆ 主要取扱企業
　：東京都食肉市場

◆ 輸出実績国・地域
　：アメリカ、香港、台湾

◆ 今後の輸出意欲
　：有

特 長	● 村上牛は「にいがた和牛推進協議会」が特例として認めた地域ブランドで、 　村上市、岩船郡、胎内市で飼育され、枝肉格付要件が厳しい枝肉である。 ● 県北の緑豊かな大自然の中で愛情をそそぎ育てた和牛で、色鮮やかで、風 　味良く、ひと味違う黒毛和牛と称される。

概 要	管 理 主 体　：　村上牛生産協議会 代 表 者　：　髙橋 豊明 会長（にいがた岩船 　　　　　　　　農協代表理事組合長） 所 在 地　：　村上市田端町 8-5	電　　　　　話　：　0254-52-0514 Ｆ Ａ Ｘ　：　0254-52-4108 Ｕ Ｒ Ｌ　：　murakamigyutomonokai.com メールアドレス　：　－

品種または 交雑種の交配様式	富　山　県 （とやまぎゅう） とやま牛	主な流通経路および販売窓口
ホルスタイン種、交雑種		◆主なと畜場 　：富山食肉総合センター

飼育管理		
出荷月齢 　：－ 指定肥育地 　：－ 飼料の内容 　： 　　'		◆主な処理場 　：とやまミートパッカー ◆格付等級 　：3等級以上 ◆年間出荷頭数 　：－ ◆主要取扱企業 　：全農富山県本部

GI登録・農場HACCP・JGAP	商標登録の有無：有	◆輸出実績国・地域
GI登録：無 農場HACCP：無 JGAP：無	登録取得年月日：2010年7月9日 銘柄規約の有無：有 規約設定年月日：1985年8月6日 規約改定年月日：2012年8月31日	：－ ◆今後の輸出意欲 　：－

販売指定店制度について	特 長	●富山のおいしい水と、生産者の情熱が生んだこだわりの肉牛です。
指定店制度：－ 販促ツール：条件付きで有り		

概 要	管　理　主　体：「とやま肉牛」振興協議会 代　　表　　者：西井　秀将 所　　在　　地：射水市新堀28-4	電　　　　話：0766-86-3700 F　A　X：0766-86-3633 U　R　L：－ メールアドレス：－

品種または 交雑種の交配様式	富　山　県 （とやまわぎゅう） とやま和牛	主な流通経路および販売窓口
黒毛和種		◆主なと畜場 　：富山食肉総合センター

飼育管理		
出荷月齢 　：－ 指定肥育地 　：－ 飼料の内容 　：－		◆主な処理場 　：とやまミートパッカー ◆格付等級 　：3等級以上 ◆年間出荷頭数 　：－ ◆主要取扱企業 　：全農富山県本部

GI登録・農場HACCP・JGAP	商標登録の有無：有	◆輸出実績国・地域
GI登録：無 農場HACCP：無 JGAP：無	登録取得年月日：2010年7月9日 銘柄規約の有無：有 規約設定年月日：1985年8月6日 規約改定年月日：2012年8月31日	：－ ◆今後の輸出意欲 　：－

販売指定店制度について	特 長	●富山のおいしい水と、生産者の情熱が生んだこだわりの肉牛です。
指定店制度：－ 販促ツール：条件付きで有り		

概 要	管　理　主　体：「とやま肉牛」振興協議会 代　　表　　者：西井　秀将 所　　在　　地：射水市新堀28-4	電　　　　話：0766-86-3700 F　A　X：0766-86-3633 U　R　L：－ メールアドレス：－

石川県

能登牛 (のとうし)

品種または交雑種の交配様式	
黒毛和種	

飼育管理	
出荷月齢	：28カ月齢平均
指定肥育地	：石川県内
飼料の内容	：－

GI登録・農場HACCP・JGAP	
GI登録：無	
農場HACCP：無	
JGAP：無	

販売指定店制度について	
指定店制度：有	
販促ツール：パンフレット、リーフレット、のぼり	

商標登録の有無：有
登録取得年月日：2007年10月19日
銘柄規約の有無：有
規約設定年月日：1994年11月15日
規約改定年月日：2019年4月1日

主な流通経路および販売窓口

- ◆主なと畜場
  ：石川県金沢食肉流通センター
- ◆主な処理場
  ：－
- ◆格付等級
  ：AB・3等級以上
- ◆年間出荷頭数
  ：約1,000頭
- ◆主要取扱企業
  ：能登牛認定店
- ◆輸出実績国・地域
  ：－
- ◆今後の輸出意欲
  ：無

特長
- ●美しい自然と優しい風土の中で丹精込めて育てられた牛肉。
- ●脂肪中のオレイン酸の含有率が高く、舌ざわりが良く、とろけるような食感が特長。
- ●最上級のA5等級に格付された能登牛の中でも、とくに肉質が優れているものを能登牛プレミアムとして認定しています。

概要
管理主体	：能登牛銘柄推進協議会
代表者	：－
所在地	：金沢市鞍月1-1
電話	：076-225-1623
FAX	：076-225-1628
URL	：notoushi.net
メールアドレス	：tikusan@pref.ishikawa.lg.jp

福井県

若狭牛 (わかさぎゅう)

品種または交雑種の交配様式	
黒毛和種	

飼育管理	
出荷月齢	：－
指定肥育地	：－
飼料の内容	：－

GI登録・農場HACCP・JGAP	
GI登録：－	
農場HACCP：－	
JGAP：－	

販売指定店制度について	
指定店制度：－	
販促ツール：－	

商標登録の有無：有
登録取得年月日：－
銘柄規約の有無：有
規約設定年月日：－
規約改定年月日：－

主な流通経路および販売窓口

- ◆主なと畜場
  ：金沢食肉公社
- ◆主な処理場
  ：福井県経済連食肉センター
- ◆格付等級
  ：3等級以上、B.M.S. №4以上
- ◆年間出荷頭数
  ：600頭
- ◆主要取扱企業
  ：－
- ◆輸出実績国・地域
  ：－
- ◆今後の輸出意欲

特長
- ●若狭牛は自然豊かな福井県の四季に富んだ気候と、風土の中で丹精込めて育てた最高級の和牛肉です。

概要
管理主体	：若狭牛流通推進協議会
代表者	：平馬　成雄
所在地	：福井市高木中央2-4202
電話	：0776-54-0205
FAX	：0776-54-1924
URL	：－
メールアドレス	：－

岐阜県

飛騨牛
ひだぎゅう

豊かな自然が育んだ味

飛騨牛

http://www.hidagyu-gifu.com
飛騨牛銘柄推進協議会

品種または交雑種の交配様式	
黒毛和種	
飼育管理	
出荷月齢 ：約28〜30カ月齢平均 指定肥育地 ：協議会認定登録農家 飼料の内容 ：－	
GI登録・農場HACCP・JGAP	
ＧＩ登　録：無 農場HACCP：無 ＪＧＡＰ：2019 年　1 月 11 日 （一部農場）	
販売指定店制度について	
指 定 店 制 度　：　有 販促ツール　：　パックシール、等 級証明書、のぼり、 リーフレットなど	

商標登録の有無：有
登録取得年月日：2007 年　6 月 22 日
銘柄規約の有無：有
規約設定年月日：1988 年　1 月 23 日
規約改定年月日：2014 年　8 月 12 日

主な流通経路および販売窓口

◆ 主なと畜場
：岐阜県畜産公社、飛騨ミート農業協同組合連合会
◆ 主な処理場
：同上
◆ 格付等級
：AB・3 等級以上
◆ 年間出荷頭数
：約 10,000 頭
◆ 主要取扱企業
：岐阜市食肉地方卸売市場、飛騨ミート地方卸売市場
◆ 輸出実績国・地域
：フィリピン、シンガポール、香港、マカオ、タイ、ベトナム、フランス、イギリス、オランダ、アメリカ、カナダ、台湾、オーストラリア
◆ 今後の輸出意欲
：有

特長	● 軟らかく、とろけるようなうまみはまさに肉の芸術品。 ● 「飛騨牛」とは岐阜県産の黒毛和種の中でも特に優れた牛肉のみに与えられる銘柄。 ● その肉質はきめ細かく軟らかで、とろけるようなうまみに定評があります。

概要	管 理 主 体　：　飛騨牛銘柄推進協議会 代　表　者　：　山内　清久　会長 所　在　地　：　関市西田原字大河原 441 　　　　　　　　ＪＡ全農岐阜　畜産販売課	電　　　　　話　：　0575-23-6177 Ｆ　Ａ　Ｘ　：　0575-24-7554 Ｕ　Ｒ　Ｌ　：　www.hidagyu-gifu.com メールアドレス　：　－

静岡県

あしたか牛
あしたかぎゅう

しずおか食セレクション認定

こくのある豊かな風味

あしたか牛
ＪＡなんすん あしたか牛推進協議会

品種または交雑種の交配様式	
交雑種 （黒毛和種 × ホルスタイン種）	
飼育管理	
出荷月齢 ：22カ月齢以上 指定肥育地 ：主にJAなんすん管内 飼料の内容 ：－	
GI登録・農場HACCP・JGAP	
ＧＩ登　録：無 農場HACCP：無 ＪＧＡＰ：無	
販売指定店制度について	
指 定 店 制 度　：　有 販促ツール　：　有	

商標登録の有無：有
登録取得年月日：1999 年　9 月 10 日
銘柄規約の有無：有
規約設定年月日：1998 年　4 月 6 日
規約改定年月日：2013 年　4 月 24 日

主な流通経路および販売窓口

◆ 主なと畜場
：小笠食肉センター
◆ 主な処理場
：－
◆ 格付等級
：－
◆ 年間出荷頭数
：360 頭
◆ 主要取扱企業
：専門店
◆ 輸出実績国・地域
：－
◆ 今後の輸出意欲
：無

特長	● あしたか牛推進協議会の会員が 12 カ月以上肥育管理後、出荷したもの。

概要	管 理 主 体　：　JAなんすんあしたか牛推進協議会 代　表　者　：　加藤　克己 所　在　地　：　駿東郡長泉町下土狩 1029-1	電　　　　　話　：　055-986-1852 Ｆ　Ａ　Ｘ　：　055-986-1560 Ｕ　Ｒ　Ｌ　：　www.ja-nansun.or.jp/asitaka/ メールアドレス　：　cow-ashitaka@nansun.ja-shizuoka.or.jp

静　岡　県

あしたかわぎゅう
あしたか和牛

品種または交雑種の交配様式	
黒毛和種	
飼育管理	
出荷月齢 ：27カ月齢以上 指定肥育地 ：主にJAなんすん管内 飼料の内容 ：－	
GI登録・農場HACCP・JGAP	
ＧＩ登　録：無 農場HACCP：無 ＪＧＡＰ：無	

主な流通経路および販売窓口

◆ 主なと畜場
　：小笠食肉センター

◆ 主な処理場
　：－
◆ 格付等級
　：－

◆ 年間出荷頭数
　：約20頭
◆ 主要取扱企業
　：専門店（指定店）

◆ 輸出実績国・地域
　：－

◆ 今後の輸出意欲
　：無

商標登録の有無：有	
登録取得年月日：2010 年 8 月 27 日	
銘柄規約の有無：有	
規約設定年月日：1998 年 4 月 6 日	
規約改定年月日：2013 年 4 月 24 日	

販売指定店制度について	特長
指 定 店 制 度：有 販 促 ツ ー ル：シール　リーフ　レット等	●あしたか牛推進協議会の会員が 12 カ月以上肥育管理後、出荷したもの。

概要		
管 理 主 体：JAなんすんあしたか牛推進協議会	電　　　　　話：055-986-1852	
代　表　者：加藤　克己	Ｆ　Ａ　Ｘ：055-986-1560	
所　在　地：駿東郡長泉町下土狩 1029-1	Ｕ　Ｒ　Ｌ：www.ja-nansun.or.jp/asitaka/	
	メールアドレス：cow-ashitaka@nansun.ja-shizuoka.or.jp	

静　岡　県

えんしゅうゆめさきぎゅう
遠州夢咲牛

品種または交雑種の交配様式	
黒毛和種	
飼育管理	
出荷月齢 ：21〜33カ月齢 指定肥育地 ：JA遠州夢咲管内 飼料の内容 ：－	
GI登録・農場HACCP・JGAP	
ＧＩ登　録：無 農場HACCP：無 ＪＧＡＰ：無	

主な流通経路および販売窓口

◆ 主なと畜場
　：浜松食肉市場、小笠食肉センター、東京食肉市場、京都食肉市場
◆ 主な処理場
　：同上

◆ 格付等級
　：3 等級以上
◆ 年間出荷頭数
　：約 450 頭
◆ 主要取扱企業
　：浜松ハム、米久、花城ミートサプライ
◆ 輸出実績国・地域
　：－

◆ 今後の輸出意欲
　：無

商標登録の有無：有	
登録取得年月日：2002 年 4 月 19 日	
銘柄規約の有無：有	
規約設定年月日：2000 年 10 月 18 日	
規約改定年月日：－	

販売指定店制度について	特長
指 定 店 制 度：無 販 促 ツ ー ル：シール、のぼり、ポスター、しおり	●飼料を厳選し、快適な環境のもと、愛情を込めて育て上げました。 ●きめが細かく、肉質も良く、牛肉本来の風味と軟らかさで、おいしいとの評判です。

概要		
管 理 主 体：JA遠州夢咲肉牛委員会	電　　　　　話：0537-73-5225	
代　表　者：清水　快充	Ｆ　Ａ　Ｘ：0537-73-5677	
所　在　地：菊川市下平川 6265	Ｕ　Ｒ　Ｌ：－	
	メールアドレス：－	

静 岡 県

かけがわぎゅう（くろげわしゅ）
掛川牛（黒毛和種）

品種または交配様式		主な流通経路および販売窓口
黒毛和種		◆主なと畜場 ：小笠食肉センター、浜松食肉市場 ◆主な処理場 ：－

飼育管理

出荷月齢
：28カ月齢平均
指定肥育地
：掛川市（JA掛川市管内）
飼料の内容
：生産者がこだわった穀物飼料

◆格付等級
：－
◆年間出荷頭数
：300 頭
◆主要取扱企業
：－

GI登録・農場HACCP・JGAP

ＧＩ登 録：無
農場HACCP：無
ＪＧＡＰ：無

商標登録の有無：有
登録取得年月日：2012 年 7 月 6 日
銘柄規約の有無：有
規約設定年月日：2010 年 8 月 10 日
規約改定年月日：－

◆輸出実績国・地域
：－

◆今後の輸出意欲
：無

販売指定店制度について

指定店制度：無
販促ツール：有

特長 ●産肉能力の優れた子牛を厳選し、黒毛和種本来の特徴をより一層引き出すための技術をもって、極上のうまみを追求しています。

概要
管理主体：JA 掛川市肉牛部会
代表者：堀内 慎也
所在地：掛川市千羽 100-1

電話：0537-20-0809
ＦＡＸ：0537-20-0824
ＵＲＬ：www.ja-kakegawa.jp
メールアドレス：－

静 岡 県

かけがわぎゅう（こうざつしゅ）
掛川牛（交雑種）

品種または交配様式		主な流通経路および販売窓口
交雑種 （ホルスタイン種 × 黒毛和種）		◆主なと畜場 ：小笠食肉センター、浜松食肉市場 ◆主な処理場 ：－

飼育管理

出荷月齢
：24カ月齢平均
指定肥育地
：掛川市（JA掛川市管内）
飼料の内容
：生産者がこだわった穀物飼料

◆格付等級
：－
◆年間出荷頭数
：50 頭
◆主要取扱企業
：－

GI登録・農場HACCP・JGAP

ＧＩ登 録：無
農場HACCP：無
ＪＧＡＰ：無

商標登録の有無：有
登録取得年月日：2012 年 7 月 6 日
銘柄規約の有無：有
規約設定年月日：2010 年 8 月 10 日
規約改定年月日 －

◆輸出実績国・地域
：－

◆今後の輸出意欲
：無

販売指定店制度について

指定店制度：無
販促ツール：有

特長 ●黒毛和種と同等な育て方をすることで、充実した赤肉とほど良いサシを合わせもった芳醇な味わいが特徴です。

概要
管理主体：JA 掛川市肉牛部会
代表者：堀内 慎也
所在地：掛川市千羽 100-1

電話：0537-20-0809
ＦＡＸ：0537-20-0824
ＵＲＬ：www.ja-kakegawa.jp
メールアドレス：－

静 岡 県

ぐるめのしずおかぎゅう
食通の静岡牛

品種または交雑種の交配様式		
交雑種（ホルスタイン種 × 黒毛和種）		

飼育管理
出荷月齢 ：24〜26カ月齢 指定肥育地 ：静岡県内 飼料の内容 ：−

GI登録・農場HACCP・JGAP
ＧＩ登　録：無 農場HACCP：無 ＪＧＡＰ：無

販売指定店制度について
指定店制度：無 販促ツール：有

商標登録の有無：無
登録取得年月日：−
銘柄規約の有無：有
規約設定年月日：−
規約改定年月日：−

主な流通経路および販売窓口
◆主なと畜場 ：小笠食肉センター、浜松市食肉市場 ◆主な処理場 ：JA 静岡経済連小笠原食肉センターほか ◆格付等級 ：2 等級以上 ◆年間出荷頭数 ：2,500 頭 ◆主要取扱企業 ：米久、浜松ハム、ニクセン ◆輸出実績国・地域 ：− ◆今後の輸出意欲 ：無

特長
●静岡県の生産者が県内で最も長い期間飼養した交雑種の牛肉です。

概要	管 理 主 体：JA 静岡経済連 代　表　者：加藤　敦啓 所　在　地：静岡市駿河区曲金 3-8-1	電　　　　　話：054-284-9730 Ｆ　Ａ　Ｘ：054-287-2684 Ｕ　Ｒ　Ｌ：− メールアドレス：−

静 岡 県

ぐるめのしずおかぎゅう　あおい
食通の静岡牛　葵

食通の静岡牛
葵
AOI
JA静岡経済連

品種または交雑種の交配様式		
交雑種（ホルスタイン種 × 黒毛和種）		

飼育管理
出荷月齢 ：約25カ月齢 指定肥育地 ：県内 飼料の内容 ：国産茶粉末と国産玄米をブレンドした専用飼料を給与

GI登録・農場HACCP・JGAP
ＧＩ登　録：無 農場HACCP：無 ＪＧＡＰ：無

販売指定店制度について
指定店制度：無 販促ツール：有

商標登録の有無：有
登録取得年月日：2012 年 11 月 30 日
銘柄規約の有無：有
規約設定年月日：2012 年 9 月 18 日
規約改定年月日：2014 年 4 月 15 日

主な流通経路および販売窓口
◆主なと畜場 ：小笠食肉センター、浜松市食肉市場 ◆主な処理場 ：JA 静岡経済連小笠原食肉センター ◆格付等級 ：2 等級以上 ◆年間出荷頭数 ：1,000 頭 ◆主要取扱企業 ：ニクセン、浜松ハム、米久 ◆輸出実績国・地域 ：− ◆今後の輸出意欲 ：有

特長
●「食通の静岡牛　葵」は黒毛和種の特長である良質な脂質ときめの細かい肉質を受け継ぎ、適度な霜降りとさわやかな味わいはさまざまな料理にマッチする。

概要	管 理 主 体：JA 静岡経済連 代　表　者：加藤　敦啓 所　在　地：静岡市駿河区曲金 3-8-1	電　　　　　話：054-284-9730 Ｆ　Ａ　Ｘ：054-287-2684 Ｕ　Ｒ　Ｌ：− メールアドレス：−

品種または 交雑種の交配様式	静　岡　県	主な流通経路および販売窓口

静　岡　県

しずおかわぎゅう
静　岡　和　牛

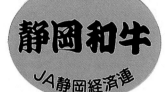

静岡和牛
JA静岡経済連

品種または 交雑種の交配様式
黒毛和種

飼育管理
出荷月齢 　：27〜30カ月齢 指定肥育地 　：静岡県内 飼料の内容 　：ー

GI登録・農場HACCP・JGAP
ＧＩ登　録：無 農場HACCP：無 ＪＧＡＰ：無

商標登録の有無：無
登録取得年月日：ー
銘柄規約の有無：無
規約設定年月日：ー
規約改定年月日：ー

主な流通経路および販売窓口

◆ 主なと畜場
　：小笠食肉センター、浜松市食肉
　　市場
◆ 主な処理場
　：小笠食肉センター

◆ 格付等級
　：ー
◆ 年間出荷頭数
　：2,000 頭
◆ 主要取扱企業
　：コーシン、浜松ハム、ニクセン、
　　米久
◆ 輸出実績国・地域
　：ー

◆ 今後の輸出意欲
　：無

販売指定店制度について	特 長	● 静岡県の生産者が県内で最も長い期間飼養した黒毛和種の牛肉です。
指 定 店 制 度 ： 無 販 促 ツ ー ル ： 無		

概 要	管 理 主 体　：　JA 静岡経済連	電　　　　話　：　054-284-9730
	代　表　者　：　加藤　敦啓	Ｆ　Ａ　Ｘ　：　054-287-2684
	所　在　地　：　静岡市駿河区曲金 3-8-1	Ｕ　Ｒ　Ｌ　：　ー メールアドレス　：　ー

静　岡　県

とくせんわぎゅう　しずおかそだち
特選和牛　静岡そだち

特選和牛
静岡そだち
JA静岡経済連

品種または 交雑種の交配様式
黒毛和種(雌)

飼育管理
出荷月齢 　：約30カ月齢以上 指定肥育地 　：静岡県内 飼料の内容 　：和牛のおいしさ（軟らかさと甘 　　み）を引き出す専用飼料

GI登録・農場HACCP・JGAP
ＧＩ登　録：無 農場HACCP：無 ＪＧＡＰ：無

商標登録の有無：有
登録取得年月日：1997 年 9 月 19 日
銘柄規約の有無：有
規約設定年月日：1995 年 10 月 1 日
規約改定年月日：2014 年 4 月 15 日

主な流通経路および販売窓口

◆ 主なと畜場
　：小笠食肉センター、浜松市食肉
　　市場
◆ 主な処理場
　：JA 静岡経済連小笠食肉センター
◆ 格付等級
　：3 等級以上
◆ 年間出荷頭数
　：2,100 頭
◆ 主要取扱企業
　：コーシン、米久、ニクセン、ミー
　　トコンパニオン、静岡そだち
　　販売加盟店
◆ 輸出実績国・地域
　：ー

◆ 今後の輸出意欲
　：有

販売指定店制度について	特 長	● 特選和牛静岡そだちは軟らかくきめ細やかな肉質と上品なうま味のある和牛肉の生産をするため数々の「こだわり」があります。 ● こだわり 1 （品種）　和牛の中でも最もおいしいとされる黒毛和種の雌牛にこだわりました。 ● こだわり 2 （餌）　和牛のおいしさ（軟らかさと甘み）を引き出す専用飼料を与えています。 ● こだわり 3 （飼育方法）　肉質の斉一性を図るため、牛の成長と健康に配慮した「静岡そだち飼育管理マニュアル」を遵守して、おおむね 30 カ月齢まで飼育しています。
指 定 店 制 度 ： 有 販 促 ツ ー ル ： 有		

概 要	管 理 主 体　：　JA 静岡経済連	電　　　　話　：　054-284-9730
	代　表　者　：　加藤　敦啓	Ｆ　Ａ　Ｘ　：　054-287-2684
	所　在　地　：　静岡市駿河区曲金 3-8-1	Ｕ　Ｒ　Ｌ　：　www.jashizuoka-keizairen.net/beef/m/ メールアドレス　：　ー

静 岡 県

ひらいぼくじょういずぎゅう
ひらい牧場伊豆牛

品種または交雑種の交配様式	主な流通経路および販売窓口
交雑種雌 （ホルスタイン種 × 黒毛和種）	◆主なと畜場 ：山梨食肉流通センター

飼育管理

出荷月齢
：26カ月齢以上
指定肥育地
：伊豆の国市
飼料の内容
：配合飼料と別に仕上げ前の３カ月から「おやつ」を与えている

◆主な処理場
：ひらい商店

◆格付等級
：全等級
◆年間出荷頭数
：120 頭
◆主要取扱企業
：ひらい商店

GI登録・農場HACCP・JGAP

ＧＩ登　録：無
農場HACCP：無
ＪＧＡＰ：無

商標登録の有無：有
登録取得年月日：2002 年 10 月 5 日
銘柄規約の有無：無
規約設定年月日：－
規約改定年月日：－

◆輸出実績国・地域
：無

◆今後の輸出意欲
：無

販売指定店制度について

指定店制度：有
販促ツール：のぼり

特長
- 伊豆（伊豆の国市浮橋盆地）の良質な水と澄んだ空気の中で乾草と穀物のみで育てています。
- 適度な霜降りで軟らかくジューシーかつヘルシーな牛肉です。赤身肉がおいしくなるように努力しています。
- 抗生物質、生の飼料は一切与えていません。

概要

管理主体：㈱ひらい牧場	電　　話：0558-76-0298
代表者：平井　由郎	ＦＡＸ：0558-76-2229
所在地：伊豆の国市大仁 524-2	ＵＲＬ：－ メールアドレス：izgyu@ca.thn.ne.jp

静 岡 県

ふじあさぎりぎゅう
富士朝霧牛

品種または交雑種の交配様式	主な流通経路および販売窓口
交雑種 （ホルスタイン種 × 黒毛和種）	◆主なと畜場 ：静岡県経済連小笠、浜松市食肉市場

飼育管理

出荷月齢
：24カ月齢以上
指定肥育地
：森本牧場、竹川畜産など
飼料の内容
：フロンティア（配合飼料）、麦、米ぬか、チモシーヘイ、オーツヘイ、イタリアン種取

◆主な処理場
：同上

◆格付等級
：3 等級以上
◆年間出荷頭数
：150 頭
◆主要取扱企業
：さの萬、明治屋産業

GI登録・農場HACCP・JGAP

ＧＩ登　録：－
農場HACCP：－
ＪＧＡＰ：－

商標登録の有無：有
登録取得年月日：2000 年 11 月 5 日
銘柄規約の有無：有
規約設定年月日：2000 年 11 月 5 日
規約改定年月日：－

◆輸出実績国・地域
：無

◆今後の輸出意欲
：無

販売指定店制度について

指定店制度：有
販促ツール：のぼりなど

特長
- 富士山麓でわき水を飲んで育った健康牛。

概要

管理主体：㈱さの萬	電　　話：0544-26-3352
代表者：佐野　佳治	ＦＡＸ：0544-26-3433
所在地：富士宮市宮町 14-19	ＵＲＬ：www.sanoman.net メールアドレス：info@sanoman.net

静 岡 県

ふじやま和牛
（ふじやまわぎゅう）

品種または 交雑種の交配様式
黒毛和種 気高系、但馬系

飼育管理
出荷月齢 ：28～29カ月齢平均 指定肥育地 ：ふじやまファーム 飼料の内容 ：指定配合ふじやまビーフ

GI登録・農場HACCP・JGAP
GI登　録：無 農場HACCP：無 ＪＧＡＰ：無

販売指定店制度について
指定店制度：無 販促ツール：シール、リーフレット、ポスター、のぼり（有料）

商標登録の有無：有
登録取得年月日：2008 年 2 月 22 日
銘柄規約の有無：有
規約設定年月日：2008 年 2 月 22 日
規約改定年月日：－

主な流通経路および販売窓口
◆ 主なと畜場 ：東京都食肉市場 ◆ 主な処理場 ：－ ◆ 格付等級 ◆ 年間出荷頭数 ：160 頭 ◆ 主要取扱企業 ：－ ◆ 輸出実績国・地域 ：－ ◆ 今後の輸出意欲 ：有

特長
- ふじやまファームでしか肥育していないブランド牛。
- 代表が子牛市場に直接出向き、子牛を購入。
- 血統、配合飼料等、ふじやまファームの肥育技術が、他には真似のできないブランド牛。

概要

管 理 主 体	： ㈱ふじやまファーム	電　　　　話	： 055-986-8059
代 表 者	： 渡辺 茂　代表取締役	ＦＡＸ	： 055-986-8098
所 在 地	： 駿東郡長泉町上長窪 146	ＵＲＬ	： －
		メールアドレス	： fujiyamabeef@hotmail.com

静 岡 県

みっかび牛
（みっかびぎゅう）

品種または 交雑種の交配様式
黒毛和種

飼育管理
出荷月齢 ：28カ月齢 指定肥育地 ：－ 飼料の内容 ：三ヶ日みかんの乾燥粉末

GI登録・農場HACCP・JGAP
GI登　録：無 農場HACCP：無 ＪＧＡＰ：無

販売指定店制度について
指定店制度：無 販促ツール：シール、のぼり、パンフレット

商標登録の有無：有
登録取得年月日：－
銘柄規約の有無：有
規約設定年月日：－
規約改定年月日：－

主な流通経路および販売窓口
◆ 主なと畜場 ：小笠食肉センター、浜松市食肉市場 ◆ 主な処理場 ：－ ◆ 格付等級 ：3 等級以上 ◆ 年間出荷頭数 ：230 頭 ◆ 主要取扱企業 ：静岡経済連 ◆ 輸出実績国・地域 ：－ ◆ 今後の輸出意欲 ：有

特長
- 三ヶ日みかんの乾燥粉末を給与している。

概要

管 理 主 体	： ＪＡみっかび牛志会	電　　　　話	： 053-525-1018
代 表 者	： 和田 勝美	ＦＡＸ	： 053-525-0773
所 在 地	： 浜松市北区三ヶ日町三ヶ日 885	ＵＲＬ	： －
		メールアドレス	： －

静 岡 県

みっかび牛
(みっかびぎゅう)

品種または 交雑種の交配様式
交雑種 （ホルスタイン種 × 黒毛和種）

飼育管理
出荷月齢 　：平均25カ月齢 指定肥育地 　：－ 飼料の内容 　：三ヶ日みかんの乾燥粉末を給与

GI登録・農場HACCP・JGAP
ＧＩ登　録：無 農場HACCP：無 ＪＧＡＰ：無

販売指定店制度について
指　定　店　制　度　：　無 販　促　ツ　ー　ル　：　シール、のぼり、 　　　　　　　　　　　　パンフレット

商標登録の有無：有
登録取得年月日：－
銘柄規約の有無：有
規約設定年月日：－
規約改定年月日：－

特 長	●黒毛和牛に近い「脂までうまい肉」といわれている。 ●三ヶ日みかんの乾燥粉末を給与。

主な流通経路および販売窓口

◆主なと畜場
　：小笠食肉センター、浜松市食肉
　　市場
◆主な処理場
　：－

◆格付等級
　：2等級以上
◆年間出荷頭数
　：230頭
◆主要取扱企業
　：静岡県経済連

◆輸出実績国・地域
　：－

◆今後の輸出意欲
　：有

概 要	管　理　主　体：JAみっかび牛志会 代　表　者：和田　勝美 所　在　地：浜松市北区三ケ日町三ケ日885 　　　　　　　（JAみっかび畜産センター）	電　　　　話：053-525-1018 Ｆ　Ａ　Ｘ：053-525-0773 Ｕ　Ｒ　Ｌ：－ メールアドレス：－

愛 知 県

あいち牛
(あいちうし)

品種または 交雑種の交配様式
交雑種

飼育管理
出荷月齢 　：約24～28カ月齢 指定肥育地 　：愛知県内 飼料の内容 　：－

GI登録・農場HACCP・JGAP
ＧＩ登　録：－ 農場HACCP：－ ＪＧＡＰ：－

販売指定店制度について
指　定　店　制　度　：　無 販　促　ツ　ー　ル　：　パックシール、の 　　　　　　　　　　　　ぼり、ミニのぼ 　　　　　　　　　　　　り、ポスターほか

商標登録の有無：無
登録取得年月日：－
銘柄規約の有無：有
規約設定年月日：2009年4月
規約改定年月日：2017年1月

特 長	●生産牧場では山林や川、平坦な牧草地と放牧地など自然環境に恵まれた広大 な敷地を有効に使い、適正管理のもと、安全な飼料と良質な稲わらを与え、愛 情込めて育んだ牛肉です。

主な流通経路および販売窓口

◆主なと畜場
　：名古屋市食肉市場、東三河食肉流
　　通センター、半田食肉センター
◆主な処理場
　：名古屋ミートセンター、東三河
　　ミートセンター、杉本食肉産業
◆格付等級
　：2等級以上
◆年間出荷頭数
　：10,000頭
◆主要取扱企業
　：ＪＡあいち経済連、エスフーズ、
　　杉本食肉産業
◆輸出実績国・地域
　：－

◆今後の輸出意欲
　：有

概 要	管　理　主　体：愛知県経済農業協同組合連合会 代　表　者：権田　博康 所　在　地：名古屋市中区錦3-3-8	電　　　　話：0532-47-8232 Ｆ　Ａ　Ｘ：0532-47-8245 Ｕ　Ｒ　Ｌ：www.ja-aichi.or.jp/chikusan/ メールアドレス：－

愛 知 県

あつみ牛（あつみぎゅう）

品種または交雑種の交配様式
交雑種

飼育管理

出荷月齢
：25〜26カ月齢平均
指定肥育地
：−
飼料の内容
：JAくみあい配合飼料（あつみ牛シリーズ）

GI登録・農場HACCP・JGAP

ＧＩ登 録：−
農場HACCP：−
ＪＧＡＰ：−

商標登録の有無：有
登録取得年月日：−
銘柄規約の有無：有
規約設定年月日：−
規約改定年月日：−

主な流通経路および販売窓口

◆ 主なと畜場
：東三河食肉流通センター、名古屋市食肉市場
◆ 主な処理場
：あいち経済連ミートセンター

◆ 格付等級
：2等級以上
◆ 年間出荷頭数
：670頭
◆ 主要取扱企業
：ＪＡあいち経済連

◆ 輸出実績国・地域
：−

◆ 今後の輸出意欲
：−

販売指定店制度について

指定店制度：無
販促ツール：ミニのぼり、シール

特長
● 柔らかくキメの細かい肉質でうま味を追求。
● JAくみあい配合飼料（あつみ牛シリーズ）使用

概要

管 理 主 体	： あつみ牛推進協議会	電 話	： 0531-23-2153
代 表 者	： 中泉 利文	Ｆ Ａ Ｘ	： 0531-23-6032
所 在 地	： 田原市田原町二ツ坂1-2	Ｕ Ｒ Ｌ	： −
		メールアドレス	： −

愛 知 県

尾 張 牛（おわりぎゅう）

愛知県産 尾張牛

品種または交雑種の交配様式
ホルスタイン種、交雑種

飼育管理

出荷月齢
：22カ月齢平均
指定肥育地
：−
飼料の内容
：−

GI登録・農場HACCP・JGAP

ＧＩ登 録：−
農場HACCP：−
ＪＧＡＰ：−

商標登録の有無：有
登録取得年月日：−
銘柄規約の有無：有
規約設定年月日：−
規約改定年月日：−

主な流通経路および販売窓口

◆ 主なと畜場
：名古屋市食肉市場

◆ 主な処理場
：杉本食肉産業

◆ 格付等級
：2等級以上
◆ 年間出荷頭数
：1,800頭
◆ 主要取扱企業
：杉本食肉産業、ショクブン

◆ 輸出実績国・地域
：−

◆ 今後の輸出意欲
：−

販売指定店制度について

指定店制度：有
販促ツール：シール、のぼり

特長
● 当牧場では山林や川、平坦な牧草地と放牧地など自然環境に恵まれた広大な敷地を有効に使い、適正管理のもと、安全な飼料と良質な稲わらを与え、愛情込めて育んだ牛肉です。

概要

管 理 主 体	： 尾張牛振興会	電 話	： 052-741-3251
代 表 者	： 杉本 豐繁	Ｆ Ａ Ｘ	： 052-731-9523
所 在 地	： 名古屋市昭和区緑町2-20	Ｕ Ｒ Ｌ	： −
		メールアドレス	： −

愛 知 県

黒潮牛
くろしおぎゅう

品種または交雑種の交配様式
交雑種

飼育管理
出荷月齢 ：26カ月齢平均 指定肥育地 ：豊橋地域 飼料の内容 ：くみあい配合飼料の黒潮シリーズ

GI登録・農場HACCP・JGAP
ＧＩ登　録：無 農場HACCP：無 ＪＧＡＰ：無

販売指定店制度について
指定店制度　：－ 販促ツール　：シール、のぼり、ポスター、パネル、ティッシュほか

商標登録の有無：有
登録取得年月日：2006 年 2 月
銘柄規約の有無：有
規約設定年月日：2002 年 5 月 1 日
規約改定年月日：2012 年 4 月 1 日

特長	●くみあい配合飼料の黒潮シリーズを給与。

主な流通経路および販売窓口
◆主なと畜場 ：東三河食肉流通センター
◆主な処理場 ：あいち経済連食肉センター
◆格付等級 ：3 等級以上 ◆年間出荷頭数 ：150 頭 ◆主要取扱企業 ：－
◆輸出実績国・地域 ：－
◆今後の輸出意欲 ：有

概要	管　理　主　体	：豊橋農業協同組合	電　　　　　話	：0532-25-3558（畜産課）
	代　　表　　者	：伊藤　友之　代表理事組合長	Ｆ　Ａ　Ｘ	：0532-25-6215
	所　　在　　地	：豊橋市野依町西川5	Ｕ　Ｒ　Ｌ	：－
			メールアドレス	：chikusan@toyohashi・aichi-ja.or.jp

愛 知 県

田原牛
たはらうし

品種または交雑種の交配様式
交雑種

飼育管理
出荷月齢 ：26カ月齢平均 指定肥育地 ：－ 飼料の内容 ：非遺伝子組み換えのとうもろこし、大豆粕を原料とした配合

GI登録・農場HACCP・JGAP
ＧＩ登　録：－ 農場HACCP：－ ＪＧＡＰ：－

販売指定店制度について
指定店制度　：－ 販促ツール　：のぼり、パックシール

商標登録の有無：有
登録取得年月日：－
銘柄規約の有無：有
規約設定年月日：－
規約改定年月日：－

特長	●非遺伝子組み換えのとうもろこし、大豆粕を原料とした配合を使用しています。 ●全10戸が同じ指定配合により肥育しています。

主な流通経路および販売窓口
◆主なと畜場 ：東三河食肉流通センター
◆主な処理場 ：東三河食肉流通センター
◆格付等級 ：－ ◆年間出荷頭数 ：約1,050 頭 ◆主要取扱企業 ：ＪＡあいち経済連
◆輸出実績国・地域 ：－
◆今後の輸出意欲 ：－

概要	管　理　主　体	：JA愛知みなみ田原牛肥育倶楽部	電　　　　　話	：0531-23-2154
	代　　表　　者	：白井　靖弘	Ｆ　Ａ　Ｘ	：0531-22-6032
	所　　在　　地	：田原市田原町二ツ坂1-2	Ｕ　Ｒ　Ｌ	：－
			メールアドレス	：－

愛 知 県

知多牛（響）
ちたぎゅう（ひびき）

品種または 交雑種の交配様式
交雑種

飼育管理

出荷月齢
：22カ月齢以上かつ管内で１年以上肥育
指定肥育地
：愛知県知多地域
飼料の内容
：－

GI登録・農場HACCP・JGAP

ＧＩ登　録：－
農場HACCP：－
ＪＧＡＰ：－

販売指定店制度について

指定店制度　：無
販促ツール　：シール、のぼり等
　　　　　　　（条件付き）

商標登録の有無：有
登録取得年月日：2007 年 4 月 6 日
銘柄規約の有無：有
規約設定年月日：2006 年 9 月 7 日
規約改定年月日：2018 年 4 月 6 日

主な流通経路および販売窓口

◆主なと畜場
：名古屋市食肉市場、半田食肉市場、東三河食肉流通センター、大阪市食肉市場
◆主な処理場
：－
◆格付等級
：２等級以上で協議会名簿に記載された生産者が協議会組織を通じて出荷された肉牛
◆年間出荷頭数
：5,000 頭
◆主要取扱企業
：JA あいち経済連、JA 全農ミートフーズ、杉本食肉産業、エスフーズ、立石食品、丸一精肉、石川屋、埴生ミートセンター、伊勢屋
◆輸出実績国・地域
：－

◆今後の輸出意欲
：－

特長	●伊勢湾と三河湾の湾内に突き出す知多半島は南北に長く、夏はさわやかな海風により涼しく、冬は穏やかな海洋性の気候に恵まれ比較的暖かい。 ●そんな穏やかな環境で育てられた「知多牛」は、肉質は軟らかく、味の広がりも良く、脂肪の甘さにはとくに高い評価をいただいています。

概要	管　理　主　体　：　知多牛推進協議会 代　表　者　：　佐々木　康壽 所　在　地　：　美浜町大字北方字山井 40-1	電　　　　話 ： 0569-82-4029 Ｆ　Ａ　Ｘ ： 0569-82-3144 Ｕ　Ｒ　Ｌ ： － メールアドレス ： chikusan@agris.or.jp

---

愛 知 県

知多和牛（誉）
ちたわぎゅう（ほまれ）

品種または 交雑種の交配様式
黒毛和種

飼育管理

出荷月齢
：24カ月齢以上かつ管内で１年以上肥育
指定肥育地
：愛知県知多地域
飼料の内容
：－

GI登録・農場HACCP・JGAP

ＧＩ登　録：－
農場HACCP：－
ＪＧＡＰ：－

販売指定店制度について

指定店制度　：無
販促ツール　：シール、のぼり等
　　　　　　　（条件付き）

商標登録の有無：有
登録取得年月日：2007 年 4 月 6 日
銘柄規約の有無：有
規約設定年月日：2006 年 9 月 7 日
規約改定年月日：2018 年 4 月 6 日

主な流通経路および販売窓口

◆主なと畜場
：名古屋市食肉市場、半田食肉市場、東三河食肉市場、大阪市食肉市場
◆主な処理場
：－
◆格付等級
：３等級以上で協議会名簿に記載された生産者が協議会組織を通じて出荷された肉牛
◆年間出荷頭数
：1,000 頭
◆主要取扱企業
：ＪＡあいち経済連、ＪＡ全農ミートフーズ、杉本食肉産業、エスフーズ、立石食品、丸一精肉、石川屋、埴生ミートセンター、伊勢屋
◆輸出実績国・地域
：－

◆今後の輸出意欲
：－

特長	●伊勢湾と三河湾の湾内に突き出す知多半島は南北に長く、夏はさわやかな海風により涼しく、冬は穏やかな海洋性の気候に恵まれ比較的暖かい。 ●そんな穏やかな環境で育てられた「知多和牛」は、肉質は軟らかく、味の広がりも良く、脂肪の甘さにはとくに高い評価をいただいています。

概要	管　理　主　体　：　知多牛推進協議会 代　表　者　：　佐々木　康壽 所　在　地　：　美浜町大字北方字山井 40-1	電　　　　話 ： 0569-82-4029 Ｆ　Ａ　Ｘ ： 0569-82-3144 Ｕ　Ｒ　Ｌ ： － メールアドレス ： chikusan@agris.or.jp

愛 知 県

ほうらいぎゅう
鳳来牛

品種または交雑種の交配様式
黒毛和種

飼育管理
出荷月齢 ：26～30カ月齢 指定肥育地 ：新城市内認定農家 飼料の内容 ：－

GI登録・農場HACCP・JGAP
Ｇ Ｉ 登 録：－ 農場HACCP：－ Ｊ Ｇ Ａ Ｐ：－

販売指定店制度について
指定店制度：－ 販促ツール：パンフレット、卓上のぼり、木製看板

商標登録の有無：有
登録取得年月日：2020 年 7 月 16 日
銘柄規約の有無：有
規約設定年月日：1989 年 1 月 8 日
規約改定年月日：2019 年 6 月 3 日

主な流通経路および販売窓口
◆主なと畜場 ：東三河食肉流通センター、名古屋市食肉市場 ◆主な処理場 ：同上 ◆格付等級 ：4 等級以上 ◆年間出荷頭数 ：300 頭 ◆主要取扱企業 ：JA あいち経済連、JA 愛知東、高橋精肉店、内藤精肉店、鳥市精肉店、サカイフーズ ◆輸出実績国・地域 ：－ ◆今後の輸出意欲 ：－

特長	● 鳳来牛は現在、4 戸の認定肥育農家により生産されています。少数精鋭の強みを生かし、素牛導入後の 13 カ月齢以降モネンシンナトリウムを給与せず肥育管理し、安全安心な牛肉生産に努めています。 ● 奥三河の自然豊かな肥育牧場で 18 カ月以上の長期間肥育することで、脂の甘みと肉のうまみが詰まった見事な霜降り肉となります。 ● 生産者の顔がみえる安全安心な生産・販売体制を志向し始まった JA 直営焼き肉レストラン「こんたく長篠」、認定肥育農家が丹精込めて飼育した鳳来牛はこちらでご賞味いただけます。

概要	管 理 主 体：愛知東農業協同組合 代 表 者：海野 文貴 所 在 地：新城市平井字中田 6-1	電 話：0536-22-1251 F A X：0536-22-0870 U R L：www.ja-aichihigashi.com メールアドレス：chikusan@aichihigashi.aichi-ja.or.jp

---

愛 知 県

みかわうし
みかわ牛

品種または交雑種の交配様式
黒毛和種

飼育管理
出荷月齢 ：29カ月齢平均 指定肥育地 ：－ 飼料の内容 ：－

GI登録・農場HACCP・JGAP
Ｇ Ｉ 登 録：無 農場HACCP：無 Ｊ Ｇ Ａ Ｐ：無

販売指定店制度について
指定店制度：有 販促ツール：パックシール、のぼり、ミニのぼり、欅看板、卓上ミニ看板、ポスター、はっぴ、ブルゾンほか

商標登録の有無：有
登録取得年月日：1993 年 4 月 5 日
銘柄規約の有無：有
規約設定年月日：1990 年 6 月 5 日
規約改定年月日：2020 年 9 月

主な流通経路および販売窓口
◆主なと畜場 ：名古屋市食肉市場、東三河食肉流通センター、半田食肉センター ◆主な処理場 ：名古屋ミートセンター、東三河ミートセンター、杉本食肉産業 ◆格付等級 ：4 等級以上 ◆年間出荷頭数 ：2,500 頭 ◆主要取扱企業 ：ＪＡあいち経済連、杉本食肉産業、エスフーズ ◆輸出実績国・地域 ：タイ（バンコク） ◆今後の輸出意欲 ：有

特長	● 愛知県の豊かな自然にはぐくまれ、厳選された黒毛和牛が「みかわ牛」です。令和 2 年 9 月に「みかわ牛銘柄推進協議会」が設立しました。

概要	管 理 主 体：愛知県経済農業協同組合連合会 代 表 者：権田 博康 所 在 地：名古屋市中区錦 3-3-8 畜産部・豊橋市西幸町笠松 111	電 話：0532-47-8232 F A X：0532-47-8245 U R L：www.ja-aichi.or.jp/chikusan メールアドレス：－

愛知県

みさき牛（みさきうし）

愛知県産 みさき牛 愛知県Aコープチェーン

品種または交雑種の交配様式	
交雑種	

飼育管理

出荷月齢
：約24～28カ月齢
指定肥育地
：愛知県内
飼料の内容
：－

GI登録・農場HACCP・JGAP

G I 登 録：－
農場HACCP：－
Ｊ Ｇ Ａ Ｐ：－

販売指定店制度について

指 定 店 制 度 ： 有
販 促 ツ ー ル ： パックシールほか

商標登録の有無：無
登録取得年月日：－
銘柄規約の有無：有
規約設定年月日：2014 年 8 月
規約改定年月日：－

主な流通経路および販売窓口

◆ 主なと畜場
：名古屋市食肉市場、東三河食肉流通センター、半田食肉センター
◆ 主な処理場
：名古屋ミートセンター、東三河ミートセンター
◆ 格付等級
：2 等級以上
◆ 年間出荷頭数
：3,000 頭
◆ 主要取扱企業
：JA あいち経済連
◆ 輸出実績国・地域
：実績国名
◆ 今後の輸出意欲
：－

特長
● 地産地消をモットーに愛知県で生産された牛を愛知県内 A コープ・JA グリーンセンターのみで販売。

概要
管 理 主 体	： 愛知県経済農業協同組合連合会	電　　　　話	： 052-951-3233
代 表 者	： 権田 博康	Ｆ Ａ Ｘ	： 052-953-6592
所 在 地	： 名古屋市中区錦 3-3-8	Ｕ Ｒ Ｌ	： www.ja-aichi.or.jp/
		メールアドレス	： －

三重県

伊賀牛（いがうし）

品種または交雑種の交配様式	
黒毛和種（未経産）	

飼育管理

出荷月齢
：概ね28～32カ月齢
指定肥育地
：伊賀市、名張市
飼料の内容
：－

GI登録・農場HACCP・JGAP

G I 登 録：無
農場HACCP： 2017 年 6 月 1 日
（一部農場）
Ｊ Ｇ Ａ Ｐ：無

販売指定店制度について

指 定 店 制 度 ： 有
販 促 ツ ー ル ： 証明書あり

商標登録の有無：有
登録取得年月日：2010 年 10 月 1 日
銘柄規約の有無：有
規約設定年月日：1972 年 7 月 1 日
規約改定年月日：－

主な流通経路および販売窓口

◆ 主なと畜場
：三重県松阪食肉公社、京都市食肉市場、三重県四日市畜産公社
◆ 主な処理場
：同上
◆ 格付等級
：－
◆ 年間出荷頭数
：1,400 頭
◆ 主要取扱企業
：地元精肉店、JA全農みえ松阪食肉センター
◆ 輸出実績国・地域
：アメリカ、香港、マレーシアほか
◆ 今後の輸出意欲
：－

特長
● 生体取引が主。
● 黒毛和種の未経産牛であり、肉はなめらかで軟らかく、甘みがあり、風味がよい。

概要
管 理 主 体	： 伊賀産肉牛生産振興協議会	電　　　　話	： 059-233-5335
代 表 者	： 岡本 栄	Ｆ Ａ Ｘ	： 059-233-5945
所 在 地	： 津市一身田平野字護摩田 6	Ｕ Ｒ Ｌ	： －
	（事務局）JA全農みえ畜産課内	メールアドレス	： －

三　重　県

松阪牛
まつさかうし

品種または交雑種の交配様式		主な流通経路および販売窓口
黒毛和種（雌・未経産）	商標登録の有無：有 登録取得年月日：2007 年 2 月 銘柄規約の有無：有 規約設定年月日：2002 年 9 月 規約改定年月日：－	◆主なと畜場 ：東京食肉市場、三重県松阪食肉公社 ◆主な処理場 ：－ ◆格付等級 ：－ ◆年間出荷頭数 ：7,893 頭（令和元年度） ◆主要取扱企業 ：266 店（松阪肉牛協会、令和元年度） ◆輸出実績国・地域 ：アメリカ、香港、シンガポール、ベトナム ◆今後の輸出意欲 ：有

飼育管理

出荷月齢
：－
指定肥育地
：2004年11月1日当時の22市町村
（※下記の特長欄参照）
飼料の内容
：－

GI登録・農場HACCP・JGAP

ＧＩ登　録： 2017 年 3 月
（「特産松阪牛」登録）
農場HACCP： 一部農場で有り
ＪＧＡＰ： 一部農場で有り

販売指定店制度について

指定店制度： 有
販促ツール： パンフレット、のぼり、ポスター、松阪牛証明書、松阪牛シール

特長
- 松阪牛は、消費者に安全・安心な松阪牛を提供することを目的に、生産から流通までの情報を管理する「松阪牛個体識別管理システム」を平成 14 年 8 月から運用しています。
- このシステムは肥育における情報を管理するとともに、販売においては「松阪牛シール」「松阪牛証明書」を発行し、これらに記載された個体識別番号をインターネットで検索すると、システムで管理されている 36 項目の情報をご覧いただくことができます。
- また、兵庫県から子牛を導入し、伝統の肥育技術によって 900 日以上長期肥育する「特産松阪牛」は、きめの細かいサシと、不飽和脂肪酸の割合が高く脂肪融点が低いのが特徴で、肉の芸術品として賞賛されています。
※ 松阪市、津市、久居市、伊勢市、一志町、白山町、美杉村、嬉野町、香良洲町、三雲町、飯南町、飯高町、明和町、多気町、大台町、勢和村、宮川村、大宮町、度会町、小俣町、玉城町、御薗村

概要	管理主体：松阪牛協議会（生産部門）、松阪肉牛協会（流通部門） 代表者：竹上 真人 会長 松阪市長 所在地：松阪市殿町 1340-1 松阪市産業文化部農水振興課	電話：0598-53-4119 ＦＡＸ：0598-22-0931 ＵＲＬ：http://www.city.matsusaka.mie.jp/site/matsusakaushi/ メールアドレス：nor.div@city.matsusaka.mie.jp

滋　賀　県

近江牛
おうみぎゅう

品種または交雑種の交配様式		主な流通経路および販売窓口
黒毛和種	商標登録の有無：有 登録取得年月日：2007 年 5 月 11 日 銘柄規約の有無：有 規約設定年月日：－ 規約改定年月日：－	◆主なと畜場 ：滋賀食肉市場、東京都食肉市場 ◆主な処理場 ：－ ◆格付等級 ：無 ◆年間出荷頭数 ：6,000 頭 ◆主要取扱企業 ：県内食肉市場、東京都食肉市場 ◆輸出実績国・地域 ：マカオ、シンガポール、タイ、フィリピン、台湾、ベトナム、ミャンマー ◆今後の輸出意欲 ：有

飼育管理

出荷月齢
：－
指定肥育地
：滋賀県内
飼料の内容
：－

GI登録・農場HACCP・JGAP

ＧＩ登　録： 農林水産大臣第 56 号
農場HACCP： －
ＪＧＡＰ： －

販売指定店制度について

指定店制度： 有
販促ツール： －

特長
- 清れつな水、栄養バランスに配慮された飼料で育まれたその肉質は、霜降り度合いが高く、特有の香りと肉の軟らかさが特長。

概要	管理主体：「近江牛」生産・流通推進協議会 代表者：山口 知之 会長 所在地：近江八幡市長光寺町 1089-4 滋賀食肉センター内	電話：0748-37-2635 ＦＡＸ：同上 ＵＲＬ：www.oumiushi.com/ メールアドレス：oumiushisuishin@zc.ztv.ne.jp

京 都 府

亀岡牛（かめおかぎゅう）

品種または交雑種の交配様式	
黒毛和種	

飼育管理	
出荷月齢	：30カ月齢平均
指定肥育地	：－
飼料の内容	：とうもろこし、大麦などの穀物を使用した自社配合飼料

GI登録・農場HACCP・JGAP	
GI登録	：－
農場HACCP	：－
JGAP	：－

販売指定店制度について	
指定店制度	：－
販促ツール	：－

商標登録の有無	：有
登録取得年月日	：－
銘柄規約の有無	：有
規約設定年月日	：－
規約改定年月日	：－

主な流通経路および販売窓口

- ◆ 主なと畜場
  ：亀岡市食肉センター
- ◆ 主な処理場
  ：同上
- ◆ 格付等級
  ：AB・4 等級以上
- ◆ 年間出荷頭数
  ：700 頭
- ◆ 主要取扱企業
  ：京都府、大阪府
- ◆ 輸出実績国・地域
  ：－
- ◆ 今後の輸出意欲
  ：－

特長
- ●美しい水と空気に恵まれ、夏と冬の気温差が大きい亀岡市で、長く飼養して成熟させることにより、肉の風味や脂の艶を引き出しています。
- ●からっとしたしつこくない味が特徴です。

概要		
管理主体	：亀岡牛枝肉振興協議会	電話：0771-22-5654
代表者	：木曽 則雄 会長	FAX：0771-22-5654
所在地	：亀岡市篠町馬堀駅前 2-3-1	URL：www.gyuraku.jp/kameoka.html
		メールアドレス：－

京 都 府

京丹波平井牛（きょうたんばひらいぎゅう）

品種または交雑種の交配様式	
黒毛和種	

飼育管理	
出荷月齢	：30カ月齢以上
指定肥育地	：京都府内
飼料の内容	：－

GI登録・農場HACCP・JGAP	
GI登録	：無
農場HACCP	：未取得 農場HACCP取得チャレンジシステム
JGAP	：未定

販売指定店制度について	
指定店制度	：有
販促ツール	：シール、ポスター、パンフレット

商標登録の有無	：無
登録取得年月日	：－
銘柄規約の有無	：有
規約設定年月日	：2018 年
規約改定年月日	：－

主な流通経路および販売窓口

- ◆ 主なと畜場
  ：京都市中央食肉市場
- ◆ 主な処理場
  ：銀閣寺大西外商部プロセスセンター
- ◆ 格付等級
  ：AB・4 等級以上
- ◆ 年間出荷頭数
  ：約 200 頭
- ◆ 主要取扱企業
  ：京都府内
- ◆ 輸出実績国・地域
  ：アメリカ、タイ、ベトナム、シンガポール、ドイツ、イギリス、マルタ、フランス、イタリア、マカオ、クロアチア、香港、オランダ、フィンランド、台湾、フィリピン
- ◆ 今後の輸出意欲
  ：有

特長
- ●京都丹波牧場の平井氏が育てた牛のうち、京都府産のものであり、AB・4 等級以上のものかつ、銀閣寺大西が品質を認めたもの。
- ●牛をストレスフリーな環境で育てるため、常に清潔な牛舎を保ち、地下 150mからくんでいる新鮮な地下水を与えています。
- ●子牛の買い付けから肥育までを行っており、全てデータ管理された記録を元に三代先までさかのぼって子牛の買い付けを行うことで、血統の良さを引き出す肥育をされています。
- ●生後平均 30 カ月以上の長期間肥育することで体内熟成をさせることができ、オレイン酸を豊富に含みます。
- ●深い味わいながら、あっさりとお召し上がりいただけます。

概要		
管理主体	：㈱銀閣寺大西	電話：075-761-0024
代表者	：大西 雷三	FAX：075-751-7575
所在地	：京都市左京区浄土寺東田町 53	URL：www.onishi-g.co.jp
		メールアドレス：－

京都府 京都肉（きょうとにく）

京都肉

品種または交雑種の交配様式		主な流通経路および販売窓口
黒毛和種		◆主なと畜場 ：京都市中央食肉市場
飼育管理		◆主な処理場 ：－
出荷月齢 ：28～36カ月齢平均 指定肥育地 ：京都府内 飼料の内容 ：－		◆格付等級 ：AB・4 等級以上 ◆年間出荷頭数 ：約 1,100 頭 ◆主要取扱企業 ：京都府内
GI登録・農場HACCP・JGAP	商標登録の有無：有 登録取得年月日：2005 年 3 月 18 日 銘柄規約の有無：有 規約設定年月日：－ 規約改定年月日：－	◆輸出実績国・地域 ：タイ、マカオ、シンガポール、EU ◆今後の輸出意欲 ：有
GI登録：無 農場HACCP：無 JGAP：無		
販売指定店制度について	特長	●「京都肉」とは、黒毛和種で京都府内において最も長く肥育されたもののうち、京都市中央卸売市場第二市場において、と畜解体された枝肉で、日本格付協会による枝肉格付「A5、B5、A4、B4」規格のものをいう。
指定店制度 ： 有 販促ツール ： のぼり、シール、はっぴ		

概要	管 理 主 体 ： 京都肉牛流通推進協議会	電 話 ： 075-681-8781
	代 表 者 ： 平井 和惠 会長	FAX ： 075-681-8815
	所 在 地 ： 京都市南区吉祥院石原東之口 2	URL ： www.kyoto-meat-market.co.jp/kyotoniku.html
		メールアドレス ： info@kyoto-meat-market.co.jp

京都府 京の肉（きょうのにく）

品種または交雑種の交配様式		主な流通経路および販売窓口
黒毛和種		◆主なと畜場 ：京都市食肉市場、亀岡市食肉センター
飼育管理		◆主な処理場 ：同上
出荷月齢 ：30 カ月齢平均 指定肥育地 ：京都府内 飼料の内容 ：－		◆格付等級 ：－ ◆年間出荷頭数 ：約 1,000 頭 ◆主要取扱企業 ：京都協同管理
GI登録・農場HACCP・JGAP	商標登録の有無：有 登録取得年月日：2004 年 6 月 4 日 銘柄規約の有無：有 規約設定年月日：2003 年 7 月 20 日 規約改定年月日：－	◆輸出実績国・地域 ：－ ◆今後の輸出意欲 ：有
GI登録：－ 農場HACCP：－ JGAP：－		
販売指定店制度について	特長	●産地表示が京都産で全農京都府本部が取り扱いするもの。
指定店制度 ： － 販促ツール ： ポスター、のぼり		

概要	管 理 主 体 ： 全農京都府本部	電 話 ： 075-681-4387
	代 表 者 ： 宅間 敏廣 府本部長	FAX ： 075-681-1760
	所 在 地 ： 京都市南区東九条西山王町 1	URL ： －
		メールアドレス ： zz_kt_iken@zennoh.or.jp

大 阪 府

おおさかうめびーふ
大阪ウメビーフ

大阪ウメビーフ
大阪ウメビーフ協議会

品種または交雑種の交配様式	
黒毛和種	

飼育管理	
出荷月齢 ：26～35カ月齢平均	
指定肥育地 ：大阪府内	
飼料の内容 ：漬梅給与（出荷前1kg／頭・日を6カ月以上）	

GI登録：－	
農場HACCP：－	
ＪＧＡＰ：－	

販売指定店制度について	
指定店制度：有	
販促ツール：のぼり、テナント	

商標登録の有無：有
登録取得年月日：2003年5月9日
銘柄規約の有無：有
規約設定年月日：2001年12月17日
規約改定年月日：2014年1月20日

主な流通経路および販売窓口

◆ 主なと畜場
：羽曳野市立南食ミートセンター

◆ 主な処理場
：－

◆ 格付等級
：3等級以上、協議会規約による別途の定めに基づく
◆ 年間出荷頭数
：50頭
◆ 主要取扱企業
：ハンナン、イセヤほか

◆ 輸出実績国・地域
：－

◆ 今後の輸出意欲
：無

特長
- 梅酒の漬梅を毎日1～2kg、6カ月以上給与。
- 梅の実は食物繊維を多く含み健胃整腸効果があり、このため肉牛は健康に育ち、お肉はあっさりとおいしい。
- 生産者の顔のみえる牛肉を消費者に提供している。

概要

管理主体	：大阪ウメビーフ協議会	電話	：06-6941-1351
代表者	：原野 祥次 会長	FAX	：06-6920-2228
所在地	：大阪市中央区谷町1-3-27 大手前建設会館内	URL	：－
		メールアドレス	：osla27@mild.ocn.ne.jp

兵 庫 県

あわじびーふ
淡路ビーフ

淡路ビーフ
AWAJI BEEF

品種または交雑種の交配様式	
黒毛和種 但馬牛	

飼育管理	
出荷月齢 ：25カ月齢以上	
指定肥育地 ：兵庫県内	
飼料の内容 ：－	

GI登録・農場HACCP・JGAP	
GI登録：－	
農場HACCP：－	
ＪＧＡＰ：－	

販売指定店制度について	
指定店制度：有	
販促ツール：牛と地球のブロンズ像、 ＰＶ、ＣＭ、のぼり	

商標登録の有無：有
登録取得年月日：2007年10月12日
銘柄規約の有無：有
規約設定年月日：1987年4月1日
規約改定年月日：2007年12月12日

主な流通経路および販売窓口

◆ 主なと畜場
：県内食肉センター

◆ 主な処理場
：－

◆ 格付等級
：AB・3等級以上、B.M.S.No.4以上、肉重量雌280kg、去勢330kg以上
◆ 年間出荷頭数
：150頭
◆ 主要取扱企業
：35店舗

◆ 輸出実績国・地域
：－

◆ 今後の輸出意欲
：－

特長
- 澄んだ空気とおいしい水、自然豊かな淡路島で生まれた淡路牛の中で厳しい認定基準を満たしたもののみが「淡路ビーフ」と称される。
- 地域団体商標登録第5083795。
- 兵庫県認証食品。

概要

管理主体	：淡路ビーフブランド化推進協議会	電話	：0799-62-0068
代表者	：石田 正 会長	FAX	：0799-62-0982
所在地	：淡路市塩田新島3-2	URL	：awaji-katikuitiba.or.jp
		メールアドレス	：tikuren@awaji-kaitikuitiba.or.jp

兵　庫　県

太田牛
おおたぎゅう

品種または交雑種の交配様式
黒毛和種・雌

飼育管理
出荷月齢
：30カ月齢以上
指定肥育地
：兵庫県太田牧場
飼料の内容
：加熱処理大麦、とうもろこし、加熱処理とうもろし、大麦、加熱処理大豆、ふすま、麦ぬか、米ぬか、大豆油かす

GI登録・農場HACCP・JGAP
ＧＩ登　録：－
農場HACCP：－
ＪＧＡＰ：－

販売指定店制度について
指 定 店 制 度：無
販 促 ツ ー ル：シール、パネル

商標登録の有無：無
登録取得年月日：－
銘柄規約の有無：無
規約設定年月日：－
規約改定年月日：－

主な流通経路および販売窓口
◆ 主なと畜場
　：加古川食肉センター、但馬食肉センター
◆ 主な処理場
　：同上

◆ 格付等級
　：A5
◆ 年間出荷頭数
　：800 頭
◆ 主要取扱企業
　：太田家

◆ 輸出実績国・地域
　：－

◆ 今後の輸出意欲
　：－

特長	● 太田牧場では、但馬牛の血統を強く引き継ぐ雌素牛のみを但馬の大自然の中、兵庫の最高峰、氷ノ山山系からわき出る澄んだ水、山間の澄んだ空気、独自の自家製配合飼料と良質な粗飼料で1頭1頭徹底した飼育管理とスタッフのきめ細やかなケアの中、約3年間つくり上げて行きます。 ● すべてのお客さまに満足いただけるような体型や肉のきめ、照り、脂の融点の低さなどにこだわった自社ブランド牛、それが「太田牛」です。

概要	管 理 主 体：㈱太田畜産	電　　　　　話：079-620-2207
	代　 表　 者：太田 克典	Ｆ　Ａ　Ｘ：079-670-2956
	所　 在　 地：養父市三宅 262	Ｕ　Ｒ　Ｌ：ohta-ya.com
		メールアドレス：ohta-ya.218@orenge.plala.or.jp

兵　庫　県

加古川和牛
かこがわわぎゅう

品種または交雑種の交配様式
黒毛和種 但馬牛

飼育管理
出荷月齢
：28カ月齢以上
指定肥育地
：－
飼料の内容
：－

GI登録・農場HACCP・JGAP
ＧＩ登　録：無
農場HACCP：無
ＪＧＡＰ：無

販売指定店制度について
指 定 店 制 度：有
販 促 ツ ー ル：－

商標登録の有無：無
登録取得年月日：－
銘柄規約の有無：有
規約設定年月日：2003 年 10 月 10 日
規約改定年月日：2011 年 5 月 20 日

主な流通経路および販売窓口
◆ 主なと畜場
　：神戸市食肉市場、加古川食肉市場
◆ 主な処理場
　：－

◆ 格付等級
　：AB 等級
◆ 年間出荷頭数
　：600 頭
◆ 主要取扱企業
　：－

◆ 輸出実績国・地域
　：－

◆ 今後の輸出意欲
　：－

特長	● 兵庫県産但馬牛の黒毛和種で加古川市内の肥育農家が育てた牛。 ● と畜月齢が生後 28 カ月齢から、60 カ月齢以下の牛であること。

概要	管 理 主 体：加古川和牛流通推進協議会 　　　　　　　（JA 兵庫南）	電　　　　　話：079-496-5787
	代　 表　 者：中村 良祐 会長	Ｆ　Ａ　Ｘ：079-492-8735
	所　 在　 地：加古川郡稲美町北山 1243-1	Ｕ　Ｒ　Ｌ：－
		メールアドレス：nakashima720@ja-hyogominami.com

兵 庫 県

くろだしょうわぎゅう
黒田庄和牛

品種または交雑種の交配様式
黒毛和種 但馬牛

飼育管理
出荷月齢 　：30〜33カ月齢平均 指定肥育地 　：兵庫県西脇市黒田庄町地域 飼料の内容 　：地元産稲わらを使用（粗飼料）

GI登録・農場HACCP・JGAP
GI登　録：無 農場HACCP：無 JGAP：無

販売指定店制度について
指定店制度：無 販促ツール：－

商標登録の有無：有
登録取得年月日：2013 年 3 月 8 日
銘柄規約の有無：有
規約設定年月日：－
規約改定年月日：－

主な流通経路および販売窓口
◆主なと畜場 　：県内食肉センター ◆主な処理場 　：－ ◆格付等級 　：－ ◆年間出荷頭数 　：640 頭 ◆主要取扱企業 　：神戸市食肉市場、加古川食肉市 　　場、姫路市食肉市場 ◆輸出実績国・地域 　：マカオ、EU他 ◆今後の輸出意欲 　：有

特長
- 黒田庄和牛は、軟らかく、風味豊かで食べておいしい。
- 黒田庄地域での肥育限定。
- 地元産酒米山田錦の稲わらを粗飼料として給与。

概要

管 理 主 体：みのり農業協同組合	電　　　　話：0795-42-5141
代　表　者：神澤　友重	F　A　X：0795-40-2775
所　在　地：加東市社 1777-1	U　R　L：－
	メールアドレス：－

兵 庫 県

こうべたかみぎゅう
神戸髙見牛

神戸髙見牛

神髙戸 ®

品種または交雑種の交配様式
黒毛和種 但馬系

飼育管理
出荷月齢 　：30カ月齢以上 指定肥育地 　：兵庫県丹波市市島町内 飼料の内容 　：独自の配合飼料と天然添加物

GI登録・農場HACCP・JGAP
GI登　録：－ 農場HACCP：－ JGAP：－

販売指定店制度について
指定店制度：有 販促ツール：有

商標登録の有無：有
登録取得年月日：2011 年 5 月 18 日
銘柄規約の有無：有
規約設定年月日：2011 年 5 月 26 日
規約改定年月日：

主な流通経路および販売窓口
◆主なと畜場 　：兵庫県、京都府の食肉センター ◆主な処理場 　：－ ◆格付等級 　：日格協枝肉取引規格による ◆年間出荷頭数 　：450〜500 頭 ◆主要取扱企業 　：神戸食肉市場、加古川食肉市場、 　　京都食肉市場 ◆輸出実績国・地域 　：フランス、ドイツほか ◆今後の輸出意欲 　：有

特長
- 兵庫県産但馬牛枝肉研究会に 5 頭出品し、脂肪に含まれるオレイン酸の平均含有率が 66.7％と好成績だったことにより但馬牛特別賞を受賞。
- 独自の指定配合飼料とおいしい牛肉の製法特許（PPT,No.3413169 号）に基づく、脂身、赤身ともにおいしい牛肉。

概要

管 理 主 体：神戸髙見牛牧場㈱	電　　　　話：0795-85-2914
代　表　者：髙見　進 社長	F　A　X：0795-85-4060
所　在　地：丹波市市島町勅使 1037-4	U　R　L：www.takamibeef.com
	メールアドレス：－

兵 庫 県

こうべびーふ（こうべにく、こうべぎゅう）
神戸ビーフ
（神戸肉、神戸牛）

品種または交雑種の交配様式
黒毛和種 兵庫県産但馬牛

飼育管理
出荷月齢 ：31カ月齢平均 指定肥育地 ：兵庫県内 飼料の内容 ：－

GI登録・農場HACCP・JGAP
GI登録： 2015年 12月 22日 農場HACCP：－ JGAP：－

販売指定店制度について
指定店制度： 有 販促ツール： 神戸肉之証、シール、ポスター、モニュメント

商標登録の有無：有
登録取得年月日：2007 年 10 月 12 日
銘柄規約の有無：有
規約設定年月日：1983 年 9 月 1 日
規約改定年月日：2021 年 1 月 1 日

主な流通経路および販売窓口

- ◆ 主なと畜場
  ：県内食肉センター
- ◆ 主な処理場
  県内食肉処理加工場
- ◆ 格付等級
  ：AB 等級、B.M.S. №6 以上、枝肉重量雌 270～499.9 kg、去勢 300～499.9 kg
- ◆ 年間出荷頭数
  ：5,639 頭（令和元年度）
- ◆ 主要取扱企業
  ：指定店約 643 店（令和元年度）
- ◆ 輸出実績国・地域
  ：マカオ、香港、米国、タイ、シンガポール、欧州、ベトナム、カナダ、ロシア、フィリピン、ＵＡＥ、台湾、メキシコ、オーストラリア
- ◆ 今後の輸出意欲
  ：有

特長

- ●「神戸ビーフ」は、兵庫県内で生産された優れた但馬牛を素牛として、熟練した農家が高度な肥育技術を駆使してつくりだした最高牛肉です。
- ● 筋繊維が細かく、細やかな「サシ」が入った最高級の「霜降り肉」です。また、筋肉のもつ味と脂肪の香りが微妙にとけあい特有のまろやかさをかもしだします。

概要		
管 理 主 体 ： 神戸肉流通推進協議会	電 話 ： 078-927-0327
代 表 者 ： 森 紘一 会長	F A X ： 078-927-0418
所 在 地 ： 神戸市西区玉津町居住 88	U R L ： www.kobe-niku.jp メールアドレス ： info@kobe-niku.jp

---

兵 庫 県

こうべわいんびーふ
神戸ワインビーフ

品種または交雑種の交配様式
黒毛和種

飼育管理
出荷月齢 ：28カ月齢以上 指定肥育地 ：兵庫県 飼料の内容 ：神戸ワイン用のブドウのしぼりかす等を使用

GI登録・農場HACCP・JGAP
GI登録：－ 農場HACCP：－ JGAP：－

販売指定店制度について
指定店制度：無 販促ツール：有

商標登録の有無：有
登録取得年月日：2014 年 1 月 31 日
銘柄規約の有無：有
規約設定年月日：2008 年 4 月 4 日
規約改定年月日：－

主な流通経路および販売窓口

- ◆ 主なと畜場
  ：県内食肉センター
- ◆ 主な処理場
  ：兵庫県内市場
- ◆ 格付等級
  ：－
- ◆ 年間出荷頭数
  ：1,200 頭
- ◆ 主要取扱企
  ：エスフーズ、伊藤ハム、牛肉商但馬屋、本神戸肉森谷商店
- ◆ 輸出実績国・地域
  ：－
- ◆ 今後の輸出意欲
  ：－

特長

- ● 神戸ワイン用のブドウのしぼり粕を安全、安心、リサイクルの観点から飼料として活用しています。

概要		
管 理 主 体 ： 神戸ワインビーフ協議会	電 話 ： 078-995-2941
代 表 者 ： 平井 良幸 会長	F A X ： 078-995-2911
所 在 地 ： 神戸市西区押部谷町和田 489-103	U R L ： － メールアドレス ： －

兵 庫 県

三田牛／三田肉
（さんだぎゅう／さんだにく）

品種または 交雑種の交配様式
黒毛和種 但馬牛に限る

飼育管理
出荷月齢 ：28カ月齢以上、60カ月齢未満 指定肥育地 ：三田市および本会指定生産地 飼料の内容 ：－

GI登録・農場HACCP・JGAP
ＧＩ登録：－ 農場HACCP：－ ＪＧＡＰ：－

販売指定店制度について
指定店制度 ： 有 販促ツール ： ポスター、のぼり、 看板、パンフレッ ト、シール

商標登録の有無：有
登録取得年月日：2007 年 8 月 3 日
銘柄規約の有無：有
規約設定年月日：1986 年 6 月 27 日
規約改定年月日：－

主な流通経路および販売窓口
- ◆ 主なと畜場
  ：三田食肉センター
- ◆ 主な処理場
  ：同上
- ◆ 格付等級
  ：三田牛（三田肉）のうち AB 4 等級以上、BMS No.7 以上を三田牛「廻」、三田肉「廻」とする
- ◆ 年間出荷頭数
  ：200～300 頭
- ◆ 主要取扱企業
- ◆ 輸出実績国・地域
  ：無
- ◆ 今後の輸出意欲
  ：無

特長
●黒毛和牛の中で最も優れた資質をもつといわれている但馬牛を肉牛肥育に適した三田地域で生産農家が1頭1頭愛情を込めて育て上げられたもので、肉質は軟らかく、霜降りは口溶けがよく、するりとしたのどごしのおいしさが特長。

概要

管 理 主 体 ： 三田肉流通振興協議会	電 話 ： 078-986-2622
代 表 者 ： 乾 哲朗 会長	Ｆ Ａ Ｘ ： 078-986-2621
所 在 地 ： 神戸市北区長尾町宅原 11 ㈱三田食肉公社内	Ｕ Ｒ Ｌ ： www.sandaniku.com メールアドレス ： sandaniku-r@titan.ocn.ne.jp

---

兵 庫 県

三田和牛
（さんだわぎゅう）

品種または 交雑種の交配様式
黒毛和種

飼育管理
出荷月齢 ：おおむね27カ月齢以上 指定肥育地 ：－ 飼料の内容 ：－

GI登録・農場HACCP・JGAP
ＧＩ登録：－ 農場HACCP：－ ＪＧＡＰ：－

販売指定店制度について
指定店制度 ： － 販促ツール ： －

商標登録の有無：有
登録取得年月日：2005 年 7 月 15 日
銘柄規約の有無：有
規約設定年月日：2005 年 10 月 1 日
規約改定年月日：－

主な流通経路および販売窓口
- ◆ 主なと畜場
  ：三田食肉センター、加古川食肉市場、新宮食肉センター、神戸市食肉市場
- ◆ 主な処理場
  ：伊藤ハム指定工場
- ◆ 格付等級
  ：－
- ◆ 年間出荷頭数
  ：1,000 頭
- ◆ 主要取扱企業
  ：伊藤ハム
- ◆ 輸出実績国・地域
  ：－
- ◆ 今後の輸出意欲
  ：－

特長
●伊藤ハムと兵庫三田畜産組合指定農家の肥育技術、品質の安定を図り、安定的に生産することと、と畜場からカット場、お得意先まで品質管理を徹底した和牛肉。

概要

管 理 主 体 ： 兵庫三田畜産組合	電 話 ： 079-562-4641
代 表 者 ： 廣岡 誠道	Ｆ Ａ Ｘ ： 079-562-4649
所 在 地 ： 三田市南が丘 2-15-35	Ｕ Ｒ Ｌ ： － メールアドレス ： －

兵　庫　県

志方牛（志方肉、志方ビーフ）
しかたぎゅう（しかたにく、しかたびーふ）

品種または交雑種の交配様式		主な流通経路および販売窓口
交雑種（未経産雌、去勢）黒毛和種（同）		◆ 主なと畜場 ：加古川食肉市場 ◆ 主な処理場 ：加古川ミートセンターほか
飼育管理		◆ 格付等級 ：－ ◆ 年間出荷頭数 ：－
出荷月齢 　：－ 指定肥育地 　：－ 飼料の内容 　：－		◆ 主要取扱企業 ：大浦ミート、志方ミートセンター、大樹商店、バーリーミート、ヒライ、福本精肉店、マツオカ ◆ 輸出実績国・地域 ：マカオ、タイ、ベトナム
GI登録・農場HACCP・JGAP	商標登録の有無：無 登録取得年月日：－ 銘柄規約の有無：有 規約設定年月日：2011 年 1 月 25 日 規約改定年月日：－	◆ 今後の輸出意欲 ：有
ＧＩ登録：－ 農場HACCP：－ ＪＧＡＰ：－		

	特長
販売指定店制度について	● 志方牛は「家庭で毎週食べられる高品質な牛肉」として、同協議会が産地にこだわらず、味・品質・価格を厳選した牛肉。
指定店制度：有 販促ツール：のぼり	

概要	管 理 主 体　：志方肉流通推進協議会 代 表 者　：大浦 達也 理事長 所 在 地　：加古川市志方町志方町 533 　　　　　　　（加古川食肉産業協同組合内）	電　　話　：079-452-0989 Ｆ Ａ Ｘ　：－ Ｕ Ｒ Ｌ　：www.hotkakogawa.com メールアドレス：－

兵　庫　県

但馬牛（但馬ビーフ）
たじまぎゅう（たじまびーふ）

品種または交雑種の交配様式		主な流通経路および販売窓口
黒毛和種 兵庫県産但馬牛		◆ 主なと畜場 ：県内食肉センター ◆ 主な処理場 ：県内食肉処理加工場
飼育管理		◆ 格付等級 ：AB・2 等級以上 ◆ 年間出荷頭数 ：6,469 頭（令和元年度）
出荷月齢 　：約31カ月齢 指定肥育地 　：兵庫県内 飼料の内容 　：－		◆ 主要取扱企業 ：指定店約 643 店（令和元年度） ◆ 輸出実績国・地域 ：マカオ、香港、米国、タイ、シンガポール、欧州、ベトナム、カナダ、ロシア、フィリピン、ＵＡＥ、台湾、メキシコ、オーストラリア
GI登録・農場HACCP・JGAP	商標登録の有無：有 登録取得年月日：2007 年 10 月 12 日 銘柄規約の有無：有 規約設定年月日：1983 年 9 月 1 日 規約改定年月日：2021 年 1 月 1 日	◆ 今後の輸出意欲 ：有
ＧＩ登録：2015 年 12 月 22 日 農場HACCP： ＪＧＡＰ：		

	特長
販売指定店制度について	● 兵庫県産但馬牛は、兵庫県内で生産される優れた但馬牛をもと牛として、熟練した農家が高度な肥育技術を駆使してつくりだした牛肉です。 ● この兵庫県産但馬牛のうち B.M.S.6 以上の牛肉が「神戸ビーフ」となります。
指定店制度：有 販促ツール：シール、ポスター	

概要	管 理 主 体　：神戸肉流通推進協議会 代 表 者　：森 紘一 会長 所 在 地　：神戸市西区玉津町居住 88	電　　話　：078-927-0327 Ｆ Ａ Ｘ　：078-927-0418 Ｕ Ｒ Ｌ　：www.kobe-niku.jp メールアドレス：info@kobe-niku.jp

兵 庫 県

たんばささやまぎゅう
丹波篠山牛

品種または 交雑種の交配様式	
黒毛和種 但馬牛	

飼育管理	
出荷月齢 　：32カ月齢 指定肥育地 　：丹波篠山地域 飼料の内容 　：ささやま21	

GI登録・農場HACCP・JGAP	
ＧＩ登　録：無 農場HACCP：無 ＪＧＡＰ：無	

販売指定店制度について	
指定店制度　：無 販促ツール　：シール、のぼり	

商標登録の有無：有
登録取得年月日：2012 年 5 月 11 日
銘柄規約の有無：有
規約設定年月日：2005 年 9 月 13 日
規約改定年月日：2017 年 4 月 1 日

特長	●篠山盆地の気候風土がはぐくんだ丹波篠山牛。 ●篠山盆地の気候と生産者の技術の結果で、肉のしまり適度な霜降りがあり、風味豊かな牛肉である。

主な流通経路および販売窓口

◆主なと畜場
　：神戸市食肉市場、加古川食肉市場
◆主な処理場
　：－

◆格付等級
　：－
◆年間出荷頭数
　：300 頭
◆主要取扱企業

◆輸出実績国・地域
　：ＥＵ

◆今後の輸出意欲
　：有

概要	管 理 主 体　：丹波ささやま農業協同組合 代　表　者　：澤本　辰夫　代表理事組合長 所　在　地　：丹波篠山市八上上 700	電　　　　話　：079-556-2288 Ｆ　Ａ　Ｘ　：079-556-2606 Ｕ　Ｒ　Ｌ　：－ メールアドレス　：einouhanbaika@ja-tanbasasayama.or.jp

---

兵 庫 県

ひめじわぎゅう
姫 路 和 牛

品種または 交雑種の交配様式	
黒毛和種	

飼育管理	
出荷月齢 　：－ 指定肥育地 　：兵庫県内西播地方 飼料の内容 　：－	

GI登録・農場HACCP・JGAP	
ＧＩ登　録：無 農場HACCP：無 ＪＧＡＰ：無	

販売指定店制度について	
指定店制度　：無 販促ツール　：シール	

商標登録の有無：有
登録取得年月日：－
銘柄規約の有無：有
規約設定年月日：2010 年 7 月 3 日
規約改定年月日：－

特長	●西播地域の生産者とする。 ●最長肥育地が兵庫県であること。

主な流通経路および販売窓口

◆主なと畜場
　：和牛マスター食肉センター

◆主な処理場
　：－

◆格付等級
　：AB・4 等級以上
◆年間出荷頭数
　：433 頭（平成 30 年）
◆主要取扱企業
　：全農兵庫

◆輸出実績国・地域
　：－

◆今後の輸出意欲
　：有

概要	管 理 主 体　：姫路畜産荷受㈱ 代　表　者　：池田　政隆　社長 所　在　地　：姫路市東郷町 1451-5	電　　　　話　：079-224-6044 Ｆ　Ａ　Ｘ　：079-224-8876 Ｕ　Ｒ　Ｌ　：－ メールアドレス　：himeji23@ia1.itkeeper.ne.jp

兵 庫 県

ぷれみあむひめじわぎゅう
PREMIUM姫路和牛

品種または 交雑種の交配様式
黒毛和種 兵庫県産但馬牛

飼育管理
出荷月齢 ：31カ月齢平均 指定肥育地 ：兵庫県内西播地方 飼料の内容 ：－

GI登録・農場HACCP・JGAP
GI登　録：無 農場HACCP：無 JGAP：無

販売指定店制度について
指定店制度：有 販促ツール：シール、のぼり

商標登録の有無：有
登録取得年月日：－
銘柄規約の有無：有
規約設定年月日：2010年7月3日
規約改定年月日：－

主な流通経路および販売窓口

◆ 主なと畜場
：和牛マスター食肉センター

◆ 主な処理場
：－

◆ 格付等級
：AB等級
◆ 年間出荷頭数
：569頭（平成30年）
◆ 主要取扱企業
：全農兵庫

◆ 輸出実績国・地域
：－

◆ 今後の輸出意欲
：有

特長	●神戸肉流通推進協議会規約に準じる。 ●西播地域の生産者とする。 ●兵庫県認証食品。

概要	管理主体：姫路畜産荷受㈱ 代表者：池田　政隆　社長 所在地：姫路市東郷町1451-5	電話：079-224-6044 FAX：079-224-8876 URL：－ メールアドレス：himeji23@ia1.itkeeper.ne.jp

---

兵 庫 県

ほんば　けいさんたじまぎゅう
本場　経産但馬牛

品種または 交雑種の交配様式
黒毛和種 経産但馬牛

飼育管理
出荷月齢 ：繁殖用雌牛で出荷前6カ月以上 指定肥育地 ：－ 飼料の内容 ：－

GI登録・農場HACCP・JGAP
GI登　録：－ 農場HACCP：－ JGAP：－

販売指定店制度について
指定店制度：－ 販促ツール：－

商標登録の有無：有
登録取得年月日：－
銘柄規約の有無：有
規約設定年月日：－
規約改定年月日：－

主な流通経路および販売窓口

◆ 主なと畜場
：朝来市食肉センター

◆ 主な処理場
：但馬食肉事業協同組合カット肉
工場等
◆ 格付等級
：AB等級
◆ 年間出荷頭数
：300頭
◆ 主要取扱企業
：5店

◆ 輸出実績国・地域
：－

◆ 今後の輸出意欲
：－

特長	●「本場経産但馬牛証明書」の交付。

概要	管理主体：本場但馬牛銘柄推進協議会 代表者：尾﨑　市朗 所在地：朝来市和田山町林垣268-1 　　　　　朝来市食肉センター内	電話：079-672-3241 FAX：079-672-3243 URL：－ メールアドレス：－

兵　庫　県
ほんばたじまぎゅう
本場但馬牛

品種または 交雑種の交配様式
黒毛和種 但馬牛

飼育管理

出荷月齢
　：60カ月齢未満
指定肥育地
　：－
飼料の内容
　：－

GI登録・農場HACCP・JGAP

Ｇ Ｉ 登 録：－
農場HACCP：－
Ｊ Ｇ Ａ Ｐ：－

商標登録の有無：有
登録取得年月日：－
銘柄規約の有無：有
規約設定年月日：－
規約改定年月日：－

販売指定店制度について

指定店制度：－
販促ツール：－

特長

●「本場但馬牛証明書」の交付

主な流通経路および販売窓口

◆主なと畜場
　：朝来市食肉センター、県内食肉
　　センター
◆主な処理場
　：但馬食肉事業協同組合カット肉
　　工場等
◆格付等級
　：AB等級、B.M.S. No3以上
◆年間出荷頭数
　：150頭
◆主要取扱企業
　：5店

◆輸出実績国・地域
　：－

◆今後の輸出意欲
　：－

概要	管 理 主 体 ： 本場但馬牛銘柄推進協議会	電　　　　話： 079-672-3241
	代 表 者 ： 尾﨑　市朗	Ｆ Ａ Ｘ： 079-672-3243
	所 在 地 ： 朝来市和田山町林垣 268-1 　　　　　　朝来市食肉センター内	Ｕ Ｒ Ｌ： － メールアドレス： －

兵　庫　県
ゆむらおんせんたじまびーふ
湯村温泉但馬ビーフ

品種または 交雑種の交配様式
黒毛和種 但馬牛

飼育管理

出荷月齢
　：30カ月齢以上
指定肥育地
　：兵庫県内但馬地域
飼料の内容
　：－

GI登録・農場HACCP・JGAP

Ｇ Ｉ 登 録：無
農場HACCP：無
Ｊ Ｇ Ａ Ｐ：無

商標登録の有無：無
登録取得年月日：－
銘柄規約の有無：有
規約設定年月日：1983 年 7 月 17 日
規約改定年月日：2006 年 7 月 3 日

販売指定店制度について

指定店制度：有
販促ツール：有

特長

●但馬の気候風土の中で育てられた但馬牛は、肉のキメが細かく、うま味があり、風味も抜群である。

主な流通経路および販売窓口

◆主なと畜場
　：県内食肉センター
◆主な処理場
　：－
◆格付等級
　：－
◆年間出荷頭数
　：150頭
◆主要取扱企業
　：JAたじま、太田家

◆輸出実績国・地域
　：－

◆今後の輸出意欲
　：－

概要	管 理 主 体 ： 湯村温泉但馬ビーフ流通振興協議会	電　　　　話： 0796-92-1173
	代 表 者 ： 中井　勝	Ｆ Ａ Ｘ： 0796-92-2511
	所 在 地 ： 美方郡温泉町飯野 1877-1	Ｕ Ｒ Ｌ： － メールアドレス： －

奈良県

大和牛
やまとうし

鎌倉時代からの銘牛
大和牛
奈良県大和牛流通推進協議会

品種または交雑種の交配様式	
黒毛和種（未経産雌）もしくは県内生まれの黒毛和種（去勢）	

飼育管理

出荷月齢
：未経産雌牛については30カ月以上
　去勢牛については28カ月以上
指定肥育地
：奈良県内指定生産者
飼料の内容
：各生産者の給与する飼料情報は管理されています。

GI登録・農場HACCP・JGAP

ＧＩ登　録：無
農場HACCP：無
ＪＧＡＰ：無

販売指定店制度について

指定店制度：有
販促ツール：シール、のぼり

商標登録の有無：有
登録取得年月日：2004 年 8 月 13 日
銘柄規約の有無：有
規約設定年月日：2003 年 3 月 20 日
規約改定年月日：2015 年 4 月 1 日

主な流通経路および販売窓口

◆主なと畜場
　：奈良県食肉センター

◆主な処理場
　：同上

◆格付等級
　：日格協枝肉取引規格による
◆年間出荷頭数
　：約 1,000 頭
◆主要取扱企業
　：－

◆輸出実績国・地域
　：無

◆今後の輸出意欲
　：未定

特長	●最長飼養地が奈良県内である黒毛和種であり、雌牛については未経産であること、去勢牛については県内生まれであること。 ●奈良県食肉センターへ出荷されたもの。 ●豊かな自然に恵まれた牧場で長期間、ゆったりと育てられています。 　吟味された良質の飼料を十分に与えられ、愛情込めて育てられた大和牛は、脂肪の口溶けがよく、風味が豊かな味わいのあるお肉です。 ●大和牛の中でも、奈良県が定めた厳しい品質基準（1. オレイン酸含有量 55％以上、2. 脂肪交雑＜BMS＞9 以上、3. 肥育期間 ＜出荷月齢＞32 カ月以上）をすべて満たしたものは、「奈良県プレミアムセレクト」に認証されます。

概要	管 理 主 体：奈良県大和牛流通推進協議会 代 表 者：村井　浩 所 在 地：大和郡山市丹後庄町 475-1	電　　　　話：0743-56-6780 Ｆ Ａ Ｘ：0743-56-6233 Ｕ Ｒ Ｌ：www.yamatoushi.com/ メールアドレス：－

和 歌 山 県

熊 野 牛
くまのぎゅう

熊野牛

品種または交雑種の交配様式	
黒毛和種	

飼育管理

出荷月齢
：26カ月齢以上
指定肥育地
：－
飼料の内容
：－

GI登録・農場HACCP・JGAP

ＧＩ登　録：－
農場HACCP：－
ＪＧＡＰ：－

販売指定店制度について

指定店制度：－
販促ツール：－

商標登録の有無：有
登録取得年月日：－
銘柄規約の有無：有
規約設定年月日：－
規約改定年月日：－

主な流通経路および販売窓口

◆主なと畜場
　：大阪市食肉市場

◆主な処理場
　：－

◆格付等級
　：熊野牛認定委員会において適当と認められたもの
◆年間出荷頭数
　：250 頭
◆主要取扱企業
　：和歌山県内

◆輸出実績国・地域
　：－

◆今後の輸出意欲
　：－

特長	●世界遺産の地・紀州熊野で豊かな自然と愛情がはぐくんで生まれました。その肉質はキメ細やかで軟らかく、味は香ばしく、肉そのものの風味に優れています。 ●さらに焼いたときの香ばしい香りの良さも熊野牛ならではの魅力です。

概要	管 理 主 体：和歌山県熊野牛ブランド化推進協議会 代 表 者：楠本　哲嗣 所 在 地：伊都郡かつらぎ町佐野 821-1	電　　　　話：090-1582-2572 Ｆ Ａ Ｘ：0736-22-6320 Ｕ Ｒ Ｌ：－ メールアドレス：99mg7nzd@solid.ocn.ne.jp

品種または 交雑種の交配様式	鳥 取 県 とうはくぎゅう 東 伯 牛	主な流通経路および販売窓口
和種以外の品種		◆主なと畜場 　：鳥取県食肉センター
飼育管理		◆主な処理場 　：鳥取東伯ミート
出荷月齢 　：20～23カ月齢 指定肥育地 　：－ 飼料の内容 　：－	鳥取県産 とうはく牛 商標出願番号 2006-34154	◆格付等級 　：日格協枝肉取引規格による ◆年間出荷頭数 　：－ ◆主要取扱企業 　：－
GI登録・農場HACCP・JGAP	商標登録の有無：有 登録取得年月日：2007年11月22日 銘柄規約の有無：無 規約設定年月日：－ 規約改定年月日：－	◆輸出実績国・地域 　：－ ◆今後の輸出意欲 　：－
ＧＩ登　録：－ 農場HACCP：－ ＪＧＡＰ：－		
販売指定店制度について	特 長	●地域団体商標　東伯牛。
指 定 店 制 度：－ 販 促 ツ ー ル：－		
概 要	管 理 主 体：鳥取中央農業協同組合 代 表 者：栗原　隆政 所 在 地：倉吉市越殿町1409	電　　　　　話：0858-23-3000 Ｆ　Ａ　Ｘ：0858-23-3060 Ｕ　Ｒ　Ｌ：－ メールアドレス：－

品種または 交雑種の交配様式	鳥 取 県 とうはくわぎゅう 東 伯 和 牛	主な流通経路および販売窓口
黒毛和種		◆主なと畜場 　：鳥取県食肉センター
飼育管理		◆主な処理場 　：鳥取東伯ミート
出荷月齢 　：26～30カ月齢 指定肥育地 　：－ 飼料の内容 　：－	鳥取県産黒毛和種 とうはく和牛 鳥取　東伯農協	◆格付等級 　：日格協枝肉取引規格による ◆年間出荷頭数 　：－ ◆主要取扱企業 　：－
GI登録・農場HACCP・JGAP	商標登録の有無：有 登録取得年月日：2007年11月22日 銘柄規約の有無：無 規約設定年月日：－ 規約改定年月日：－	◆輸出実績国・地域 　：－ ◆今後の輸出意欲 　：－
ＧＩ登　録：－ 農場HACCP：－ ＪＧＡＰ：－		
販売指定店制度について	特 長	●地域団体商標　東伯和牛。
指 定 店 制 度：－ 販 促 ツ ー ル：－		
概 要	管 理 主 体：鳥取中央農業協同組合 代 表 者：栗原　隆政 所 在 地：倉吉市越殿町1409	電　　　　　話：0858-23-3000 Ｆ　Ａ　Ｘ：0858-23-3060 Ｕ　Ｒ　Ｌ：－ メールアドレス：－

鳥 取 県

とっとりえふわんぎゅう
鳥取F1牛

TOTTORI F1 BEEF
鳥取F1牛

品種または 交雑種の交配様式		主な流通経路および販売窓口
交雑種 （ホルスタイン種 × 黒毛和種）		◆ 主なと畜場 ：鳥取県食肉センター、大阪市食肉市場 ◆ 主な処理場 ：鳥取県食肉センター
飼育管理		
出荷月齢 　：約24～26カ月齢 指定肥育地 　：－ 飼料の内容 　：－		◆ 格付等級 　：2等級以上 ◆ 年間出荷頭数 　：約700頭 ◆ 主要取扱企業 　：JA全農ミートフーズ、大阪市食肉市場 ◆ 輸出実績国・地域 　：－ ◆ 今後の輸出意欲 　：－
GI登録・農場HACCP・JGAP	商標登録の有無：有	
GI登　録：無 農場HACCP：無 JGAP：無	登録取得年月日：－ 銘柄規約の有無：有 規約設定年月日：－ 規約改定年月日：－	
販売指定店制度について	**特**	● 鳥取県牛肉販売協議会を通じ、鳥取県食肉センターならびに中央食肉市場で取引される鳥取県産を対象としている。
指定店制度：無 販促ツール：有	**長**	

概要	管　理　主　体：鳥取県牛肉販売協議会 代　　表　　者：尾崎　博章 所　　在　　地：西伯郡大山町小竹1291-1	電　　　　話：0859-54-4799 F　A　X：0859-54-3468 U　R　L：www.tottorigyuniku.com メールアドレス：www.tottorigyuniku.com/contact/

鳥 取 県

とっとりぎゅう
鳥取牛

TOTTORI BEEF
鳥取牛

品種または 交雑種の交配様式		主な流通経路および販売窓口
ホルスタイン種		◆ 主なと畜場 ：鳥取県食肉センター
飼育管理		◆ 主な処理場 ：同上
出荷月齢 　：約20～22カ月齢 指定肥育地 　：－ 飼料の内容 　：－		◆ 格付等級 　：2等級以上 ◆ 年間出荷頭数 　：約2,500頭 ◆ 主要取扱企業 　：JA全農ミートフーズ
GI登録・農場HACCP・JGAP	商標登録の有無：有	◆ 輸出実績国・地域 　：－
GI登　録：無 農場HACCP：無 JGAP：無	登録取得年月日：－ 銘柄規約の有無：有 規約設定年月日：－ 規約改定年月日：－	◆ 今後の輸出意欲 　：－
販売指定店制度について	**特**	● 鳥取県牛肉販売協議会を通じ、鳥取県食肉センターならびに中央食肉市場で取引される鳥取県産を対象としている。
指定店制度：無 販促ツール：有	**長**	

概要	管　理　主　体：鳥取県牛肉販売協議会 代　　表　　者：尾崎　博章 所　　在　　地：西伯郡大山町小竹1291-1	電　　　　話：0859-54-4799 F　A　X：0859-54-3468 U　R　L：www.tottorigyuniku.com メールアドレス：www.tottorigyuniku.com/contact/

鳥取県
鳥取米そだち牛
とっとりこめそだちうし

品種または交雑種の交配様式
ホルスタイン種

飼育管理
出荷月齢
　：約20カ月齢
指定肥育地
　：－
飼料の内容
　：配合飼料、稲発酵飼料、飼料米を給与

GI登録・農場HACCP・JGAP
ＧＩ登　録：－
農場HACCP：－
ＪＧＡＰ：－

商標登録の有無：無
登録取得年月日：－
銘柄規約の有無：無
規約設定年月日：－
規約改定年月日：－

販売指定店制度について
指定店制度　：無
販促ツール　：条件付きで有り

主な流通経路および販売窓口
◆ 主なと畜場
　：鳥取県食肉センター

◆ 主な処理場
　：鳥取県畜産農業協同組合食肉加工センター
◆ 格付等級
　：－
◆ 年間出荷頭数
　：1,000 頭
◆ 主要取扱企業
　：鳥取県畜産農協の直営店ほか

◆ 輸出実績国・地域
　：－

◆ 今後の輸出意欲
　：－

特長
● 稲発酵飼料、飼料米を給与。

概要
管理主体	：鳥取県畜産農業協同組合　㈱美歎牧場	電話	：0857-52-1129
代表者	：木下　智　代表理事組合長	FAX	：0857-52-1131
所在地	：鳥取市若葉台南 7-2-11	URL	：www.torichiku.or.jp
		メールアドレス	：info@torichiku.or.jp

鳥取県
鳥取和牛
とっとりわぎゅう

TOTTORI WAGYU
鳥取和牛

品種または交雑種の交配様式
黒毛和種

飼育管理
出荷月齢
　：約28～30カ月齢平均
指定肥育地
　：－
飼料の内容
　：－

GI登録・農場HACCP・JGAP
ＧＩ登　録：無
農場HACCP：無
ＪＧＡＰ：無

商標登録の有無：有
登録取得年月日：－
銘柄規約の有無：有
規約設定年月日：－
規約改定年月日：－

販売指定店制度について
指定店制度　：有
販促ツール　：－

主な流通経路および販売窓口
◆ 主なと畜場
　：鳥取県食肉センター、神戸市食肉市場、大阪市食肉市場、東京食肉市場
◆ 主な処理場
　鳥取県食肉センター
◆ 格付等級
　：3 等級以上
◆ 年間出荷頭数
　：約 2,200 頭
◆ 主要取扱企業
　：JA 全農ミートフーズ、神戸市食肉市場、東京食肉市場
◆ 輸出実績国・地域
　：マカオ、シンガポール、香港、タイ
◆ 今後の輸出意欲
　：有

特長
● 鳥取県牛肉販売協議会を通じ、鳥取県食肉センターならびに中央食肉市場で取引される鳥取県産を対象としている。

概要
管理主体	：鳥取県牛肉販売協議会	電話	：0859-54-4799
代表者	：尾崎　博章	FAX	：0859-54-3468
所在地	：西伯郡大山町小竹 1291-1	URL	：www.tottoriyuniku.com
		メールアドレス	：www.tottoriyuniku.com/contact/

鳥　取　県

とっとりわぎゅうおれいんごーごー
鳥取和牛オレイン55

品種または 交雑種の交配様式
黒毛和種 気高系

飼育管理
出荷月齢 　：約28〜30カ月齢 指定肥育地 　：－ 飼料の内容 　：－

GI登録・農場HACCP・JGAP
ＧＩ登　録：無 農場HACCP：無 ＪＧＡＰ：無

販売指定店制度について
指定店制度 ： 有 販促ツール ： 有

商標登録の有無：有
登録取得年月日：－
銘柄規約の有無：有
規約設定年月日：－
規約改定年月日：－

主な流通経路および販売窓口
◆主なと畜場 　：鳥取県食肉センター、神戸市食 　　肉市場、東京食肉市場 ◆主な処理場 　：鳥取県食肉センター
◆格付等級 　：4等級以上 ◆年間出荷頭数 　：約400頭 ◆主要取扱企業 　：JA全農ミートフーズ、神戸市食 　　肉市場、東京食肉市場 ◆輸出実績国・地域 　：－
◆今後の輸出意欲 　：－

特長	●鳥取県牛肉販売協議会を通じ、鳥取県食肉センターならびに神戸市食肉市場で取引される鳥取県産のうち、鳥取県の雄牛「気高」号の血統を有し、オレイン酸含有率55%以上を対象としている。 ●BMS値6以上で認定。次のものを除く。「4等級 BMS 5のもの」「BCS 5以上のもの」「BFS 4以上のもの」「歩留まり等級C規格のもの」「瑕疵のあるもの」（平成29年4月1日から）

概要	管　理　主　体 ： 鳥取県牛肉販売協議会 代　表　者 ： 尾崎 博章 所　在　地 ： 西伯郡大山町小竹1291-1	電　　　　　話 ： 0859-54-4799 Ｆ　Ａ　Ｘ ： 0859-54-3468 Ｕ　Ｒ　Ｌ ： www.tottorigyuniku.com メールアドレス ： www.tottorigyuniku.com/contact/

鳥　取　県

まんようぎゅう
万葉牛

品種または 交雑種の交配様式
黒毛和種

飼育管理
出荷月齢 　：定めなし 指定肥育地 　：鳥取県内全域 飼料の内容 　：－

GI登録・農場HACCP・JGAP
ＧＩ登　録：無 農場HACCP：無 ＪＧＡＰ：無

販売指定店制度について
指定店制度 ： 有 販促ツール ： 条件付きで有り

商標登録の有無：有
登録取得年月日：2014年 9月 5日
銘柄規約の有無：有
規約設定年月日：2019年 5月
規約改定年月日：－

主な流通経路および販売窓口
◆主なと畜場 　：神戸市食肉市場、鳥取県食肉セ 　　ンター ◆主な処理場 　：同上
◆格付等級 　：4等級以上 ◆年間出荷頭数 　：220頭 ◆主要取扱企業 　：はなふさ
◆輸出実績国・地域 　：台湾
◆今後の輸出意欲 　：有

特長	●鳥取県にて飼育された黒毛和種で肉にうま味があり、脂の融点が低く、口の中に入れると溶けていく、口溶けの良さが特長。

概要	管　理　主　体 ： 万葉牛生産流通組合 代　表　者 ： 花房 稔 組合長 所　在　地 ： 鳥取市南安長2-690-18	電　　　　　話 ： 0857-37-2077 Ｆ　Ａ　Ｘ ： 0857-32-5550 Ｕ　Ｒ　Ｌ ： manyougyu.amebaownd.com メールアドレス ： hanafusa@cap.ocn.ne.jp

鳥 取 県

美歎牛
（みたにぎゅう）

品種または 交雑種の交配様式
ホルスタイン種

飼育管理
出荷月齢 　：約20カ月齢 指定肥育地 　：－ 飼料の内容 　：配合飼料、飼料稲、飼料米

GI登録・農場HACCP・JGAP
Ｇ Ｉ 登 録：－ 農場HACCP：－ Ｊ Ｇ Ａ Ｐ：－

販売指定店制度について
指 定 店 制 度 ： － 販 促 ツ ー ル ： シール、のぼり

商標登録の有無：無
登録取得年月日：－
銘柄規約の有無：無
規約設定年月日：－
規約改定年月日：－

主な流通経路および販売窓口
◆ 主なと畜場 　：鳥取県食肉センター ◆ 主な処理場 　：鳥取県畜産農業協同組合食肉加 　　工センター ◆ 格付等級 　：日格協枝肉取引規格による ◆ 年間出荷頭数 　：約300頭 ◆ 主要取扱企業 　：鳥取県畜産農協直営店舗など ◆ 輸出実績国・地域 　：－ ◆ 今後の輸出意欲 　：有

特長 ● 飼料稲、飼料米を給与している（米育ち）

概要	管 理 主 体 ： 鳥取県畜産農業協同組合 　　　　　　　　　㈱美歎牧場 代 表 者 ： 木下　智　代表理事組合長 所 在 地 ： 鳥取市若葉台南 7-2-11	電　　　　　　話 ： 0857-52-1129 Ｆ Ａ Ｘ ： 0857-52-1131 Ｕ Ｒ Ｌ ： www.torichiku.or.jp メールアドレス ： info@torichiku.or.jp

---

島 根 県

出雲香味牛
（いずもこうみぎゅう）

品種または 交雑種の交配様式
黒毛和種

飼育管理
出荷月齢 　：32〜34カ月齢 指定肥育地 　：－ 飼料の内容 　：アルコール発酵飼料

GI登録・農場HACCP・JGAP
Ｇ Ｉ 登 録：　　　年　　月　　日 農場HACCP： Ｊ Ｇ Ａ Ｐ：

販売指定店制度について
指 定 店 制 度 ： － 販 促 ツ ー ル ： －

商標登録の有無：有
登録取得年月日：－
銘柄規約の有無：有
規約設定年月日：－
規約改定年月日：－

主な流通経路および販売窓口
◆ 主なと畜場 　：島根県食肉公社、越谷食肉セン 　　ター、サンキョーミート ◆ 主な処理場 　：同上 ◆ 格付等級 　：AB・3 等級以上 ◆ 年間出荷頭数 　：300頭 ◆ 主要取扱企業 　：伊藤ハム ◆ 輸出実績国・地域 　：－ ◆ 今後の輸出意欲 　：－

特長 ● 出雲の国、島根ファームで高い肥育技術と新生飼料のアルコール発酵飼料で丹精込めて育てられた香味豊かな和牛肉です。

概要	管 理 主 体 ： 農業生産法人みらいファーム㈱ 代 表 者 ： 今福　保留 所 在 地 ： 邑智郡美郷町枦谷 374	電　　　　　　話 ： 0855-77-0265 Ｆ Ａ Ｘ ： 0855-77-0267 Ｕ Ｒ Ｌ ： － メールアドレス ： －

島 根 県

いずもわぎゅう
いずも和牛

品種または交雑種の交配様式	
黒毛和種（未経産雌、去勢）	

飼育管理	
出荷月齢 ：肥育期間18カ月以上	
指定肥育地 ：－	
飼料の内容 ：－	

GI登録・農場HACCP・JGAP	
GI登録：　　　年　月　日	
農場HACCP：	
JGAP：	

商標登録の有無：有
登録取得年月日：－
銘柄規約の有無：有
規約設定年月日：－
規約改定年月日：－

主な流通経路および販売窓口
◆主なと畜場 　：島根県食肉公社
◆主な処理場 　：－
◆格付等級
◆年間出荷頭数
◆主要取扱企業 　：新日本食品
◆輸出実績国・地域 　：－
◆今後の輸出意欲 　：無

販売指定店制度について	
指定店制度：無	
販促ツール：条件付きで有り	

特長
●いずも和牛は、しまね和牛の中でも出雲市内でJAしまね出雲肥育牛部会員が生産した黒毛和種の去勢および未経産肥育牛のブランド。

概要	管理主体	：JAしまね出雲肥育牛部会 ・JAしまね出雲地区本部	電話	：0853-21-6043
	代表者	：原 準司	FAX	：0853-21-6075
			URL	：www.jaizumi.or.jp
	所在地	：出雲市今市町 106-1	メールアドレス	：chikusanka@jaizumo.or.jp

島 根 県

いわみわぎゅうにく
石見和牛肉

しまね　石見和牛肉
島根県農業協同組合
島根おおち地区本部
TEL(0855)72-1177
食肉加工センター

品種または交雑種の交配様式	
黒毛和種（雌）	

飼育管理	
出荷月齢 ：27～30カ月齢	
指定肥育地 ：－	
飼料の内容 ：－	

GI登録・農場HACCP・JGAP	
GI登録：　　　年　月　日	
農場HACCP：	
JGAP：	

商標登録の有無：有
登録取得年月日：－
銘柄規約の有無：－
規約設定年月日：－
規約改定年月日：－

主な流通経路および販売窓口
◆主なと畜場 　：島根県食肉公社
◆主な処理場 　：島根おおち食肉加工場
◆格付等級 　：－
◆年間出荷頭数 　：30 t
◆主要取扱企業 　：－
◆輸出実績国・地域 　：－
◆今後の輸出意欲 　：－

販売指定店制度について	
指定店制度：－	
販促ツール：条件付きで有り	

特長
●大自然の中でゆったり育てた和牛肉です。

概要	管理主体	：島根県農業協同組合 島根おおち地区本部	電話	：0855-72-1177
	代表者	：竹下 正幸 代表理事組合長	FAX	：0855-72-1392
			URL	：in-shimane.jp/shimaneoochi/
	所在地	：松江市殿町 19-1	メールアドレス	：tikusan@tx.miracle.ne.jp

島根県

隠岐牛

おきぎゅう

品種または交雑種の交配様式	
黒毛和種（未経産雌）	

飼育管理

出荷月齢
：31カ月齢
指定肥育地
：－
飼料の内容
：－

GI登録・農場HACCP・JGAP

ＧＩ登録：－
農場HACCP：－
ＪＧＡＰ：－

販売指定店制度について

指定店制度：－
販促ツール：－

商標登録の有無：有
登録取得年月日：－
銘柄規約の有無：有
規約設定年月日：－
規約改定年月日：－

特長

● 島生まれ、島育ち。

主な流通経路および販売窓口

◆ 主なと畜場
：東京都食肉市場

◆ 主な処理場
：同上

◆ 格付等級
：4等級以上
◆ 年間出荷頭数
：211頭
◆ 主要取扱企業
：東京都食肉市場

◆ 輸出実績国・地域
：－

◆ 今後の輸出意欲
：－

概要

管理主体 ： ㈲隠岐潮風ファーム	電話 ： 0851-42-1677
代表者 ： 田仲 寿夫	ＦＡＸ ： 0851-42-1699
所在地 ： 隠岐郡海士町大字福井 387-2	ＵＲＬ ： www.oki-shiokaze.co.jp
	メールアドレス ： oki-shiokaze.co.jp

島根県

奥出雲和牛

おくいずもわぎゅう

品種または交雑種の交配様式	
黒毛和種	

飼育管理

出荷月齢
：28カ月齢平均
指定肥育地
：雲南管内肥育農場

飼料の内容
：－

GI登録・農場HACCP・JGAP

ＧＩ登録： －
農場HACCP： －
ＪＧＡＰ： －

販売指定店制度について

指定店制度：無
販促ツール：シール、のぼり、
ポスター

商標登録の有無：有
登録取得年月日：2020年10月22日
銘柄規約の有無：有
規約設定年月日：2001年4月1日
規約改定年月日：－

特長

● 奥出雲地域で生まれ、奥出雲地域で肥育された黒毛和種の去勢牛および未経産牛に限定しています。
● みた目より脂があっさりしていますが、赤身の肉にはしっかりと味があります。

主な流通経路および販売窓口

◆ 主なと畜場
：島根県食肉公社

◆ 主な処理場
：島根県食肉公社、JAしまね雲南
地区本部畜産加工所
◆ 格付等級
：－
◆ 年間出荷頭数
：300頭
◆ 主要取扱企業
：－

◆ 輸出実績国・地域
：－

◆ 今後の輸出意欲
：－

概要

管理主体 ： 島根県農業協同組合 雲南地区本部	電話 ： 0854-42-9000
代表者 ： 竹下 克美 常務理事本部長	ＦＡＸ ： －
所在地 ： 雲南市木次町里市 1088-6	ＵＲＬ ： －
	メールアドレス ： －

島　根　県

銀山和牛
ぎんざんわぎゅう

品種または交雑種の交配様式		
黒毛和種		

飼育管理

出荷月齢
：28〜31カ月齢平均
指定肥育地
：島根農場

飼料の内容
：ビール粕、きなこ使用

GI登録・農場HACCP・JGAP

ＧＩ登　録：　未定
農場HACCP：　申請中
ＪＧＡＰ：　－

商標登録の有無：有
登録取得年月日：2013 年 2 月 1 日
銘柄規約の有無：－
規約設定年月日：－
規約改定年月日：－

主な流通経路および販売窓口

◆主なと畜場
：神戸市食肉市場

◆主な処理場
：同上

◆格付等級
：－
◆年間出荷頭数
：720 頭
◆主要取扱企業
：伊藤ハム、神戸中央畜産荷受、全畜連

◆輸出実績国・地域
：無

◆今後の輸出意欲
：有

販売指定店制度について

指定店制度：　無
販促ツール：　シール、のぼり、
　　　　　　　　ポスター

特長
● 雌のみ肥育。
● ビール粕を使用して 30 カ月まで飼育。
● 脂質は良く、口どけが良い。

概要	管 理 主 体：島根農場	電　　　話：0854-85-7351
	代 表 者：坂口　泰司	ＦＡＸ：0854-85-7377
	所 在 地：大田市朝山町朝倉 2159-8	ＵＲＬ：－
		メールアドレス：－

島　根　県

潮　凪　牛
しおなぎぎゅう

品種または交雑種の交配様式		
黒毛和種		

飼育管理

出荷月齢
：30カ月齢前後
指定肥育地
：－

飼料の内容
：－

GI登録・農場HACCP・JGAP

ＧＩ登　録：－
農場HACCP：－
ＪＧＡＰ：－

商標登録の有無：無
登録取得年月日：－
銘柄規約の有無：有
規約設定年月日：2006 年 2 月 3 日
規約改定年月日：－

主な流通経路および販売窓口

◆主なと畜場
：島根県食肉公社

◆主な処理場
：同上

◆格付等級
：A3 等級以上
◆年間出荷頭数
：120 頭
◆主要取扱企業
：－

◆輸出実績国・地域
：無

◆今後の輸出意欲
：－

販売指定店制度について

指定店制度：－
販促ツール：－

特長
● 島根県隠岐の島で生まれ、生後 7〜9 カ月間大自然の中で放牧。その後、奥出雲の牧場で 600〜650 日間肥育育成したもの。
● 大自然の豊かな食生活とストレスを感じない環境、農家の深い愛情で育成されている。
●「良い牛づくり」「熟成保管」「職人の匠の技」の 3 大要素の上に成り立っている。

概要	管 理 主 体：㈱熟豊ファーム	電　　　話：0854-43-8058
	代 表 者：石飛　修平　代表取締役	ＦＡＸ：0854-43-3562
	所 在 地：雲南市大東下佐世 993-1	ＵＲＬ：－
		メールアドレス：sbfarm@athena.ocn.ne.jp

島　根　県

しまね和牛肉
しまねわぎゅうにく

品種または交雑種の交配様式	主な流通経路および販売窓口
黒毛和種	◆主なと畜場 　：島根県食肉公社

飼育管理

出荷月齢
　：－
指定肥育地
　：島根県
飼料の内容
　：－

◆主な処理場
　：同上

◆格付等級
　：AB・4等級以上
◆年間出荷頭数
　：－
◆主要取扱企業
　：しまね和牛肉ブランド確立推進協議会指定登録店
◆輸出実績国・地域
　：－

◆今後の輸出意欲
　：無

GI登録・農場HACCP・JGAP

ＧＩ登　録：－
農場HACCP：－
ＪＧＡＰ：－

商標登録の有無：有
登録取得年月日：－
銘柄規約の有無：有
規約設定年月日：－
規約改定年月日：－

販売指定店制度について

指定店制度：有
販促ツール：条件付きで有り

特長
● 島根産の優良な素牛を県内生産者が丹精込めて仕上げた質量ともに兼備した和牛肉。

概要

管理主体：しまね和牛肉ブランド確立推進協議会	電　話：0854-85-7101	
代表者：元根　正規　会長	ＦＡＸ：0854-85-7102	
所在地：大田市朝山町朝倉仙山 1677-2 島根県農業協同組合畜産部牛肉販売課	ＵＲＬ：www.shimane-wagyu.org メールアドレス：－	

島　根　県

熟豊和牛
じゅくほうわぎゅう

品種または交雑種の交配様式	主な流通経路および販売窓口
黒毛和種	◆主なと畜場 　：福岡市食肉市場、広島市食肉市場

飼育管理

出荷月齢
　：100カ月齢以下
指定肥育地
　：－

飼料の内容
　：配合飼料

◆主な処理場
　：同上

◆格付等級
　：A、B等級
◆年間出荷頭数
　：1,000頭
◆主要取扱企業
　：－

GI登録・農場HACCP・JGAP

ＧＩ登　録：無
農場HACCP：無
ＪＧＡＰ：無

商標登録の有無：有
登録取得年月日：2010年 9 月17日
銘柄規約の有無：無
規約設定年月日：－
規約改定年月日：無

◆輸出実績国・地域
　：－

◆今後の輸出意欲
　：有

販売指定店制度について

指定店制度：無
販促ツール：シール、のぼり、ポスター

特長
● 母牛としての役目を終えた黒毛和牛（主に西日本）を再肥育した「おふくろ和牛肉」
● 適量の脂をつけるが、霜降りにこだわらず、和牛肉がもっている味わい深さと独特の濃縮した本来の肉のうまみと風味の増した牛肉に完成。
● 和牛表記でありながら、交雑牛とほぼ同じ価格帯で販売可能。

概要

管理主体：㈱ＭＪビーフ	電　話：0852-61-8006	
代表者：石飛　盛夫　代表取締役	ＦＡＸ：0852-61-8178	
所在地：松江市西嫁島 3-3-10	ＵＲＬ：www.mj-beef.com メールアドレス：info@mj-beef.com	

島根県

だいこくぎゅう
大国牛

品種または交雑種の交配様式	主な流通経路および販売窓口
交雑種 （アンガス種 × 黒毛和種）	◆主なと畜場 ：島根県食肉公社、埼玉越谷食肉センター ◆主な処理場 ：島根県食肉公社、IH ミートパッカー東京ミートセンター ◆格付等級 ：－ ◆年間出荷頭数 ：800 頭 ◆主要取扱企業 ：伊藤ハム

飼育管理
出荷月齢 ：約30カ月齢 指定肥育地 ：－ 飼料の内容 ：アルコール発酵飼料

GI登録・農場HACCP・JGAP	
G I 登 録：－ 農場HACCP：－ J G A P：－	商標登録の有無：有 登録取得年月日：－ 銘柄規約の有無：有 規約設定年月日：－ 規約改定年月日：－

◆輸出実績国・地域

◆今後の輸出意欲
：－

販売指定店制度について	特 長	●折り紙つきの血統（黒毛和種とアンガス種の肉専用種同士の交雑種） ●アルコール発酵飼料で甘味のある脂肪と肉質に仕上げています。
指定店制度：－ 販促ツール：－		

概要	管 理 主 体：農業生産法人　みらいファーム㈱ 代 表 者：今福　保留 所 在 地：邑智郡美郷町枦谷 374	電 話：0855-77-0265 F A X：0855-77-0267 U R L：－ メールアドレス：－

島根県

まつながぎゅう
まつなが牛

品種または交雑種の交配様式	主な流通経路および販売窓口
交雑種	◆主なと畜場 ：東京都食肉市場、島根県食肉公社、大阪市食肉市場 ◆主な処理場 ：同上 ◆格付等級 ：－ ◆年間出荷頭数 ：1,500 頭 ◆主要取扱企業 ：－

飼育管理
出荷月齢 ：27カ月齢 指定肥育地 ：－ 飼料の内容 ：－

GI登録・農場HACCP・JGAP	
G I 登 録：無 農場HACCP：無 J G A P：無	商標登録の有無：無 登録取得年月日：－ 銘柄規約の有無：－ 規約設定年月日：－ 規約改定年月日：－

◆輸出実績国・地域

◆今後の輸出意欲
：－

販売指定店制度について	特 長	●繁殖から肥育までの一貫生産。 ●2005 年から、半数は JAS 牛として出荷。
指定店制度：－ 販促ツール：－		

概要	管 理 主 体：㈱松永牧場 代 表 者：松永　和平 所 在 地：益田市種村町イ 1780-1	電 話：0856-27-1341 F A X：0856-27-2133 U R L：www.iwami.or.jp/matunaga メールアドレス：－

島根県

まつなが和牛
（まつながわぎゅう）

品種または交雑種の交配様式		主な流通経路および販売窓口

品種または交雑種の交配様式

黒毛和種

飼育管理

出荷月齢
：30カ月齢
指定肥育地
：－
飼料の内容
：－

GI登録・農場HACCP・JGAP

ＧＩ登録：無
農場HACCP：無
ＪＧＡＰ：無

販売指定店制度について

指定店制度：－
販促ツール：－

商標登録の有無：無
登録取得年月日：－
銘柄規約の有無：－
規約設定年月日：－
規約改定年月日：－

主な流通経路および販売窓口

◆主なと畜場
：東京食肉市場、島根県食肉公社、大阪市食肉市場
◆主な処理場
：同上

◆格付等級
：－
◆年間出荷頭数
：1,100 頭
◆主要取扱企業

◆輸出実績国・地域
：－

◆今後の輸出意欲
：－

特長

●繁殖から肥育までの一貫生産（一部市場買い）
●自家生産和牛はすべて JAS 牛。

概要

管理主体	㈱松永牧場	電話：0856-27-1341
代表者	松永 和平	ＦＡＸ：0856-27-2133
所在地	益田市種村町イ 1780-1	ＵＲＬ：www.iwami.or.jp/matunaga
		メールアドレス：－

岡 山 県

岡山市場発F1牛肉 清麻呂
（おかやましじょうはつえふわんぎゅうにくきよまろ）

品種または交雑種の交配様式

交雑種
（黒毛和種 × ホルスタイン種）

飼育管理

出荷月齢
：24.5カ月齢平均（令和元年）
指定肥育地
：岡山、広島、鳥取県の指定生産農場10農場
飼料の内容
：出荷前に指定生産農場において白桃と県産飼料米を活用した混合飼料を与えている

GI登録・農場HACCP・JGAP

ＧＩ登録：－
農場HACCP：2020 年 2 月 28 日（一部農場）
ＪＧＡＰ：－

販売指定店制度について

指定店制度：有
販促ツール：リーフレット、パネル、ポスター、のぼり（大・小）、パックシール

商標登録の有無：有
登録取得年月日：2016 年 12 月 22 日
銘柄規約の有無：有
規約設定年月日：2016 年 5 月 18 日
規約改定年月日：2016 年 7 月 22 日

主な流通経路および販売窓口

◆主なと畜場
：岡山県営食肉地方卸売市場
◆主な処理場
：岡山県食肉センター

◆格付等級
：2等級以上、BMS № 3以上
◆年間出荷頭数
：約 450 頭
◆主要取扱企業
：全農岡山県本部、岡山県食肉センター、西日本フード
◆輸出実績国・地域
：－

◆今後の輸出意欲
：有

特長

●岡山県は、交雑種飼養頭数 全国ランキング 9 位であり、量的対応が可能。
●指定生産農場は 10 農場と少なく、生産者の顔がみえやすい。
●生産農場と流通販売が限定されている。
●赤身と脂肪のバランスが取れており、価格もお手ごろ。
●認定条件＝BMS：№ 3 以上。BCS：№ 3 ～ 4
●枝肉重量：380 kg以上。銘柄認定員が認定したもの（瑕疵の程度等）
●2020 年 3 月から「指定生産農場で出荷前に岡山の特産である白桃と県産飼料米を活用した混合飼料を与えています」

概要

管理主体	岡山 F1 販売促進協議会	電話：086-272-2221
代表者	藤原 雅人	ＦＡＸ：086-272-2224
所在地	岡山市中区桜橋 1-2-43	ＵＲＬ：www.kiyomaro.jp/
		メールアドレス：info@kiyomaro.jp

岡 山 県

おかやまわぎゅうにく
おかやま和牛肉

品種または 交雑種の交配様式
黒毛和種

飼育管理
出荷月齢 ：約28～30カ月齢 指定肥育地 ：岡山県内指定農協 飼料の内容 ：岡山県肥育技術生産指標に基づ いた指定配合飼料を給与

GI登録・農場HACCP・JGAP
G I 登 録 ： － 農場HACCP ： － J G A P ： －

販売指定店制度について
指 定 店 制 度 ： 有 販 促 ツ ー ル ： 有

商標登録の有無：有
登録取得年月日：2014 年 7 月 11 日
銘柄規約の有無：有
規約設定年月日：1989 年 6 月 9 日
規約改定年月日：2015 年 6 月 10 日

主な流通経路および販売窓口
◆ 主なと畜場 ：岡山県営食肉地方卸売市場 ◆ 主な処理場 ：岡山県食肉センター ◆ 格付等級 ：AB・3 等級以上、B.M.S. No. 4 以上 ◆ 年間出荷頭数 ：約 1,000 頭 ◆ 主要取扱企業 ：JA 全農おかやま ◆ 輸出実績国・地域 ：－ ◆ 今後の輸出意欲 ：有

特長	●肥育素牛は岡山県産としており、肥育農場も岡山、肉牛の出荷市場としては岡山県営食肉市場オンリーなので「生まれも育ちも流通も岡山」 ●肉用牛の生産性向上と牛肉消費の拡大を図るため、関係団体と連携して岡山県の特産品である和牛の生産振興および、流通体制の整備等を推進し、銘柄確立を図る。

概要	管 理 主 体 ： 岡山県産牛肉銘柄推進協議会 代 表 者 ： 藤原 雅人 所 在 地 ： 岡山市南区藤田 566-126	電 話 ： 086-296-5033 F A X ： 086-296-5089 U R L ： www.okayama-wagyu.jp メールアドレス ： －

岡 山 県

ちやぎゅう
千 屋 牛

[岡山・新見] 日本最古の蔓牛

千屋牛

CHIYAGYU

品種または 交雑種の交配様式
黒毛和種

飼育管理
出荷月齢 ：肥育期間18カ月齢以上 指定肥育地 ：新見市内 飼料の内容 ：肥育部会指定の配合飼料。稲わ ら、WCS（県内産）

GI登録・農場HACCP・JGAP
G I 登 録 ： 無 農場HACCP ： 無 J G A P ： 無

販売指定店制度について
指 定 店 制 度 ： 有 販 促 ツ ー ル ： のぼり、シール

商標登録の有無：有
登録取得年月日：2007 年 6 月 15 日
銘柄規約の有無：有
規約設定年月日：2000 年 2 月 1 日
規約改定年月日：2012 年 7 月 26 日

主な流通経路および販売窓口
◆ 主なと畜場 ：岡山県営食肉市場、津山食肉処理公社、福山市食肉センター、広島市食肉市場 ◆ 主な処理場 ：全農岡山ミートセンター、なかやま牧場 ◆ 格付等級 ：3 等級以上、4 等級以上特撰千屋牛 ◆ 年間出荷頭数 ：900 頭 ◆ 主要取扱企業 ：全農 ◆ 輸出実績国・地域 ：無 ◆ 今後の輸出意欲 ：有

特長	●日本最古のつる牛「竹の谷つる」の血統をひく黒毛和種。 ●ほどよい霜降りと赤身が特長。 ●おいしさと軟らかさを誇るこだわりの和牛。

概要	管 理 主 体 ： 千屋牛振興会 代 表 者 ： 二摩 一正 会長 所 在 地 ： 新見市高尾 2423 JA 晴れの国岡山畜産課新見事務所	電 話 ： 0867-72-3079 F A X ： 0867-72-7117 U R L ： www.oy-ja.or.jp/~an/tiyagyuu/index.html メールアドレス ： tikusan@an.oy-ja.or.jp

岡　山　県

なぎビーフ
なぎびーふ

品種または 交雑種の交配様式
黒毛和種 交雑種（ホルスタイン種 × 黒毛和種）

飼育管理
出荷月齢 　：和牛26〜28カ月齢、交雑24カ月齢 指定肥育地 　：勝田郡奈義町 飼料の内容 　：−

GI登録・農場HACCP・JGAP
Ｇ Ｉ 登 　録：− 農場HACCP：− Ｊ Ｇ Ａ Ｐ：−

販売指定店制度について
指定店制度 ： 有 販促ツール ： シール、のぼり

商標登録の有無：有
登録取得年月日：2015 年 10 月
銘柄規約の有無：有
規約設定年月日：2017 年 5 月 11 日
規約改定年月日：2018 年 7 月 10 日

主な流通経路および販売窓口
◆ 主なと畜場 　：岡山市食肉市場、姫路市食肉市場、大阪市食肉市場 ◆ 主な処理場 　：同上 ◆ 格付等級 　：− ◆ 年間出荷頭数 　：950 頭 ◆ 主要卸売企業 　：− ◆ 輸出実績国・地域 　：− ◆ 今後の輸出意欲 　：有

特 長	●清らかな天然水と健康的な飼料なぎビーフは、那岐山脈に囲まれた豊かな自然の中、蛇淵の滝から流れる澄んだ清らかな天然水を飲んで育ちます。 ●また、牛に与える粗飼料は地元の米農家から譲っていただいた稲わらを使用することで、安心・安全なお肉になります。 ●ストレスを与えず健康的に育てます肥育期間でも最もストレスを感じる、出荷前 3 カ月間に勝英地域特産の黒大豆「作州黒」を粉にして与えています。黒大豆の特徴である黒い皮の黒大豆ポリフェノールは抗酸化作用により、免疫力を高め、老化防止・血流の改善など肥育後半のストレスを和らげ健康的に育てています。 ●岡山の和牛の血統を大切にしている岡山県は日本三大名蔓の一つに数えられ日本でも最も古い歴史をもつ蔓牛（つるうし）「竹の谷蔓（たけのたにつる）」の血統を守り続けています。この蔓牛は、体格が大きく長寿でたくさんの優秀な子を生み、温和で育てやすいという特徴があります。なぎビーフはこの血統も大切にしながら、誰が食べても「美味しい〜」といっていただける赤身と脂のバランスの良い和牛肉をお届けします。

概 要	管 理 主 体 ： なぎビーフ銘柄推進協議会 代 表 者 ： 内藤　敏男　会長 所 在 地 ： 勝田郡奈義町久常 264 　　　　　　JA 晴れの国岡山畜産課勝田奈義事務所内	電　　　　　話 ： 0868-36-4122 Ｆ　Ａ　Ｘ ： 0868-36-2320 Ｕ　Ｒ　Ｌ ： nagibeef.okayama.jp/ メールアドレス ： chiku2@se.oy-ja.or.jp

広　島　県

世羅みのり牛
せらみのりぎゅう

品種
交雑種、ホルスタイン種

飼育管理
出荷月齢 　：− 指定肥育地 　：みのり牧場 飼料の内容 　：環境浄化に利用されるＥＭ菌を飼料に加え給与している。ＥＭとは光合成菌や乳酸菌、酵母菌、糸状菌など人間にとって有用な有機微生物。抗酸化性を高め、老化を防ぎ、健康的な肉牛づくりを行う

GI 登録・農場 HACCP・JGAP について
Ｇ Ｉ 登 　録：− 農 場 HACCP：− Ｊ Ｇ Ａ Ｐ：−

販売指定店制度について
指定店制度 ： − 販促ツール ： −

商標登録の有無：−
登録取得年月日：−
銘柄規約の有無：−
規約設定年月日：−
規約改定年月日：−

主な流通経路および販売窓口
◆ 主なと畜場 　：広島食肉市場 ◆ 主な処理場 　：同上 ◆ 格付等級 　：− ◆ 年間出荷頭数 　：− ◆ 主要取扱企業 　：ミノリフーズ ◆ 輸出実績国・地域 　：− ◆ 今後の輸出意欲 　：−

特 長	●あっさりした脂肪や肉のうまみ、ほど良いサシの入り具合などが特長で、同ブランドは広島県が魅力ある県産食材の販路拡大やＰＲなどを支援する「広島県応援登録制度」にも登録。 ●味、つくり方、ストーリー性などの観点から商品を審査した上で合格した商品が選ばれる。

概 要	管 理 主 体 ： ㈱ミノリフーズ 代 表 者 ： 花田章浩 所 在 地 ： 三原市皆美 1-24-22	電　　　　　話 ： 0848-64-6315 Ｆ　Ａ　Ｘ ： 0848-64-5639 Ｕ　Ｒ　Ｌ ： minorifoods.jp/wp/ メールアドレス ： −

広 島 県

なかやまぎゅう
なかやま牛

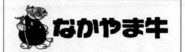

品種または交雑種の交配様式	
黒毛和種、ホルスタイン種、交雑種	

飼育管理	
出荷月齢 ：黒毛和種28カ月齢、交雑種23カ月齢、ホルスタイン種20カ月齢 指定肥育地 ：直営牧場・協力農家（広島・岡山） 飼料の内容 ：独自飼料	

GI登録・農場HACCP・JGAP	
GI登録：－ 農場HACCP：－ JGAP：－	商標登録の有無：有 登録取得年月日：2001 年 10 月 29 日 銘柄規約の有無：有 規約設定年月日：2001 年 10 月 29 日 規約改定年月日：－

販売指定店制度について		特長
指定店制度：無 販促ツール：のぼり、パネル、ワンポイントシール		●なかやま牧場直営農場と協力農家で独自の飼料を8カ月以上与えて育てた牛の総称（経産牛を除く） ●なかやま牛の飼料はとうもろこしを含む割合が6割以上と高く、亜麻仁由来の成分が配合されているのが特徴。そのため食べると脂が溶けやすく甘みのある牛肉となっている。 ●なかやま牛は一貫経営システムにより生産から販売までの情報を一元管理しており、温度管理、衛生管理、生産履歴を明確にし、顧客に安心・安全で高品質の商品を提供している。

主な流通経路および販売窓口

- ◆主なと畜場
：福山市食肉センター、岡山県営食肉市場
- ◆主な処理場
：なかやま牧場食肉加工場
- ◆格付等級
：全等級
- ◆年間出荷頭数
：約 5,700 頭
- ◆主要取扱企業
：ニチレイフレッシュ
- ◆輸出実績国・地域
：－
- ◆今後の輸出意欲
：無

概要	管理主体：なかやま牧場 代表者：増成 幸子 代表取締役 所在地：福山市駅家町法成寺 1575-16	電話：084-970-2911 FAX：084-970-2431 URL：www.nakayama-farm.jp メールアドレス：shouhin@nakayama-farm.jp

---

広 島 県

ひろしまぎゅう
広 島 牛

品種または交雑種の交配様式	
黒毛和種	

飼育管理	
出荷月齢 ：26～30カ月齢平均 指定肥育地 ：広島県内 飼料の内容 ：－	

GI登録・農場HACCP・JGAP	
GI登録：無 農場HACCP：無 JGAP：無	商標登録の有無：有 登録取得年月日：2002 年 2 月 22 日 銘柄規約の有無：有 規約設定年月日：1985 年 1 月 22 日 規約改定年月日：1998 年 7 月 16 日

販売指定店制度について		特長
指定店制度：無 販促ツール：シール、のぼり、包装紙		●歴史ある本県の主要系統の「比婆牛」と「神石牛」のクロスにより作出。 ●肉質の特徴は、筋繊維が細かく、無駄な脂肪が少ないこと。 ●鮮紅色で、小さな「サシ」が細かく入り、繊細な味わいに豊かな風味が加わった最高の和牛肉。

主な流通経路および販売窓口

- ◆主なと畜場
：広島市食肉市場
- ◆主な処理場
：同上
- ◆格付等級
：4 等級以上
- ◆年間出荷頭数
：約 1,900 頭
- ◆主要取扱企業
：広島市内
- ◆輸出実績国・地域
：－
- ◆今後の輸出意欲
：無

概要	管理主体：広島牛特産化促進対策協議会 代表者：築道 繁男 所在地：広島市中区河原町 1-26	電話：082-291-0122 FAX：082-291-0132 URL：www.hiroshimagyuu.com メールアドレス：info@hiroshimagyuu.com

広　島　県

ひろしま牛
（ひろしまぎゅう）

品種または交雑種の交配様式
黒毛和種

飼育管理
出荷月齢 ：－ 指定肥育地 ：広島県 飼料の内容 ：－

GI登録・農場HACCP・JGAP
ＧＩ登　録：未定 農場HACCP：－ ＪＧＡＰ：－

販売指定店制度について
指定店制度：無 販促ツール：シール、パネル、棚帯、ポスター

商標登録の有無：有
登録取得年月日：2006 年 4 月 21 日
銘柄規約の有無：無
規約設定年月日：－
規約改定年月日：－

主な流通経路および販売窓口
◆主なと畜場 ：広島市食肉市場
◆主な処理場 ：同上
◆格付等級 ：－
◆年間出荷頭数 ：約 1,500 頭
◆主要取扱企業 ：広島市内
◆輸出実績国・地域 ：－
◆今後の輸出意欲 ：無

特長
- 生産農場及び飼育期間：最長飼養期間が広島県内である肥育牛であること。
- 品種、性別：黒毛和種の去勢牛または未経産雌牛であること。
- その他：全国農業協同組合連合会広島県本部が取り扱う商品であること "

概要	管理主体：全国農業協同組合連合会広島県本部 代表者：水永　祐治　県本部長 所在地：広島市安佐南区大町東 2-14-12	電話：082-831-1111 ＦＡＸ：082-846-4720 ＵＲＬ：www.jazhr.jp/ メールアドレス：－

広　島　県

広島血統和牛元就
（ひろしまけっとうわぎゅうもとなり）

品種または交雑種の交配様式
黒毛和種

飼育管理
出荷月齢 ：－ 指定肥育地 ：広島県 飼料の内容 ：－

GI登録・農場HACCP・JGAP
ＧＩ登　録：未定 農場HACCP：－ ＪＧＡＰ：－

販売指定店制度について
指定店制度：無 販促ツール：シール、のぼり、パネル、棚帯・ポスター、動画、パンフレット

商標登録の有無：有
登録取得年月日：2014 年 5 月 30 日
銘柄規約の有無：有
規約設定年月日：2013 年 9 月 1 日
規約改定年月日：2019 年 3 月 31 日

主な流通経路および販売窓口
◆主なと畜場 ：広島市食肉市場
◆主な処理場 ：同上
◆格付等級 ：A・B、3 ～ 5 等級
◆年間出荷頭数 ：600 頭
◆主要取扱企業 ：広島市内
◆輸出実績国・地域 ：－
◆今後の輸出意欲 ：有

特長
- 生産農場及び飼育期間：広島県内の生産農場で生まれ、全飼養期間が広島県内である肥育牛であること。
- 品種、性別、と畜場：黒毛和種の去勢牛または未経産雌牛で、広島県内又は全農広島県本部の認めると畜場でと畜された枝肉であること。
- 規格等：公益社団法人日本食肉格付協会の牛枝肉取引規格に規定される歩留等級がAまたはBで、肉質等級が 3 等級以上であること。
- 血統等：公益社団法人全国和牛登録協会が発行する子牛登記証明書を有し、記載されている 1 代祖（父牛）または 2 代祖（母の父牛）が以下の(ｱ)、(ｲ)いずれかの条件を満たす広島血統の牛であること。「(ｱ)広島県が造成又は所有する種雄牛」「(ｲ)(ｱ)の血統を有し広島県本部又は全農広島県本部が認めた種雄牛。

概要	管理主体：全国農業協同組合連合会広島県本部 代表者：水永　祐治　県本部長 所在地：広島市安佐南区大町東 2-14-12	電話：082-831-1111 ＦＡＸ：082-846-4720 ＵＲＬ：www.jazhr.jp/ メールアドレス：－

山口県　皇牛（すめらぎぎゅう）

品種または交雑種の交配様式	
黒毛和種	
見島牛（肉専用種 × 黒毛和種）	

飼育管理	
出荷月齢	：26カ月齢平均
指定肥育地	：高森肉牛ファーム肥育センター
飼料の内容	：指定配合　前期後半圧扁麦を使用

GI登録・農場HACCP・JGAP	
ＧＩ登録：	－
農場HACCP：	2020 年 2 月 28 日
ＪＧＡＰ：	－

商標登録の有無：無
登録取得年月日：－
銘柄規約の有無：無
規約設定年月日：－
規約改定年月日：－

主な流通経路および販売窓口
◆ 主なと畜場　：岩国市営周東食肉センター
◆ 主な処理場　：岩国市営周東食肉流通センター
◆ 格付等級　：A3 等級以上
◆ 年間出荷頭数　：100 頭
◆ 主要取扱企業　：安堂畜産
◆ 輸出実績国・地域　：－
◆ 今後の輸出意欲　：－

販売指定店制度について	
指定店制度：有	
販促ツール：条件付きで有り	

特長
- 余分な脂肪が少なく、ロースしんが大きい。
- 大麦の長期間給与により、あっさりとした甘味がある。

概要		
管 理 主 体	：㈲高森肉牛ファーム	電　　　　話：0827-84-0111
代 表 者	：安堂　光明	Ｆ Ａ Ｘ：0827-84-3260
所 在 地	：岩国市周東町上久原 1088-1	Ｕ Ｒ Ｌ：www.anchiku.co.jp
		メールアドレス：t-ando@anchiku.co.jp

山口県　山口県特産 無角和牛肉（やまぐちけんとくさん むかくわぎゅうにく）

品種または交雑種の交配様式	
無角和種	

飼育管理	
出荷月齢	：約20カ月齢
指定肥育地	：－
飼料の内容	：－

GI登録・農場HACCP・JGAP	
ＧＩ登録：－	
農場HACCP：－	
ＪＧＡＰ：－	

商標登録の有無：有
登録取得年月日：－
銘柄規約の有無：有
規約設定年月日：－
規約改定年月日：－

主な流通経路および販売窓口
◆ 主なと畜場　：県内食肉センター
◆ 主な処理場　：同上
◆ 格付等級　：－
◆ 年間出荷頭数　：36 頭
◆ 主要取扱企業　：安堂畜産
◆ 輸出実績国・地域　：－
◆ 今後の輸出意欲　：無

販売指定店制度について	
指定店制度：無	
販促ツール：条件付きで有り	

特長
- 軟らかく適度の脂身をもつ肉用牛。
- 山口県にしか飼養されていない、"つの"のない牛。

概要		
管 理 主 体	：（一社）無角和種振興公社	電　　　　話：08388-2-3114
代 表 者	：花田　憲彦　理事長	Ｆ Ａ Ｘ：08388-2-0100
所 在 地	：阿武郡阿武町大字奈古 2636	Ｕ Ｒ Ｌ：www.town.abu.lg.jp/mukaku
		メールアドレス：keizai@town.abu.lg.jp

徳 島 県

阿波黒牛
（あわくろうし）

品種または交雑種の交配様式
黒毛和種、ホルスタイン種、交雑種（黒毛和種 × ホルスタイン種）

飼育管理
出荷月齢 ：26カ月齢以上 指定肥育地 ：長谷川グループ牧場 飼料の内容 ：長谷川牧場オリジナル飼料

GI登録・農場HACCP・JGAP
GI登　録：－ 農場HACCP：　2019年　3月29日 ＪＧＡＰ：　2019年　8月30日

販売指定店制度について
指定店制度　：　無 販促ツール　：　ポスター、リーフレット、のぼりなど

商標登録の有無：有
登録取得年月日：2004 年 11 月 8 日
銘柄規約の有無：有
規約設定年月日：－
規約改定年月日：－

主な流通経路および販売窓口

◆ 主なと畜場
：徳島市立食肉センター

◆ 主な処理場
：フジミツハセガワ

◆ 格付等級
：－

◆ 年間出荷頭数
：約 3,000 頭

◆ 主要卸売企業
：伊藤ハム

◆ 輸出実績国・地域
：タイ、マカオ、台湾

◆ 今後の輸出意欲
：有

特長
- 一般交雑牛より、数カ月長く長期肥育（ブランド定義 26 カ月以上）したものだけをいいます。
- 飼料にはオリジナル配合飼料、水は吉野川の伏流水を与え、肥育期間の一時期にさつまいもやコーンを与えβ- カロチンやビタミン、ミネラル類がバランス良く豊富に含まれており、うまみの詰まったヘルシーな赤身肉とグルタミン酸濃度の高い牛肉に仕上がっています。

概要		
管　理　主　体：　長谷川牧場／㈱フジミツハセガワ	電　　　　　話：　088-689-3844 ／ 088-633-5000
代　　表　　者：　長谷川　貴文	ＦＡＸ：　088-689-3846 ／ 088-634-3775
	ＵＲＬ：　fujimitsu-hasegawa.jp/
所　在　地：　鳴門市大麻町桧字西谷山 6-3	メールアドレス：　kurimoto@fujimitsu-hasegawa.jp

---

徳 島 県

阿波華牛
（あわはなぎゅう）

品種または交雑種の交配様式
黒毛和種

飼育管理
出荷月齢 ：28カ月齢以上 指定肥育地 ：徳島県内阿波華牛出荷組合組合員 飼料の内容 ：－

GI登録・農場HACCP・JGAP
GI登　録：未定 農場HACCP：未定 ＪＧＡＰ：未定

販売指定店制度について
指定店制度　：　無 販促ツール　：　シール、ミニのぼり、ポスター、のぼり

商標登録の有無：有
登録取得年月日：2013 年 2 月 1 日
銘柄規約の有無：有
規約設定年月日：2013 年 2 月 1 日
規約改定年月日：－

主な流通経路および販売窓口

◆ 主なと畜場
：神戸市食肉市場、坂出食肉市場

◆ 主な処理場
：同上

◆ 格付等級
：AB・4 等級以上

◆ 年間出荷頭数
：1,200 頭

◆ 主要取扱企業
：－

◆ 輸出実績国・地域
：無

◆ 今後の輸出意欲
：有

特長
- 徳島のおいしい水と空気、そして改良を重ねた独自の飼料で、のびのびと愛情たっぷりに育った牛、それが「阿波華牛」です。
- その最大の特徴は脂、口の中ですっととろけるようなうまみ、ただ甘いだけでなく、脂のうまさを十分に感じていただけます。

概要		
管　理　主　体：　阿波華牛出荷組合	電　　　　　話：　088-624-7457
代　　表　　者：　内藤　崇　会長	ＦＡＸ：　－
	ＵＲＬ：　－
所　在　地：　阿波市土成町郡字原 197-1	メールアドレス：　－

徳島県

和一
わいち

品種または 交雑種の交配様式		主な流通経路および販売窓口
黒毛和種、褐毛和種		◆主なと畜場 　：にし阿波ビーフ

品種または交雑種の交配様式
黒毛和種、褐毛和種

飼育管理

出荷月齢
　：平均28カ月齢
指定肥育地
　：－
飼料の内容
　：とうもろこし、大麦などの穀物
　　を使用した自社配合飼料

GI登録・農場HACCP・JGAP

ＧＩ登録：－
農場HACCP：－
ＪＧＡＰ：－

販売指定店制度について

指定店制度：無
販促ツール：のぼり、パンフレ
　　　　　　ット、シール

商標登録の有無：有
登録取得年月日：2012年2月10日
銘柄規約の有無：有
規約設定年月日：2011年10月1日
規約改定年月日：－

主な流通経路および販売窓口

◆主なと畜場
　：にし阿波ビーフ

◆主な処理場
　：同上

◆格付等級
　：A3等級以上
◆年間出荷頭数
　：約900頭
◆主要取扱企業
　：谷藤ファーム、にし阿波ビーフ

◆輸出実績国・地域
　：マレーシア、タイ、インドネシア、台湾、シンガポール
◆今後の輸出意欲
　：有

特長
● 徳島、宮崎の自社牧場および徳島、香川、宮崎のグループ農場で飼育した
● 純和牛および経営者自らが厳選した黒毛和牛肉のみを販売。
● 平成27年にHALAL対応のと畜場、カット工場を建設。

概要

管理主体　：㈱谷藤ファーム
代表者　：谷藤 哲弘
所在地　：三好郡東みよし町足代916
電話：0883-79-3125
ＦＡＸ：0883-79-2052
ＵＲＬ：www.tanifujifarm.com
メールアドレス：info@tanifujifarm.com

香川県

オリーブ牛
おりーぶぎゅう

金ラベル　　　　　　銀ラベル

品種または交雑種の交配様式
黒毛和種

飼育管理

出荷月齢
　：－
指定肥育地
　：香川県内
飼料の内容
　：出荷2カ月前から毎日100ｇ以
　　上のオリーブ飼料を与える

GI登録・農場HACCP・JGAP

ＧＩ登録：－
農場HACCP：一部農場
ＪＧＡＰ：一部農場
　　　　（チャレンジGAP）

販売指定店制度について

指定店制度：有
販促ツール：シール、のぼり、
　　　　　　ポスター等

商標登録の有無：有
登録取得年月日：2011年7月29日
銘柄規約の有無：有
規約設定年月日：2011年3月25日
規約改定年月日　2014年6月5日

主な流通経路および販売窓口

◆主なと畜場
　：香川県畜産公社、高松市食肉セ
　　ンター、加古川食肉市場、神戸市
　　食肉市場
◆主な処理場
　：－

◆格付等級
　：A5、A4、B5、B4（金ラベル）
　　A3、B3（銀ラベル）
◆年間出荷頭数
　：2,300頭
◆主要取扱企業
　：－

◆輸出実績国・地域
　：マカオ、タイ、ベトナム、シンガ
　　ポール、ＥＵ、アメリカ
◆今後の輸出意欲
　：有

特長
● 讃岐牛の中で、オリーブ飼料を給与したものをオリーブ牛という。
● オレイン酸を多く含むオリーブ飼料を給与することにより、肉質、おいしさの向上を図っている。
● 口溶けが良く、うま味が濃いのに、脂はあっさりしている。

概要

管理主体　：一般社団法人讃岐牛・オリーブ牛振興会（2020年11月25日より一般社団法人化）
代表者　：森山 英樹 会長
所在地　：高松市林町2217-15
ＵＲＬ：olivefedwagyu.jp　メールアドレス：info@olivefedwagyu.jp

香川県

讃岐牛
(さぬきうし)

金ラベル　　　銀ラベル

品種または交雑種の交配様式
黒毛和種

飼育管理
出荷月齢 ：－ 指定肥育地 ：香川県内 飼料の内容 ：－

GI登録・農場HACCP・JGAP
ＧＩ登録：－ 農場HACCP：一部農場 ＪＧＡＰ：一部農場 （チャレンジGAP）

販売指定店制度について
指定店制度：有 販促ツール：シール、のぼり

商標登録の有無：有
登録取得年月日：2005年10月7日
銘柄規約の有無：有
規約設定年月日：1988年10月14日
規約改定年月日：2014年6月5日

主な流通経路および販売窓口
◆主なと畜場 ：香川県畜産公社、高松市食肉センター、加古川食肉市場、神戸市食肉市場 ◆主な処理場 ：－ ◆格付等級 ：A5、A4、B5、B4（金ラベル） 　A3、B3（銀ラベル） ◆年間出荷頭数 ：2,600頭（オリーブ牛を含む） ◆主要取扱企業 ：－ ◆輸出実績国・地域 ：－ ◆今後の輸出意欲

特長	●血統明確な黒毛和種で、香川県で飼育されA5、A4、B5、B4に格付されたものを「讃岐牛（金ラベル）」。A3、B3のものを「讃岐牛（銀ラベル）」としている。

概要	管理主体：讃岐牛銘柄推進協議会	電話：087-825-0284
	代表者：浜田　恵造　会長　香川県知事	FAX：087-825-1098
	所在地：高松市寿町1-3-6	URL：www.sanchiku.gr.jp メールアドレス：k.chikusan@klia.jp

---

愛媛県

伊予牛「絹の味」
(いよぎゅう「きぬのあじ」)

品種または交雑種の交配様式
黒毛和種、ホルスタイン種、交雑種（ホルスタイン種×黒毛和種）

飼育管理
出荷月齢 ：平均・和牛30カ月齢、乳牛21カ月齢、交雑牛25カ月齢 指定肥育地 ：愛媛県内の指定農家 飼料の内容 ：－

GI登録・農場HACCP・JGAP
ＧＩ登録：無 農場HACCP：無 ＪＧＡＰ：無

販売指定店制度について
指定店制度：有 販促ツール：のぼり、シール、 　　　　　　パネル、ポスター

商標登録の有無：有
登録取得年月日：1996年11月27日
銘柄規約の有無：有
規約設定年月日：1992年10月1日
規約改定年月日：2013年4月1日

主な流通経路および販売窓口
◆主なと畜場 ：JAえひめアイパックス ◆主な処理場 ：同上 ◆格付等級 ：2等級以上 ◆年間出荷頭数 ：2,260頭 ◆主要取扱企業 ：－ ◆輸出実績国・地域 ：台湾 ◆今後の輸出意欲 ：有

特長	●穏やかな気候風土の中、ＪＡが指定した生産者が、愛媛県内で肥育した肉牛で、「黒毛和牛」「交雑牛」「乳肉牛」の3畜種を品ぞろえしている。 ●肉の保水性が良く、おいしさを引き出す肉汁を逃がさない。

概要	管理主体：全国農業協同組合連合会愛媛県本部	電話：089-983-2113
	代表者：関岡　光昭　県本部長	FAX：089-983-4757
	所在地：松山市南堀端2-3	URL：www.eh.zennoh.or.jp メールアドレス：－

愛 媛 県

えひめあかねわぎゅう
愛媛あかね和牛

品種または交雑種の 交配様式と系統
黒毛和種

飼育管理
出荷月齢 ：27カ月齢以下 指定肥育地・牧場 ：愛媛県内 飼料の内容 ：専用配合飼料、柑橘ジュース粕 　サイレージ、キーオメガ

GI登録・農場HACCP・JGAP
ＧＩ登録：未定 農場HACCP：無 ＪＧＡＰ：未定

販売指定店制度について
指定店制度：無 販促ツール：ポスター、のぼ り、卓上のぼり、 リーフレット

商標登録の有無：有
登録取得年月日：2016 年 1 月 15 日
銘柄規約の有無：有
規約設定年月日：2016 年 5 月 11 日
規約改定年月日：－

主な流通経路および販売窓口
◆主なと畜場 ：県内食肉センター（ＪＡアイパ ックス） ◆主な処理場 ：県内食肉処理加工場（ＪＡアイ パックス） ◆格付等級 ：BMS No. 3～9 ◆年間出荷頭数 ：約 120 頭 ◆主要取扱企業 ：篠崎畜産精肉直売店

◆輸出実績国・地域
：台湾

◆今後の輸出意欲
：有

特長	●飼養給与マニュアルに沿って、専用配合飼料と県内産柑橘ジュースしぼり粕＋亜麻仁油を与え早期肥育することで、たんぱく質を高めながら脂肪を抑えたヘルシーな牛肉としています。 ●BMS No. 3～9のものを「愛媛あかね和牛」として出荷しています。

概要	管理主体：愛媛あかね和牛普及協議会 代表者：松本 和夫 会長 所在地：松山市一番町 4-4-2（事務局）	電話：089-912-2575 ＦＡＸ：089-912-2574 ＵＲＬ：www.pref.ehime.jp/h35350/ehime-akane-wagyu/index.html メールアドレス：chikusan@pref.ehime.lg.jp

---

高 知 県

しまんとぎゅう
四万十牛

品種または 交雑種の交配様式
黒毛和種の未経産

飼育管理
出荷月齢 ：28カ月齢平均 指定肥育地 ：高知県四万十市西土佐中央牧場 （横山畜産） 飼料の内容 ：－

GI登録・農場HACCP・JGAP
ＧＩ登録：未定 農場HACCP：未定 ＪＧＡＰ：未定

販売指定店制度について
指定店制度：無 販促ツール：パックシール

商標登録の有無：有
登録取得年月日：1997 年
銘柄規約の有無：有
規約設定年月日：－
規約改定年月日：－

主な流通経路および販売窓口
◆主なと畜場 ：県内食肉市場、神戸市食肉市場

◆主な処理場
：同上

◆格付等級
：－
◆年間出荷頭数
：100 頭
◆主要取扱企業
：四万十牛本舗

◆輸出実績国・地域
：－

◆今後の輸出意欲
：有

特長	●四万十北部、四万十川中流域にある西土佐地区で育てられている未経産の雌牛。 ●寝床には地元の製材所などからいただいた杉やヒノキのおが屑を敷くなど牛がゆったりとストレスなく過ごせる環境づくりを徹底。 ●飲み水には四万十川支流の水を引きいつでも新しい水をたっぷりと飲めるようにしている。 ●美しいサシの入ったきめ細やかな肉質の「四万十牛」はとろけるような食感と上品な甘さ、噛むたびに肉のうまみが溢れ出す極上の逸品です。

概要	管理主体：西土佐中央牧場 代表者：横山 大河 所在地：四万十市西土佐橘	電話：0880-52-1238 　　　　0880-52-1229（四万十牛本舗） ＦＡＸ：－ ＵＲＬ：－ メールアドレス：－

高知県
土佐和牛（とさわぎゅう）

品種または交雑種の交配様式
黒毛和種、褐毛和種

飼育管理
出荷月齢 ：24〜32カ月齢 指定肥育地 ：高知県内 飼料の内容 ：－

GI登録・農場HACCP・JGAP
ＧＩ登　録：無 農場HACCP：無 ＪＧＡＰ：無

販売指定店制度について
指定店制度：無 販促ツール：シール、のぼり

商標登録の有無：有
登録取得年月日：1998 年 11 月
銘柄規約の有無：有
規約設定年月日：1998 年 11 月
規約改定年月日：－

主な流通経路および販売窓口
◆主なと畜場 ：高知県広域食肉センター
◆主な処理場 ：ＪＡ高知県農畜産部畜産課
◆格付等級 ：日格協枝肉取引規格による
◆年間出荷頭数 ：1,000 頭
◆主要取扱企業 ：ＪＡ高知県、西日本フード
◆輸出実績国・地域 ：無
◆今後の輸出意欲 ：有

特長
●増体能力が高く発育良好。 ●肉質は小サシが入り、軟らかくまろやかな風味。 ●ロース芯の面積が大きく、皮下脂肪が少ないため、歩留まりが良い。

概要		
管 理 主 体：高知県農業協同組合	電　　　　話：088-883-4413	
代　表　者：武政　盛博	ＦＡＸ：088-884-8098 ＵＲＬ：－	
所　在　地：高知市五台山 5015-1	メールアドレス：－	

福岡県
糸島牛（いとしまぎゅう）

品種または交雑種の交配様式
黒毛和種 交雑種（ホルスタイン種 × 黒毛和種）

飼育管理
出荷月齢 ：25カ月齢以上 指定肥育地 ：地域内 飼料の内容 ：－

GI登録・農場HACCP・JGAP
ＧＩ登　録：－ 農場HACCP：－ ＪＧＡＰ：－

販売指定店制度について
指定店制度：無 販促ツール：シール、のぼり、ポスター（条件付き）

商標登録の有無：無
登録取得年月日：－
銘柄規約の有無：無
規約設定年月日：－
規約改定年月日：－

主な流通経路および販売窓口
◆主なと畜場 ：九州協同食肉、福岡食肉市場
◆主な処理場 ：同上
◆格付等級 ：－
◆年間出荷頭数 ：700 頭
◆主要取扱企業 ：ＪＡ糸島、ＪＡ全農ミートフーズ、福岡食肉販売
◆輸出実績国・地域 ：－
◆今後の輸出意欲 ：無

特長
●安全でおいしい。 ●私達が自信を持って届ける安心と信頼のおいしさ。

概要		
管 理 主 体：糸島農業協同組合	電　　　　話：092-322-2761	
代　表　者：中村　俊介　代表理事組合長	ＦＡＸ：092-323-6137 ＵＲＬ：－	
所　在　地：糸島市前原東 2-7-1	メールアドレス：－	

福岡県

小倉牛（こくらぎゅう）

品種または交雑種の交配様式
黒毛和種

飼育管理

出荷月齢
：26カ月齢以上
指定肥育地
：北九州市内
飼料の内容
：－

GI登録・農場HACCP・JGAP

GI登録：無
農場HACCP：無
JGAP：無

販売指定店制度について

指定店制度：有
販促ツール：シール、のぼり、ミニのぼり、はっぴ

商標登録の有無：有
登録取得年月日：1992年
銘柄規約の有無：有
規約設定年月日：1992年6月25日
規約改定年月日：2014年7月30日

主な流通経路および販売窓口

◆主なと畜場
：九州協同食肉

◆主な処理場
：JA全農ミートフーズ

◆格付等級
：AB・4等級またはB.M.S. No.5以上
◆年間出荷頭数
：50頭
◆主要取扱企業
：福留ハム

◆輸出実績国・地域
：－

◆今後の輸出意欲
：無

特長

●緑と水の豊かな自然で肥育・見事なまでの霜降り、部位を問わない美しい色つや、うま味たっぷりな絶妙の感触。
●北九州市内の指定店のみ販売。

概要

管理主体	：小倉牛流通促進協議会	電話	：093-451-9210
代表者	：森 克己	FAX	：093-451-1035
所在地	：北九州市小倉南区徳吉西 1-4-11	URL	：ja-kitakyu.or.jp
		メールアドレス	：t-einou1@ja-kitakyu.or.jp

福岡県

筑穂牛（ちくほぎゅう）

本格黒毛和牛

品種または交雑種の交配様式
黒毛和種

飼育管理

出荷月齢
：30カ月齢平均
指定肥育地
：飯塚市（旧筑穂町）
飼料の内容
：－

GI登録・農場HACCP・JGAP

GI登録：無
農場HACCP：無
JGAP：無

販売指定店制度について

指定店制度：－
販促ツール：のぼり

商標登録の有無：有
登録取得年月日：1971年4月
銘柄規約の有無：有
規約設定年月日：1971年4月
規約改定年月日：－

主な流通経路および販売窓口

◆主なと畜場
：九州協同食肉

◆主な処理場
：同上

◆格付等級
：AB・3等級以上
◆年間出荷頭数
：200頭
◆主要取扱企業
：－

◆輸出実績国・地域
：－

◆今後の輸出意欲
：－

特長

●独自の飼料・肥育法で育てられた筑穂牛は、すこやかな環境で育てられることにより、じっくりと軟らかく、甘みのある肉質を生み出す。

概要

管理主体	：福岡嘉穂農業協同組合	電話	：0948-24-7060
代表者	：大塚 和徳	FAX	：0948-29-5387
所在地	：飯塚市小正 319-1	URL	：－
		メールアドレス	：－

品種または 交雑種の交配様式	福　岡　県	主な流通経路および販売窓口
黒毛和種	はかたわぎゅう 博多和牛 	◆ 主なと畜場 ：九州協同食肉、福岡食肉市場

飼育管理

出荷月齢
：30カ月齢平均
指定肥育地
：博多和牛登録生産者
飼料の内容
：博多和牛飼養管理目標、博多和
　牛飼養管理指針

◆ 主な処理場
：－

◆ 格付等級
：3 等級以上
◆ 年間出荷頭数
：3,141 頭
◆ 主要取扱企業
：JA 全農ミートフーズ、福岡食肉
　市場
◆ 輸出実績国・地域
：マカオ、タイ

GI登録・農場HACCP・JGAP

ＧＩ登録：－
農場HACCP：－
ＪＧＡＰ：－

商標登録の有無：有
登録取得年月日：2005 年 6 月 17 日
銘柄規約の有無：有
規約設定年月日：2008 年 4 月 1 日
規約改定年月日：2013 年 4 月 12 日

◆ 今後の輸出意欲
：有

販売指定店制度について

指定店制度 ： 有
販促ツール ： シール、のぼり、
　　　　　　　　ポスター

特長
● 「消費者に安心して食べてもらえる牛肉を」との思いから平成 16 年 7 月
福岡県肉用牛生産者の会により生産者自らがブランド化。
● 博多和牛販売促進協議会で関係機関、団体が連携して PR に努めている。

概要
管 理 主 体 ： 博多和牛販売促進協議会
代 表 者 ： 鈴木 雅明 会長
所 在 地 ： 福岡市博多区千代 4-1-27
　　　　　　　福岡県畜産協会内
電 話 ： 092-641-8723
Ｆ Ａ Ｘ ： 092-642-1276
Ｕ Ｒ Ｌ ： www.hakata-wagyu.com
メールアドレス ： －

品種または 交雑種の交配様式	福　岡　県	主な流通経路および販売窓口
交雑種、ホルスタイン種	ふくおかぎゅう 福岡牛 	◆ 主なと畜場 ：県内と畜場

飼育管理

出荷月齢
：17〜26カ月齢
指定肥育地
：－
飼料の内容
：－

◆ 主な処理場
：－

◆ 格付等級
：AB・2 等級以上
◆ 年間出荷頭数
：1,500 頭
◆ 主要取扱企業
：福岡食肉市場

GI登録・農場HACCP・JGAP

ＧＩ登録：無
農場HACCP：無
ＪＧＡＰ：無

商標登録の有無：無
登録取得年月日：－
銘柄規約の有無：有
規約設定年月日：－
規約改定年月日：－

◆ 輸出実績国・地域
：－

◆ 今後の輸出意欲
：無

販売指定店制度について

指定店制度 ： 無
販促ツール ： 条件付きで有り

特長

概要
管 理 主 体 ： 福岡県銘柄牛肉推進協議会
代 表 者 ： 山下 滋貴 会長
所 在 地 ： 福岡市博多区千代 4-1-27
　　　　　　　福岡県畜産協会内
電 話 ： 092-641-8723
Ｆ Ａ Ｘ ： 092-642-1276
Ｕ Ｒ Ｌ ： －
メールアドレス ： －

福岡県

むなかた牛（むなかたぎゅう）

すすき牧場
むなかた牛
Munakata Beef Ⓡ

品種または交雑種の交配様式	
肉専用種 交雑種（ホルスタイン種 × 黒毛和種）	

飼育管理	
出荷月齢 ：24カ月齢平均	
指定肥育地 ：すすき牧場	
飼料の内容 ：飼料米やおから、酒かすなどを 　発酵させた飼料を給与	

GI登録・農場HACCP・JGAP	
ＧＩ登　録：－	
農場HACCP：－	
ＪＧＡＰ：－	

販売指定店制度について	
指定店制度　：無	
販促ツール：のぼり、シール、 　　　　　　パネル	

商標登録の有無：有
登録取得年月日：2015 年 3 月 20 日
銘柄規約の有無：無
規約設定年月日：－
規約改定年月日：－

主な流通経路および販売窓口

◆主なと畜場
：福岡食肉市場

◆主な処理場
：福岡食肉販売

◆格付等級
：－

◆年間出荷頭数
：1,500 頭

◆主要取扱企業
：マルハニチロ

◆輸出実績国・地域
：台湾、香港

◆今後の輸出意欲
：有

特長
● 生産過程を確認できる飼料原料を使用して飼料を自家製造している。
● お米で育った赤身のおいしいお肉、程よい歯ごたえであっさりした脂のうま味の牛肉。
● 平成 26 年 1 月、食品安全性と品質の国際認証システム SQF を取得。

概要

管理主体	：㈱すすき牧場	電話	：0940-32-6300
代表者	：薄 一郎	FAX	：0940-33-7752
所在地	：宗像市河東 1	URL	：www.susukifarm.com
		メールアドレス	：susukifarm@gmail.com

佐賀県

佐賀牛（さがぎゅう）

黒毛和牛
佐賀牛
URL http://www.sagagyu.jp
JAグループ佐賀

品種または交雑種の交配様式	
黒毛和種	

飼育管理	
出荷月齢 ：30カ月齢平均	
指定肥育地 ：JAグループ佐賀管内生産者	
飼料の内容 ：－	

GI登録・農場HACCP・JGAP	
ＧＩ登　録：無	
農場HACCP：無	
ＪＧＡＰ：無	

販売指定店制度について	
指定店制度　：有	
販促ツール：ポスター、のぼ 　　　　　　り、ミニのぼり	

商標登録の有無：有
登録取得年月日：2000 年 12 月 1 日
銘柄規約の有無：有
規約設定年月日：－
規約改定年月日：－

主な流通経路および販売窓口

◆主なと畜場
：九州協同食肉、福岡食肉市場、佐賀県畜産公社、大阪市食肉市場、神戸市食肉市場、東京都食肉市場ほか

◆主な処理場
：－

◆格付等級
：4 等級以上、B.M.S. No. 7 以上

◆年間出荷頭数
：11,000 頭（令和元年実績）

◆主要取扱企業
：JA 全農ミートフーズ

◆輸出実績国・地域
：米国、香港、タイ、シンガポール、フィリピン、台湾、マカオ

◆今後の輸出意欲
：有

特長
● 佐賀の恵まれた自然環境の中で気候や風土にあった独自の飼育法で丹念に育て上げる。
● 「艶さし」といわれる風味ただよう脂肪と柔らかく鮮やかな赤身が織りなす見事な霜降り肉。

概要

管理主体	：佐賀県農業協同組合	電話	：0952-25-5211
代表者	：大島 信之	FAX	：0952-29-5597
所在地	：佐賀市栄町 3-32	URL	：www.sagagyu.jp
		メールアドレス	：chikusan05@saga-ja.jp

佐 賀 県

さがさんわぎゅう
佐賀産和牛

URL http://www.sagagyu.jp

品種または交雑種の交配様式
黒毛和種

飼育管理
出荷月齢 ：30カ月齢平均 指定肥育地 ：JAグループ佐賀管内生産者 飼料の内容 ：－

GI登録・農場HACCP・JGAP
GI登録：無 農場HACCP：無 JGAP：無

販売指定店制度について
指定店制度：有 販促ツール：ポスター、のぼり、ミニのぼり

商標登録の有無：有
登録取得年月日：2006年 9月22日
銘柄規約の有無：有
規約設定年月日：－
規約改定年月日：－

主な流通経路および販売窓口

◆ 主なと畜場
：九州協同食肉、福岡食肉市場、佐賀県畜産公社、大阪市食肉市場、神戸市食肉市場、東京都食肉市場ほか
◆ 主な処理場
：－

◆ 格付等級
：2～4等級、B.M.S. No.6以下
◆ 年間出荷頭数
：5,300頭（令和元年実績）
◆ 主要取扱企業
：JA全農ミートフーズ

◆ 輸出実績国・地域
：米国、香港、フィリピン、タイ、シンガポール、台湾、マカオ
◆ 今後の輸出意欲
：有

特長	●JAグループ佐賀管内肥育農家で飼育された黒毛和種で、肉質等級5等級および4等級のB.M.S. No.7以上を「佐賀牛」と呼び、それ未満を「佐賀産和牛」としています。

概要	管 理 主 体：佐賀県農業協同組合 代 表 者：大島 信之 所 在 地：佐賀市栄町 3-32	電　　　　話：0952-25-5211 F　A　X：0952-29-5597 U　R　L：www.sagagyu.jp メールアドレス：chikusan05@saga-ja.jp

---

佐 賀 県

さがわぎゅう
佐賀和牛

品種または交雑種の交配様式
黒毛和種

飼育管理
出荷月齢 ：－ 指定肥育地 ：佐賀県内 飼料の内容 ：－

GI登録・農場HACCP・JGAP
GI登録：無 農場HACCP：無 JGAP：無

販売指定店制度について
指定店制度：無 販促ツール：ポスター、シール、のぼり

商標登録の有無：有
登録取得年月日：1994年 4月28日
銘柄規約の有無：有
規約設定年月日：1994年 6月10日
規約改定年月日：2010年 10月 1日

主な流通経路および販売窓口

◆ 主なと畜場
：－
◆ 主な処理場
：一ノ瀬畜産

◆ 格付等級
：－
◆ 年間出荷頭数
：－
◆ 主要取扱企業
：一ノ瀬畜産

◆ 輸出実績国・地域
：－

◆ 今後の輸出意欲
：有

特長	●佐賀で生産された黒毛和種を佐賀にある一ノ瀬畜産でカットし、その牛肉に対して「佐賀和牛」の銘柄を付けている。

概要	管 理 主 体：㈱一ノ瀬畜産 代 表 者：一ノ瀬 定信 所 在 地：嬉野市塩田町大字久間乙 2577-1	電　　　　話：0954-66-5529 F　A　X：0954-66-5519 U　R　L：www.ichinosechikusan.com メールアドレス：i-chiku@coffee.ocn.ne.jp

長 崎 県

壱 岐 牛
（いきぎゅう）

品種または交雑種の交配様式
黒毛和種

飼育管理

出荷月齢
：27カ月齢平均
指定肥育地
：壱岐市農協肥育部会構成員
飼料の内容
：JA北九州くみあい飼料製造の
　「一支國配合」

GI登録・農場HACCP・JGAP

ＧＩ登録：無
農場HACCP：2019年6月3日
　　　　　　（一部農場）
ＪＧＡＰ：無

販売指定店制度について

指定店制度：無
販促ツール：シール、のぼり、
　　　　　　リーフレット

商標登録の有無：有
登録取得年月日：2014年4月25日
銘柄規約の有無：無
規約設定年月日：2013年11月22日
規約改定年月日　－

主な流通経路および販売窓口

◆ 主なと畜場
　：福岡食肉市場、九州協同食肉、佐
　　世保食肉センター
◆ 主な処理場
　：－

◆ 格付等級
　：3等級以上
◆ 年間出荷頭数
　：1,000頭
◆ 主要取扱企業
　：福岡食肉市場

◆ 輸出実績国・地域
　：－

◆ 今後の輸出意欲
　：無

特長
● 壱岐生まれ、壱岐育ち。
● 融点が低く、コクときれがある脂質。

概要	管理主体	：壱岐市農業協同組合	電話	：0920-47-1331　畜産部 0920-45-2513
	代表者	：川﨑　裕司　代表理事組合長	ＦＡＸ	：0920-47-1283　畜産部 0920-45-2543
	所在地	：壱岐市郷ノ浦町東触 560	ＵＲＬ	：jaiki.sakura.ne.jp
			メールアドレス	：gyomu02@jaiki.sakura.ne.jp

長 崎 県

雲仙きわみ牛
（うんぜんきわみぎゅう）

品種または交雑種の交配様式
交雑種

飼育管理

出荷月齢
：22カ月齢以上
指定肥育地
：雲仙市、長崎市、西海市
飼料の内容
：－

GI登録・農場HACCP・JGAP

ＧＩ登録：無
農場HACCP：無
ＪＧＡＰ：無

販売指定店制度について

指定店制度：有
販促ツール：シール、のぼり、
　　　　　　ポスター

商標登録の有無：有
登録取得年月日：2001年9月8日
銘柄規約の有無：無
規約設定年月日：－
規約改定年月日：－

主な流通経路および販売窓口

◆ 主なと畜場
　：全開連人吉食肉センター

◆ 主な処理場
　：ゼンカイミート

◆ 格付等級
　：3等級以上
◆ 年間出荷頭数
　：500頭
◆ 主要取扱企業
　：－

◆ 輸出実績国・地域
　：－

◆ 今後の輸出意欲
　：無

特長
● 雲仙市の雲仙瑞穂牧場が中心になり、3等級以上の牛の中から食肉小売業
　のニュー・クイック向けに「霜降りの度合、肉色、キメの細かさ、脂質」
　などを総合評価し選別されたもので、枝肉を7日間熟成させ肉質が軟らか
　くなり、保水性が高く、うまみを向上させます。

概要	管理主体	：開拓ながさき農業協同組合	電話	：0957-28-0007
	代表者	：平木　勇　代表理事組合長	ＦＡＸ	：0957-28-0008
	所在地	：諫早市中通町 1672	ＵＲＬ	：－
			メールアドレス	：－

長　崎　県

長崎ほまれ牛
ながさきほまれぎゅう

品種または 交雑種の交配様式
交雑種 （ホルスタイン種 × 黒毛和種）

飼育管理
出荷月齢 　：25カ月齢平均 指定肥育地 　：長崎県内 飼料の内容 　：－

GI登録・農場HACCP・JGAP
ＧＩ登　録：－ 農場HACCP：－ ＪＧＡＰ：－

商標登録の有無：有
登録取得年月日：2013 年 11 月 8 日
銘柄規約の有無：無
規約設定年月日：－
規約改定年月日：－

販売指定店制度について
指定店制度　：　無 販促ツール　：　シール

主な流通経路および販売窓口

◆ 主なと畜場
　：九州のと畜場

◆ 主な処理場
　：九州の処理場

◆ 格付等級
　：2 等級以上
◆ 年間出荷頭数
　：500 頭以上
◆ 主要取扱企業
　：食品卸メーカー

◆ 輸出実績国・地域
　：－

◆ 今後の輸出意欲
　：有

特　長
● 長崎県内の生産者が産地に適した飼養方法で管理をおこなっております。
● また、専門の畜産技術担当職員が定期巡回を行うことで品質、味ともに高品質の水準を保っております。
● 「高品質の牛肉をお求めやすい価格」で提供します。
● 長崎ほまれ牛は適度な霜降りですので、さまざまな料理でお楽しみ下さい。

概要	管 理 主 体　：　全国開拓農業協同組合連合会	電　　　　　話　：　03-3584-5721
	代　表　者　：　平木 勇	Ｆ　Ａ　Ｘ　：　03-3587-2373
		Ｕ　Ｒ　Ｌ　：　www.zenkairen.or.jp
	所　在　地　：　東京都港区赤坂 1-9-13	メールアドレス　：　info@zenkairen.or.jp

長　崎　県

長崎和牛
ながさきわぎゅう

品種または 交雑種の交配様式
黒毛和種、褐毛和種

飼育管理
出荷月齢 　：28〜30カ月齢平均 指定肥育地 　：長崎県内 飼料の内容 　：－

GI登録・農場HACCP・JGAP
ＧＩ登　録：－ 農場HACCP：－ ＪＧＡＰ：－

商標登録の有無：有
登録取得年月日：2013 年 5 月 2 日
銘柄規約の有無：有
規約設定年月日：1991 年 2 月 18 日
規約改定年月日：2019 年 5 月 29 日

販売指定店制度について
指定店制度　：　有 販促ツール　：　シール、のぼり（大小）、ポスター、リーフレット、はっぴ、ステッカー他

主な流通経路および販売窓口

◆ 主なと畜場
　：佐世保食肉センター、西宮市食肉センター、九州協同食肉、福岡食肉市場ほか
◆ 主な処理場
　：同上
◆ 格付等級
　：全等級（老廃を除く県内産和牛）
◆ 年間出荷頭数
　：14,000 頭
◆ 主要取扱企業
　：JA 全農ミートフーズ、佐世保食肉センター
◆ 輸出実績国・地域
　：香港、タイ、米国、シンガポール、ベトナム等
◆ 今後の輸出意欲
　：有

特　長
● 平成 24 年第 10 回全国和牛能力共進会長崎大会において肉牛の部（第 8 区）内閣総理大臣賞受賞。
● 平成 29 年第 11 回全国和牛能力共進会宮城大会において第 7 区（肉牛群）特別賞受賞（交雑脂肪の形状賞）
● 自然と情熱、深い歴史が育んだおいしさの血統、ここに極まる。
● 和牛源流の地と牛肉料理の発祥、質の高い子牛、徹底した血統と成育環境へのこだわり。

概要	管 理 主 体　：　長崎和牛銘柄推進協議会	電　　　　　話　：　095-895-2997
	（事　務　局）	Ｆ　Ａ　Ｘ　：　095-895-2592
	代　表　者　：　綾香 直芳　長崎県農林部部長	Ｕ　Ｒ　Ｌ　：　nagasakiwagyu-brand.jp
	所　在　地　：　長崎市尾上町 3-1	メールアドレス　：　－

熊 本 県

あまくさくろうし
天 草 黒 牛

品種または交雑種の交配様式		
黒毛和種		

飼育管理

出荷月齢
　：30カ月齢
指定肥育地
　：天草地域内
飼料の内容
　：子牛の期間は主に天草産の乾牧
　　草や稲わら、飼料用稲など給与

GI登録・農場HACCP・JGAP

ＧＩ登　録：無
農場HACCP：無
ＪＧＡＰ：無

販売指定店制度について

指定店制度：有
販促ツール：シール、のぼり
　　　　　　（条件付き）

商標登録の有無：無
登録取得年月日：－
銘柄規約の有無：有
規約設定年月日：2012 年 3 月 8 日
規約改定年月日：2012 年 6 月 20 日

特長
●天草生まれ、天草育ち。

主な流通経路および販売窓口

◆主なと畜場
　：熊本畜産流通センター、福岡市
　　食肉市場
◆主な処理場
　：－

◆格付等級
　：3 等級以上
◆年間出荷頭数
　：400 頭
◆主要取扱企業
　：－

◆輸出実績国・地域
　：－

◆今後の輸出意欲
　：無

概要

管　理　主　体	：天草畜産農業協同組合	電　　　　話	：0969-22-3189
代　　表　　者	：源 義通 代表理事組合長	ＦＡＸ	：0969-22-4015
所　在　地	：天草市佐伊津町 682	ＵＲＬ	：www.amatiku.jp
		メールアドレス	：info@amatiku.jp

熊 本 県

えこめぎゅう
え こ め 牛

品種または交雑種の交配様式		
ホルスタイン種		

飼育管理

出荷月齢
　：20カ月齢平均
指定肥育地
　：菊池地域
飼料の内容
　：菊池地域内で生産した飼料米
　　300kgを給与している

GI登録・農場HACCP・JGAP

ＧＩ登　録：－
農場HACCP：－
ＪＧＡＰ：－

販売指定店制度について

指定店制度：無
販促ツール：シール、のぼり、
　　　　　　リーフレット

商標登録の有無：有
登録取得年月日：2011 年 3 月 4 日
銘柄規約の有無：無
規約設定年月日：－
規約改定年月日：－

特長
●地域内で生産した飼料米を約 300 kg給与している。

主な流通経路および販売窓口

◆主なと畜場
　：熊本畜産流通センター、九州協
　　同食肉
◆主な処理場
　：熊本畜産流通センター、全農ミ
　　ートフーズ九州支社
◆格付等級
　：2 等級以上
◆年間出荷頭数
　：1,000 頭
◆主要取扱企業
　：熊本畜産流通センター、全農ミ
　　ートフーズ九州支社
◆輸出実績国・地域
　：－

◆今後の輸出意欲
　：無

概要

管　理　主　体	：菊池地域農業協同組合	電　　　　話	：0968-23-3208
代　　表　　者	：三角 修 代表理事組合長	ＦＡＸ	：0968-37-2342
所　在　地	：菊池市旭志川辺 1875	ＵＲＬ	：－
		メールアドレス	：－

熊 本 県

くまもとあか牛

（くまもとあかうし）

品種または交雑種の交配様式
褐毛和種

飼育管理
出荷月齢 ：24～27カ月齢 指定肥育地 ：県内で12カ月以上肥育 　最長かつ最終飼養地が県内 飼料の内容 ：－

GI登録・農場HACCP・JGAP
ＧＩ登　録： 2018 年 9 月 27 日 農場HACCP： 無 ＪＧＡＰ： 無

販売指定店制度について
指定店制度 ： 有 販促ツール ： シール、のぼり、パンフレット、ポスター

主な流通経路および販売窓口

- ◆ 主なと畜場
  ：熊本畜産流通センターほか
- ◆ 主な処理場
  ：同上
- ◆ 格付等級
  ：2 等級以上
- ◆ 年間出荷頭数
  ：3,400 頭
- ◆ 主要取扱企業
  ：－
- ◆ 輸出実績国・地域
  ：香港、台湾、シンガポール
- ◆ 今後の輸出意欲
  ：継続実施

商標登録の有無：無
登録取得年月日：－
銘柄規約の有無：有
規約設定年月日：2003 年 2 月 20 日
規約改定年月日：2017 年 8 月 8 日

特長	● 適度な霜降りと赤身の特徴的な味わい。 ● ヘルシーさを兼ね備え、牛肉らしいうま味や香りに富む。

概要	管 理 主 体 ： 熊本県産牛肉消費拡大推進協議会 代 表 者 ： 蒲島 郁夫 会長 熊本県知事 所 在 地 ： 熊本市東区桜木 6-3-54 　　　　　　 （公社）熊本県畜産協会内	電　　　　　話 ： 096-365-8200 Ｆ　Ａ　Ｘ ： 096-331-1018 Ｕ　Ｒ　Ｌ ： kumamoto-beef.com メールアドレス ： －

熊 本 県

くまもとあか牛　阿蘇王

（くまもとあかうし　あそおう）

品種または交雑種の交配様式
褐毛和種

飼育管理
出荷月齢 ：25カ月齢平均 指定肥育地 ：熊本県内 飼料の内容 ：－

GI登録・農場HACCP・JGAP
ＧＩ登　録：　　 年　　月　　日 農場HACCP： ＪＧＡＰ：

販売指定店制度について
指定店制度 ： 無 販促ツール ： シール、のぼり、ミニのぼり

主な流通経路および販売窓口

- ◆ 主なと畜場
  ：熊本畜産流通センターほか
- ◆ 主な処理場
  ：－
- ◆ 格付等級
  ：2 等級以上、B.C.S. No.5 以下
- ◆ 年間出荷頭数
  ：2,000 頭
- ◆ 主要取扱企業
  ：－
- ◆ 輸出実績国・地域
  ：－
- ◆ 今後の輸出意欲
  ：無

商標登録の有無：有
登録取得年月日：2009 年 1 月 23 日
銘柄規約の有無：無
規約設定年月日：－
規約改定年月日：－

特長	● 赤身と脂肪の絶妙なバランスのあか毛和牛。

概要	管 理 主 体 ： 熊本県畜産農業協同組合連合会 代 表 者 ： 穴見 盛雄 代表理事会長 所 在 地 ： 熊本市東区桜木 6-3-54	電　　　　　話 ： 096-365-8811 Ｆ　Ａ　Ｘ ： 096-369-7712 Ｕ　Ｒ　Ｌ ： www.akaushi.jp メールアドレス ： kumatiku@solail.ocn.ne.jp

熊 本 県

くまもとくろげわぎゅう

くまもと黒毛和牛

品種または 交雑種の交配様式	主な流通経路および販売窓口
黒毛和種	◆主なと畜場 ：熊本畜産流通センターほか
飼育管理	◆主な処理場 ：−
出荷月齢 ：29〜30カ月齢 指定肥育地 ：県内で12カ月以上肥育 　最長かつ最終飼養地が県内 飼料の内容 −	◆格付等級 ：3 等級以上 ◆年間出荷頭数 ：8,100 頭 ◆主要取扱企業 ：−

GI登録・農場HACCP・JGAP

GI登　録：無
農場HACCP：無
ＪＧＡＰ：無

商標登録の有無：無
登録取得年月日：−
銘柄規約の有無：有
規約設定年月日：2003 年 2 月 20 日
規約改定年月日　2017 年 8 月 8 日

◆輸出実績国・地域
：アメリカ、香港、マカオ、タイ、ベトナム、シンガポール、カナダ、台湾
◆今後の輸出意欲
：有

販売指定店制度について

指定店制度：有
販促ツール：シール、のぼり、パンフレット、ポスター

特長
●生産者の高い肥育技術に支えられた安定した肉質で、軟らかな食感やほのかな甘みを感じることのできる牛肉。

概要	管　理　主　体：熊本県産牛肉消費拡大推進協議会 代　　表　　者：蒲島 郁夫 会長 熊本県知事 所　　在　　地：熊本市東区桜木 6-3-54 　　　　　　　　（公社）熊本県畜産協会内	電　　　　　話：096-365-8200 Ｆ　Ａ　Ｘ：096-331-1018 Ｕ　Ｒ　Ｌ：kumamoto-beef.com メールアドレス：−

熊 本 県

くまもとくろげわぎゅう　ぷれみあむわおう

くまもと黒毛和牛
プレミアム「和王」

品種または 交雑種の交配様式	主な流通経路および販売窓口
黒毛和種	◆主なと畜場 ：熊本畜産流通センター、大阪市 　食肉市場ほか
飼育管理	◆主な処理場 ：熊本畜産流通センターほか
出荷月齢 ：28カ月齢以上 指定肥育地 ：熊本県 飼料の内容 ：くみあい配合飼料など	◆格付等級 ：4 等級以上、B.M.S. №6 以上 ◆年間出荷頭数 ：3,500 頭 ◆主要取扱企業 ：−

GI登録・農場HACCP・JGAP

GI登　録：無
農場HACCP：無
ＪＧＡＰ：無

商標登録の有無：有
登録取得年月日：2005 年 7 月 15 日
銘柄規約の有無：有
規約設定年月日：2005 年 10 月 1 日
規約改定年月日：−

◆輸出実績国・地域
：−
◆今後の輸出意欲
：有

販売指定店制度について

指定店制度：有
販促ツール：有

特長
●厳選された飼料で育った生後月齢 28 カ月以上で、肉質４等級以上、ＢＭＳ№6 以上の黒毛和牛。

概要	管　理　主　体：熊本県経済農業協同組合連合会 代　　表　　者：丁 道夫 所　　在　　地：菊池市七城町林原 9（畜産部）	電　　　　　話：0968-26-4116 Ｆ　Ａ　Ｘ：0968-26-4119 Ｕ　Ｒ　Ｌ：− メールアドレス：chiku-han@jakk.or.jp

熊本県

くまもとのあじさいぎゅう

くまもとの味彩牛

品種または 交雑種の交配様式
交雑種 （ホルスタイン種 × 黒毛和種）

飼育管理
出荷月齢 ：24～27カ月齢 指定肥育地 ：県内で12カ月以上肥育 　最長かつ最終飼養地が県内 飼料の内容 ：－

GI登録・農場HACCP・JGAP
ＧＩ登　録：無 農場HACCP：無 ＪＧＡＰ：無

販売指定店制度について
指定店制度：有 販促ツール：シール、のぼり、パン 　　　　　　フレット、ポスター

商標登録の有無：有
登録取得年月日：2003 年 8 月 29 日
銘柄規約の有無：有
規約設定年月日：2003 年 2 月 20 日
規約改定年月日：2017 年 8 月 8 日

主な流通経路および販売窓口
◆主なと畜場 　：熊本畜産流通センター
◆主な処理場 　：同上
◆格付等級 　：B.M.S. No.3 以上、B.C.S. No.4 以下 ◆年間出荷頭数 　：7,400 頭 ◆主要取扱企業 　：－
◆輸出実績国・地域 　：－
◆今後の輸出意欲 　：－

特長	●毎日の食卓に多彩なおいしさ（味わい）を添える牛肉という意味を込めた 名称で、ヘルシーでリーズナブルな牛肉。

概要	管　理　主　体：熊本県産牛肉消費拡大推進協議会 代　　表　　者：蒲島　郁夫　会長　熊本県知事 所　　在　　地：熊本市東区桜木 6-3-54 　　　　　　　　（公社）熊本県畜産協会内	電　　　　話：096-365-8200 Ｆ　Ａ　　Ｘ：096-331-1018 Ｕ　Ｒ　　Ｌ：kumamoto-beef.com メールアドレス：－

大分県

おおいたぶんごぎゅう

おおいた豊後牛

品種または 交雑種の交配様式
黒毛和種

飼育管理
出荷月齢 ：－ 指定肥育地 ：大分県内 飼料の内容 ：－

GI登録・農場HACCP・JGAP
ＧＩ登　録：無 農場HACCP：無 ＪＧＡＰ：無

販売指定店制度について
指定店制度：有 販促ツール：シール、のぼり、ミ 　　　　　　ニのぼり、ポスタ 　　　　　　ー、パンフレット

商標登録の有無：無
登録取得年月日：－
銘柄規約の有無：有
規約設定年月日：2007 年 12 月 3 日
規約改定年月日：2014 年 5 月 9 日

主な流通経路および販売窓口
◆主なと畜場 　：大分県畜産公社、大阪市食肉市 　　場、福岡市食肉市場 ◆主な処理場 　：同上
◆格付等級 　：－ ◆年間出荷頭数 　：－ ◆主要取扱企業 　：全農大分県本部、大分県畜産公 　　社ほか ◆輸出実績国・地域 　：タイ、マカオ、台湾ほか
◆今後の輸出意欲 　：有

特長	●平成 23 年 1 月よりオレイン酸の測定を実施し、30 年 9 月から測定値を公 表している。 ●平成 25 年度より「おおいた豊後牛」としてブランドマークなどを刷新し、 県域ブランドとして県内を中心に流通。 ●第 11 回全国和牛能力共進会種牛の部で内閣総理大臣賞を受賞。

概要	管　理　主　体：大分県豊後牛流通促進対策協議会 代　　表　　者：河野　宣彦　会長 所　　在　　地：大分市鴛野 929-3	電　　　　話：080-2794-0076 Ｆ　Ａ　　Ｘ：－ Ｕ　Ｒ　　Ｌ：www.bungo-gyu.jp メールアドレス：mail@bungo-gyu.jp

大　分　県

おおいた和牛
おおいたわぎゅう

品種または交雑種の交配様式		主な流通経路および販売窓口

品種または交雑種の交配様式

黒毛和種

飼育管理

出荷月齢
：－
指定肥育地
：大分県内
飼料の内容
：飼料用米またはビールかすの給与

GI登録・農場HACCP・JGAP

ＧＩ登　録：無
農場HACCP：無
ＪＧＡＰ：無

販売指定店制度について

指定店制度：有
販促ツール：シール、のぼり、ミニのぼり、ポスター、パンフレット

商標登録の有無：有
登録取得年月日：2018 年 12 月 21 日
銘柄規約の有無：有
規約設定年月日：2018 年 9 月 4 日
規約改定年月日：－

主な流通経路および販売窓口

◆ 主なと畜場
：大分県畜産公社、大阪市食肉市場、神戸市食肉市場、福岡市食肉市場
◆ 主な処理場
同上
◆ 格付等級
：4等級以上
◆ 年間出荷頭数
：6,300 頭
◆ 主要取扱企業
：大分県畜産公社

◆ 輸出実績国・地域
：台湾、香港、タイ、マカオ、米国

◆ 今後の輸出意欲
：有

特長
- 「おおいた和牛」は品質の高い豊後牛の中でもおいしさにこだわった農場で育てられた、肉質４等級以上のものだけを選んだ逸品。
- 第 11 回全国和牛能力共進会種牛の部で内閣総理大臣賞を受賞するなど、幾度となく日本一に輝いてきた豊後牛、歴史が始まって百年目の節目に「おおいた和牛」が誕生。

概要

管理主体	：大分県豊後牛流通促進対策協議会	電話：080-2794-0076
代表者	：河野 宣彦 会長	FAX：－
所在地	：大分市鴛野 929-3	URL：www.oita-wagyu.jp
		メールアドレス：info@oita-wagyu.jp

大　分　県

ファゼンダ牛
ふぁぜんだぎゅう

品種または交雑種の交配様式

黒毛和種

飼育管理

出荷月齢
：－
指定肥育地
：玖珠町
飼料の内容
：－

GI登録・農場HACCP・JGAP

ＧＩ登　録：－
農場HACCP：－
ＪＧＡＰ：－

販売指定店制度について

指定店制度：無
販促ツール：シール、のぼり

商標登録の有無：無
登録取得年月日：－
銘柄規約の有無：無
規約設定年月日：－
規約改定年月日：－

主な流通経路および販売窓口

◆ 主なと畜場
：大阪市食肉市場、神戸市食肉市場、大分県畜産公社
◆ 主な処理場
：同上

◆ 格付等級
：－
◆ 年間出荷頭数
：1,100 頭
◆ 主要卸売企業
：大阪市食肉市場、神戸中央畜産荷受、大分県畜産公社
◆ 輸出実績国・地域
：－

◆ 今後の輸出意欲
：有

特長
- 豊後牛の生産地として名高い大分県玖珠町で、和牛本来の「きめ」「しまり」を重視した但馬色の強い素牛を厳選のうえ導入し、独自の飼料と飼育法によって、耶馬日田英彦山国定公園にある広大な肥育場「ファゼンダ・グランデ」において、約２年間丁寧に肥育し、出荷前の厳格な基準をクリアした牛だけに与えられる新たなブランド牛である。

概要

管理主体	：㈲ファゼンダ・グランデ	電話：0973-73-4505
代表者	：川藤 博紀 代表	FAX：0973-73-4506
所在地	：玖珠郡玖珠町日出生 1699-44	URL：－
		メールアドレス：－

大　分　県

豊後湯布院牛
ぶんごゆふいんぎゅう

品種または交雑種の交配様式		主な流通経路および販売窓口
黒毛和種		◆主なと畜場 　：大分県畜産公社

飼育管理

出荷月齢
　：29カ月齢平均
指定肥育地
　：湯布院町
飼料の内容
　：－

◆主な処理場
　：まるひで

◆格付等級
　：4等級以上
◆年間出荷頭数
　：約120頭
◆主要取扱企業
　：まるひで

GI登録・農場HACCP・JGAP

ＧＩ登　録：－
農場HACCP：　2016年3月30日
　　　ゆふいん牧場　都野農場
ＪＧＡＰ：

商標登録の有無：有
登録取得年月日：－
銘柄規約の有無：有
規約設定年月日：－
規約改定年月日：－

◆輸出実績国・地域
　：香港、米国

◆今後の輸出意欲
　：無

販売指定店制度について

指定店制度　：無
販促ツール　：のぼり

特長
- 自然豊かな由布市で生まれ育った湯布院牛。
- 安心安全なおいしさをお届けします。

概要

管理主体　　：まるひで
代表者　　：小野　秀幸　代表取締役
所在地　　：大分市大分流通業務団地 1-3-6

電話　：097-524-3711
FAX　：097-524-3712
URL　：－
メールアドレス　：gift@maruhide.info

宮崎県・鹿児島県

あやめ牛
あやめぎゅう

品種または交雑種の交配様式		主な流通経路および販売窓口
交雑種 （ホルスタイン種 × 黒毛和種）		◆主なと畜場 　：阿久根食肉流通センター、南さつま食肉流通センター

飼育管理

出荷月齢
　：－
指定肥育地
　：－
飼料の内容
　：あやめグループ独自に配合した14品目の穀物を給餌し、大豆圧ペンを給与

◆主な処理場
　：スターゼンミートプロセッサー阿久根工場、同加世田工場

◆格付等級
　：－
◆年間出荷頭数
　：約400頭
◆主要取扱企業
　：スターゼン

GI登録・農場HACCP・JGAP

ＧＩ登　録：無
農場HACCP：無
ＪＧＡＰ：無

商標登録の有無：無
登録取得年月日：－
銘柄規約の有無：無
規約設定年月日：－
規約改定年月日：－

◆輸出実績国・地域
　：無

◆今後の輸出意欲
　：有

販売指定店制度について

指定店制度　：無
販促ツール　：有

特長
- あやめグループ独自に配合した13品目の穀物を給餌し大豆圧ペンを与え、味や風味にこだわっています。

概要

管理主体　　：あやめグループ
代表者　　：土持　幸男
所在地　　：都城市

電話　：0986-21-5599
FAX　：0986-21-5598
URL　：－
メールアドレス　：－

宮 崎 県

きりみねぎゅう
霧 峰 牛

品種または 交雑種の交配様式
交雑種 （ホルスタイン種 × 黒毛和種）

飼育管理
出荷月齢 　：27カ月齢平均 指定肥育地 　：宮崎県内 飼料の内容 　：－

GI登録・農場HACCP・JGAP
GI登　録：無 農場HACCP：無 JGAP：無

販売指定店制度について
指定店制度：無 販促ツール：有

商標登録の有無：有
登録取得年月日：2015 年 3 月 13 日
銘柄規約の有無：有
規約設定年月日：2014 年 7 月 30 日
規約改定年月日：－

特長	●宮崎県内の協力農場で肥育し、衛生管理された工場でと畜・食肉処理された「安全・安心」な牛肉です。

主な流通経路および販売窓口
◆主なと畜場 　：サンキョーミート
◆主な処理場 　：同上
◆格付等級 　：－ ◆年間出荷頭数 　：2,200 頭 ◆主要取扱企業 　：伊藤ハム
◆輸出実績国・地域 　：－
◆今後の輸出意欲 　：有

概要	管 理 主 体　：Jファーム宮崎グループ	電　　　　話　：0984-25-6808
	代 表 者　：原屋敷 昭治	FAX　：0984-25-6818
	所 在 地　：小林市細野 5470-1218	URL　：－ メールアドレス　：－

宮 崎 県

みつばぎゅう
みつば牛

品種または 交雑種の交配様式
交雑種 （ホルスタイン種雌 × 黒毛和種雄）

飼育管理
出荷月齢 　：－ 指定肥育地 　：宮崎県内 飼料の内容 　：宮崎三ッ葉畜産オリジナル配合 　　飼料

GI登録・農場HACCP・JGAP
GI登　録：無 農場HACCP：無 JGAP：無

販売指定店制度について
指定店制度：無 販促ツール：トレーシール、ミ 　　　　　　ニのぼり

商標登録の有無：無
登録取得年月日：－
銘柄規約の有無：無
規約設定年月日：－
規約改定年月日：－

特長	●ワインかす、米ぬかを与える事によりビタミンE、オレイン酸の含有量が高い。

主な流通経路および販売窓口
◆主なと畜場 　：阿久根流通センター、ミヤチク 　　都農工場 ◆主な処理場 　：スターゼンミートプロセッサー　阿 　　久根工場、ミヤチク　都農工場
◆格付等級 　：－ ◆年間出荷頭数 　：約 1,800 頭 ◆主要卸売企業 　：スターゼン
◆輸出実績国・地域 　：－
◆今後の輸出意欲 　：－

概要	管 理 主 体　：㈱宮崎三ッ葉畜産	電　　　　話　：0983-44-4790
	代 表 者　：川西 信雄	FAX　：0983-44-4790
	所 在 地　：西都市大字上三財 5250	URL　：－ メールアドレス　：－

宮　崎　県

宮崎牛
みやざきぎゅう

品種または 交雑種の交配様式	主な流通経路および販売窓口

品種または交雑種の交配様式

黒毛和種

飼育管理

出荷月齢
：30カ月齢平均
指定肥育地
：県内生まれ、県内育ち
飼料の内容
：－

GI登録・農場HACCP・JGAP

ＧＩ登　録： 2017 年 12 月 15 日
農場HACCP：一部農場
ＪＧＡＰ：一部農場

販売指定店制度について

指定店制度 ： 有
販促ツール ： 条件付きで有り

商標登録の有無：有
登録取得年月日：2006 年 4 月 3 日
銘柄規約の有無：有
規約設定年月日：1986 年 7 月 6 日
規約改定年月日：2017 年 4 月 1 日

主な流通経路および販売窓口

◆ 主なと畜場
　：ミヤチクほか

◆ 主な処理場
　：同上

◆ 格付等級
　：4 等級以上
◆ 年間出荷頭数
　：18,200 頭
◆ 主要取扱企業
　：ミヤチクほか
◆ 輸出実績国・地域
　：アメリカ、香港、シンガポール、
　　マカオ、タイ、カナダ、台湾、フィ
　　リピン、イギリス、EU ほか
◆ 今後の輸出意欲
　　有

特長

● 宮崎牛は、長年に渡る改良により選抜された優秀な血統の黒毛和種を飼育したものです。
● 第 11 回全国和牛能力共進会において 3 大会連続内閣総理大臣賞を受賞しました。
● 風味豊かでとろけるような軟らかさとうまさが口の中に広がります。
● 地域団体商標 5028588 号

概要

管 理 主 体 ： より良き宮崎牛づくり対策協議会
代 表 者 ： 坂下　栄次　会長
所 在 地 ： 宮崎市霧島 1-1-1
電 話 ： 0985-31-2130
F A X ： 0985-31-5765
U R L ： www.miyazakigyu.jp
メールアドレス ： －

宮　崎　県

みやざきハーブ牛
みやざきはーぶぎゅう

品種または交雑種の交配様式

黒毛和種、交雑種

飼育管理

出荷月齢
：黒毛和種：約29カ月齢
　交雑種：約25カ月齢
指定肥育地
：宮崎県
飼料の内容
：4 種類のハーブとビタミンEを
　含む専用飼料

GI登録・農場HACCP・JGAP

ＧＩ登 録：無
農場HACCP：無
ＪＧＡＰ：無

販売指定店制度について

指定店制度 ： 黒毛和種：有
　　　　　　　交雑種：無
販促ツール ： 有

商標登録の有無：有
登録取得年月日：2020 年 1 月 7 日
銘柄規約の有無：有
規約設定年月日：2011 年 1 月 24 日
規約改定年月日：－

主な流通経路および販売窓口

◆ 主なと畜場
　：延岡市食肉センター

◆ 主な処理場
　：同上
◆ 格付等級
　：黒毛和種：3 等級以上
　　交雑種：2 等級以上
◆ 年間出荷頭数
　：黒毛和種：960 頭
　　交雑種：1,800 頭
◆ 主要取扱企業
　：－

◆ 輸出実績国・地域
　：－

◆ 今後の輸出意欲
　：有

特長

● 統一されたハーブ飼料で宮崎県内で肥育された牛。
● 口どけのよい脂肪質とアクの出にくい牛肉。

概要

管 理 主 体 ： 宮崎県乳用牛肥育事業農業協同組合
代 表 者 ： 藤原　辰男
所 在 地 ： 宮崎市松山 2-3-4
電 話 ： 0985-26-2324
F A X ： 0985-23-7351
U R L ： www.herb-beef.jp
メールアドレス ： －

鹿児島県

指宿牛
いぶすきぎゅう

品種または交雑種の交配様式
黒毛和種

飼育管理

出荷月齢
：30カ月齢前後
指定肥育地
：指宿市
飼料の内容
：自家配合飼料、植物性発酵飼料、焙煎大豆

GI登録・農場HACCP・JGAP

ＧＩ登録：無
農場HACCP：無
ＪＧＡＰ：無

商標登録の有無：有
登録取得年月日：2016年12月9日
銘柄規約の有無：有
規約設定年月日：2018年12月1日
規約改定年月日　－

主な流通経路および販売窓口

◆ 主なと畜場
：阿久根食肉流通センター、南さつま食肉センター
◆ 主な処理場
：スターゼンミートプロセッサー阿久根工場・加世田工場
◆ 格付等級
：4等級以上
◆ 年間出荷頭数
：約700頭
◆ 主要取扱企業
：スターゼン

◆ 輸出実績国・地域
：－

◆ 今後の輸出意欲
：有

販売指定店制度について

指定店制度：無
販促ツール：販促シール

特長
● 鹿児島県内の素牛を指宿市内の農場で肥育し、自家飼料工場で配合された独自の飼料を給仕した、環境に優しい循環型肥育生産に努めております。

概要	管理主体：水迫畜産グループ	電話：0993-24-3738
	代表者：水迫　政治	ＦＡＸ：0993-24-5305
	所在地：指宿市東方10808-10	ＵＲＬ：－
		メールアドレス：－

鹿児島県

おごじょさくら牛
おごじょさくらぎゅう

品種または交雑種の交配様式
黒毛和種 全国の優良血統和牛

飼育管理

出荷月齢
：28カ月齢以上
指定肥育地
：小川農場
飼料の内容
：特定配合飼料「小川ビーフ」に限定

GI登録・農場HACCP・JGAP

ＧＩ登録：－
農場HACCP：－
ＪＧＡＰ：－

商標登録の有無：有
登録取得年月日：2016年8月5日
銘柄規約の有無：－
規約設定年月日：－
規約改定年月日：－

主な流通経路および販売窓口

◆ 主なと畜場
：ＪＡ食肉かごしま
◆ 主な処理場
：同上
◆ 格付等級
：－
◆ 年間出荷頭数
：1,200頭
◆ 主要取扱企業
：ＪＡ食肉かごしま　南州農場
◆ 輸出実績国・地域
：無

◆ 今後の輸出意欲
：無

販売指定店制度について

指定店制度：無
販促ツール：無

特長
● 黒毛和種の雌牛のみに限定して肥育。
● 市場評価が必ずしも高くない血統の子牛でも高級和牛に仕上げる肥育技術を蓄積している。

概要	管理主体：株式会社小川農場	電話：0993-34-0637
	代表者：小川　優　代表取締役	ＦＡＸ：0993-35-3222
	所在地：指宿市山川小川500	ＵＲＬ：－
		メールアドレス：－

鹿児島県
小田牛
おだぎゅう

品種または 交雑種の交配様式	主な流通経路および販売窓口
黒毛和種	

飼育管理
出荷月齢 ：28カ月齢平均 指定肥育地 ：鹿児島、南九州・南さつま農場 飼料の内容 ：小田ブレンド（精白米、大麦を含む12種類）

GI登録・農場HACCP・JGAP
ＧＩ登　録：無 農場HACCP：無 ＪＧＡＰ：無

商標登録の有無：有
登録取得年月日：2014 年 9 月 5 日
銘柄規約の有無：無
規約設定年月日：－
規約改定年月日：－

◆ 主なと畜場
：ナンチク、ＪＡ食肉かごしま

◆ 主な処理場
：同上

◆ 格付等級
：3 等級以上
◆ 年間出荷頭数
：約 2,500 頭
◆ 主要取扱企業
：ナンチク、ＪＡ食肉かごしま

◆ 輸出実績国・地域
：台湾ほか

◆ 今後の輸出意欲
：有

販売指定店制度について
指定店制度 ： 有 販促ツール ： シール、のぼり

特長
- ●「小田牛」とは、純粋な黒毛和種を鹿児島の温暖な気候と豊かな自然の中で十分な時間と独自飼料を与え、牛肉のうまみ成分を向上させ、肉本来のうまみのある肉牛をつくる生産者の名前を付けた黒毛和牛のブランドです。
- ●「小味の牛肉」をつくり続けて 45 年の小田牛は脂の融点が低くサラッとしていて、赤身は肉の味わいがあるのが特長です。
- ●農場直営だからこそできる安定品質と安心・安全、変わらぬおいしさを 45 年間提供しています。

概要
管 理 主 体 ： ㈲小田畜産
代 表 者 ： 小田 健一
所 在 地 ： 南さつま市加世田益山 5489-3

電　　　話 ： 0993-53-2608
Ｆ　Ａ　Ｘ ： 0993-53-5729
Ｕ　Ｒ　Ｌ ： www.odagyu.com
メールアドレス ： info@odagyu.com

鹿児島県
鹿児島黒牛
かごしまくろうし

品種または 交雑種の交配様式	主な流通経路および販売窓口
黒毛和種	

飼育管理
出荷月齢 ：約28～30カ月齢 指定肥育地 ：鹿児島県内 飼料の内容 ：－

GI登録・農場HACCP・JGAP
ＧＩ登　録： 2017 年 12 月 15 日 農場HACCP：無 ＪＧＡＰ：無

商標登録の有無：有
登録取得年月日：－
銘柄規約の有無：有
規約設定年月日：－
規約改定年月日：－

◆ 主なと畜場
：ＪＡ食肉かごしま、ナンチク、京都市食肉市場、大阪市食肉市場
◆ 主な処理場
：同上

◆ 格付等級
：－
◆ 年間出荷頭数
：24,000 頭
◆ 主要取扱企業
：ＪＡ食肉かごしま、ナンチク

◆ 輸出実績国・地域
：香港、アメリカ、シンガポール、タイ、マカオ、ニュージーランド、フィリピン、メキシコ、カナダ、台湾
◆ 今後の輸出意欲
：－

販売指定店制度について
指定店制度 ： 有 販促ツール ： 有

特長
- ●日本一の和牛産地鹿児島で、生産者が大切に育てました。きめ細やかな柔らかい肉質と、バランスの良い霜降り肉のうまさは、年月をかけて造られた鹿児島黒牛の特徴です。

概要
管 理 主 体 ： 鹿児島黒牛黒豚銘柄販売促進協議会
代 表 者 ： 柚木 弘文
所 在 地 ： 鹿児島市鴨池新町 15

電　　　話 ： 099-258-5411
Ｆ　Ａ　Ｘ ： 099-257-4197
Ｕ　Ｒ　Ｌ ： www.kagoshima-kuro-ushi-buta.com
メールアドレス ： info@kagoshima-kuro-ushi-buta.com

鹿児島県
黒宝牛
こくほうぎゅう

品種または交雑種の交配様式	主な流通経路および販売窓口
黒毛和種	◆ 主なと畜場 ：ナンチク、JA食肉かごしまほか ◆ 主な処理場 ：同上 ◆ 格付等級 ：－ ◆ 年間出荷頭数 ：2,800頭 ◆ 主要取扱企業 ：タケコーポレーション

飼育管理
出荷月齢 ：30カ月齢平均 指定肥育地 ：鹿児島県内 飼料の内容 ：－

GI登録・農場HACCP・JGAP
GI登録：－ 農場HACCP：－ JGAP：－

商標登録の有無：有
登録取得年月日：2019年12月11日
銘柄規約の有無：無
規約設定年月日：－
規約改定年月日：－

◆ 輸出実績国・地域
：無

◆ 今後の輸出意欲
：有

販売指定店制度について	特長
指定店制度：有 販促ツール：シール、のぼりほか	● 「うしの中山」における最高級ブランド。 ● 肥育技術を磨き続けた同社の代表、専務、場長が認めた牛しかなれない。 ● A5ランクはもとより、見栄えや血統まですべての点において最高のもの。

概要		
管理主体	：㈲うしの中山	電話：0994-62-4510
代表者	：中山 高司 代表取締役	FAX：0994-62-4520
所在地	：鹿屋市串良町有里5137-3	URL：nakayama-kimotsuki.com/ メールアドレス：shibushifarm@gmail.com

---

鹿児島県
薩州牛
さっしゅうぎゅう

品種または交雑種の交配様式	主な流通経路および販売窓口
交雑種 （ホルスタイン種 × 黒毛和種）	◆ 主なと畜場 ：阿久根食肉流通センター、南さつま食肉流通センター ◆ 主な処理場 ：スターゼンミートプロセッサー阿久根工場、同加世田工場 ◆ 格付等級 ：－ ◆ 年間出荷頭数 ：約1,400頭 ◆ 主要取扱企業 ：スターゼンミートプロセッサー阿久根工場、同加世田工場

飼育管理
出荷月齢 ：－ 指定肥育地 ：鹿児島県内 飼料の内容 ：独自の指定配合飼料と加熱大豆を給与

GI登録・農場HACCP・JGAP
GI登録：無 農場HACCP：無 JGAP：無

商標登録の有無：無
登録取得年月日：－
銘柄規約の有無：有
規約設定年月日：2008年5月1日
規約改定年月日：－

◆ 輸出実績国・地域
：香港、シンガポール、タイ、アメリカ、EU

◆ 今後の輸出意欲
：有

販売指定店制度について	特長
指定店制度：無 販促ツール：シール、のぼり、はっぴ	● 独自の指定配合飼料と加熱大豆を与え、口当たりの良いおいしい牛肉です。

概要		
管理主体	：薩州牛銘柄協議会	電話：099-812-8080
代表者	：久保 洋二 会長	FAX：099-812-8090
所在地	：鹿児島市上荒田町22-3	URL：－ メールアドレス：－

	鹿 児 島 県	

品種または 交雑種の交配様式	さつまくろうし **薩摩黒牛**	主な流通経路および販売窓口
黒毛和種		◆主なと畜場 ：サンキョーミート
飼育管理		◆主な処理場 ：同上
出荷月齢 ：約28〜32カ月齢 指定肥育地 ：鹿児島県内 飼料の内容 ：－		◆格付等級 ：AB・3等級以上 ◆年間出荷頭数 ：4,000頭 ◆主要取扱企業 ：伊藤ハム
GI登録・農場HACCP・JGAP	商標登録の有無：無 登録取得年月日：－	◆輸出実績国・地域 ：－
GI 登 録：無 農場HACCP： 2016 年 8 月 22 日 J G A P： 2018 年 12 月 27 日	銘柄規約の有無：有 規約設定年月日：－ 規約改定年月日：－	◆今後の輸出意欲 ：有
販売指定店制度について	特	●鹿児島県内の広々とした風通しの良い環境で、1 頭 1 頭丹精込めて肥育された和牛肉です。
指 定 店 制 度：無 販 促 ツ ー ル：有	長	
概 要	管 理 主 体：みらいファーム㈱ほか 代 表 者：塩崎 晃 所 在 地：鹿屋市串良町細山田 2175-2	電 話：0994-62-3848 F A X：0994-62-3847 U R L：－ メールアドレス：－

	鹿 児 島 県	

品種または 交雑種の交配様式	さつまにしきぎゅう **薩摩錦牛**	主な流通経路および販売窓口
黒毛和種		◆主なと畜場 ：サンキョーミート
飼育管理		◆主な処理場 ：同上
出荷月齢 ：28〜30カ月齢平均 指定肥育地 ：鹿児島県内 飼料の内容 ：－		◆格付等級 ：4等級以上 ◆年間出荷頭数 ：5,000頭 ◆主要取扱企業 ：伊藤ハム
GI登録・農場HACCP・JGAP	商標登録の有無：有 登録取得年月日：2014 年 8 月 22 日	◆輸出実績国・地域 ：－
GI 登 録：無 農場HACCP： 2016 年 8 月 22 日 J G A P： 2018 年 12 月 27 日	銘柄規約の有無：有 規約設定年月日：2014 年 1 月 16 日 規約改定年月日：－	◆今後の輸出意欲 ：有
販売指定店制度について	特	●鹿児島県内の協力農場で肥育し、衛生管理された工場でと畜・食肉処理された「安全・安心」な牛肉です。 ●肉質4等級以上の黒毛和種にこだわりました。
指 定 店 制 度：無 販 促 ツ ー ル：有	長	
概 要	管 理 主 体：みらいファーム㈱ほか 代 表 者：塩崎 晃 所 在 地：志布志市有明町伊崎田 1262-12	電 話：0994-62-3848 F A X：0994-62-3847 U R L：－ メールアドレス：－

鹿児島県

さつまびーふ
さつまビーフ

品種または 交雑種の交配様式
黒毛和種

飼育管理
出荷月齢 ：28〜30カ月齢平均 指定肥育地 ：鹿児島県内 飼料の内容 ：焙煎炒り（ばいせんいり）大豆、 　発酵飼料を使用

GI登録・農場HACCP・JGAP
GI登録：無 農場HACCP：無 JGAP：無

販売指定店制度について
指定店制度：無 販促ツール：のぼり、ポスター、シールなど

商標登録の有無：有
登録取得年月日：2009年12月25日
銘柄規約の有無：有
規約設定年月日：2009年3月1日
規約改定年月日：2012年8月20日

主な流通経路および販売窓口
◆主なと畜場 ：阿久根食肉流通センター、南さつま市食肉センター ◆主な処理場 ：スターゼンミートプロセッサー阿久根工場、同加世田工場 ◆格付等級 ：− ◆年間出荷頭数 ：9,000頭 ◆主要取扱企業 ：スターゼングループ ◆輸出実績国・地域 ：EU、北米、アジア ◆今後の輸出意欲 ：有

特長
●独自の発酵飼料を与え、赤身のおいしい和牛の生産に取り組み、環境に優しい循環型肥育生産に努めております。

概要

管理主体	：水迫畜産グループ	電話	：0993-24-3738
代表者	：水迫　政治	FAX	：0993-24-5305
所在地	：指宿市東方 10808-10	URL	：−
		メールアドレス	：−

鹿児島県

さつまわぎゅう
薩摩和牛

品種または 交雑種の交配様式
黒毛和種 気高系、但馬系、栄系、糸系

飼育管理
出荷月齢 ：27カ月齢以上 指定肥育地 ：鹿児島県内 飼料の内容 ：−

GI登録・農場HACCP・JGAP
GI登録：− 農場HACCP：− JGAP：−

販売指定店制度について
指定店制度：無 販促ツール：−

商標登録の有無：有
登録取得年月日：2014年2月7日
銘柄規約の有無：有
規約設定年月日：2014年2月7日
規約改定年月日：−

主な流通経路および販売窓口
◆主なと畜場 ：サンキョーミート、JA食肉かごしま ◆主な処理場 ：同上 ◆格付等級 ：− ◆年間出荷頭数 ：200頭 ◆主要取扱企業 ：JA食肉かごしま、サンキョーミート ◆輸出実績国・地域 ：− ◆今後の輸出意欲 ：有

特長
●鹿児島県内の子牛市場より導入された、鹿児島県生まれの子牛を肥育。

概要

管理主体	：㈲坂元種畜場	電話	：0994-42-3045
代表者	：高木　千波	FAX	：0994-42-4755
所在地	：鹿屋市下祓川町 1707	URL	：−
		メールアドレス	：−

鹿児島県

曽於さくら牛
（そおさくらぎゅう）

品種または交雑種の交配様式	
黒毛和種	

飼育管理
出荷月齢
：28〜30カ月齢平均
指定肥育地
：JAそお鹿児島
飼料の内容
：そお肥育さくら、そお黒牛さくら

GI登録・農場HACCP・JGAP
ＧＩ登　録：－
農場HACCP：－
ＪＧＡＰ：－

販売指定店制度について
指定店制度：無
販促ツール：ポスター、シール、のぼり、ミニのぼり、横幕

商標登録の有無：有
登録取得年月日：2010年 3月 12日
銘柄規約の有無：有
規約設定年月日：2010年 3月 12日
規約改定年月日：－

主な流通経路および販売窓口
◆ 主なと畜場
：ナンチク

◆ 主な処理場
：福永産業

◆ 格付等級
：4等級以上
◆ 年間出荷頭数
：800頭
◆ 主要取扱企業
：－

◆ 輸出実績国・地域
：－

◆ 今後の輸出意欲
：有

特長
● 日本最大級の和牛生産地帯、鹿児島県の曽於（そお）で育てられた枝肉規格 4 等級以上の牛である。
● 徹底的にこだわり抜かれた「飼料」・「素牛」・「水」・「環境」が育んだ。その牛肉の肉質、肉色はまさに桜を連想させる。

概要
管　理　主　体：㈱福永産業
代　表　者：福永　真二
所　在　地：福岡県遠賀郡遠賀町広渡2434
電　話：093-293-2299
Ｆ　Ａ　Ｘ：093-293-2255
Ｕ　Ｒ　Ｌ：www.fukunaga-brand.co.jp
メールアドレス：info@fukunaga-brand.co.jp

鹿児島県

南州黒牛
（なんしゅうくろうし）

品種または交雑種の交配様式	
黒毛和種 但馬系を重視	

飼育管理
出荷月齢
：28カ月齢以上
指定肥育地
：繁殖＝南大隅町の野尻野牧場
　肥育＝錦江町の田代農場
飼料の内容
：独自に設計した配合飼料

GI登録・農場HACCP・JGAP
ＧＩ登　録：無
農場HACCP：無
ＪＧＡＰ：無

販売指定店制度について
指定店制度：無
販促ツール：ポスター、シール、のぼり

商標登録の有無：－
登録取得年月日：－
銘柄規約の有無：有
規約設定年月日：－
規約改定年月日：－

主な流通経路および販売窓口
◆ 主なと畜場
：ＪＡ食肉かごしま
　その他食肉センター
◆ 主な処理場
：同上

◆ 格付等級
：－
◆ 年間出荷頭数
：350頭
◆ 主要取扱企業
：南州農場

◆ 輸出実績国・地域
：無

◆ 今後の輸出意欲
：有

特長
● 本州最南端に位置する自然環境に恵まれた農場で、気候・風土に合わせた独自の肥育方法で育てている。
● 但馬系黒毛和種の繁殖雌牛 420 頭を有する一貫体制で安全性と高肉質を確保している。
● 肉質 4 等級以上の出現率が 8 割を超す実績を維持している。

概要
管　理　主　体：南州ファーム株式会社
代　表　者：本田　晴花　代表取締役社長
所　在　地：肝属郡南大隅町佐多伊座敷5950
電　話：0994-65-3161
Ｆ　Ａ　Ｘ：0994-65-3162
Ｕ　Ｒ　Ｌ：www.nanshunojo.or.jp
メールアドレス：－

鹿児島県

のざき牛
（のざきぎゅう）

のざき牛

品種または交雑種の交配様式	
黒毛和種	

飼育管理	
出荷月齢	：28〜30カ月齢
指定肥育地	：−
飼料の内容	：−

GI登録・農場HACCP・JGAP	
ＧＩ登録	：−
農場HACCP	：−
ＪＧＡＰ	：−

販売指定店制度について	
指定店制度	：無
販促ツール	：のぼり、シール、ポスター、リーフ

商標登録の有無	：無
登録取得年月日	：−
銘柄規約の有無	：有
規約設定年月日	：−
規約改定年月日	：−

主な流通経路および販売窓口

◆主なと畜場
　：東京都食肉市場、鹿児島食肉センター、西宮市食肉センター、福岡市食肉市場、ナンチク、和牛マスター、アグリス・ワン
◆主な処理場
　：東京都食肉市場、鹿児島食肉センター、西宮市食肉センター、カミチク、ナンチク、福岡市食肉市場、アグリス・ワン、和牛マスター
◆格付等級
　：AB・4等級以上
◆年間出荷頭数
　：3,200頭
◆主要取扱企業
　：エスフーズ、カミチク
◆輸出実績国・地域
　：香港、カナダ、アメリカ、シンガポール、ＥＵ
◆今後の輸出意欲
　：有

特長	●全国肉用牛枝肉共励会で去勢牛名誉賞、雌最優秀賞を獲得。 ●品質において高い評価を受けている。

概要	管理主体	：野﨑グループ	電話	：0996-29-2723
	代表者	：野﨑　喜久雄	ＦＡＸ	：0996-29-2722
	所在地	：薩摩川内市御陵下町 7-47	ＵＲＬ	：nozaki-farm.jp
			メールアドレス	：f-nozaki@muse.ocn.ne.jp

鹿児島県

華鶴和牛
（はなつるわぎゅう）

ツルの渡来地で育ちました
鹿児島いずみ
華鶴和牛
銘柄牛推進協議会

品種または交雑種の交配様式	
黒毛和種	

飼育管理	
出荷月齢	：27カ月齢以上
指定肥育地	：ＪＡいずみ管内
飼料の内容	：−

GI登録・農場HACCP・JGAP	
ＧＩ登録	：無
農場HACCP	：無
ＪＧＡＰ	：無

販売指定店制度について	
指定店制度	：有
販促ツール	：有

商標登録の有無	：有
登録取得年月日	：2006 年 6 月
銘柄規約の有無	：有
規約設定年月日	：2005 年 10 月
規約改定年月日	：2014 年 5 月

主な流通経路および販売窓口

◆主なと畜場
　：阿久根食肉流通センター

◆主な処理場
　：スターゼンミートプロセッサー阿久根工場
◆格付等級
　：4等級以上
◆年間出荷頭数
　：約 500 頭
◆主要取扱企業
　：スターゼン

◆輸出実績国・地域
　：無

◆今後の輸出意欲
　：有

特長	●鶴の渡来する自然豊かな気候で飼育され、肉質、脂質、肉つきの良い牛肉です。

概要	管理主体	：JA鹿児島いずみ銘柄牛推進協議会	電話	：0996-64-2640
	代表者	：上 宗光　代表理事組合長	ＦＡＸ	：0996-64-2643
	所在地	：出水市高尾野町下水流 890	ＵＲＬ	：−
			メールアドレス	：−

鹿児島県
みなみさつまわぎゅう
南さつま和牛

品種または交雑種の交配様式
黒毛和種

飼育管理
出荷月齢 ：－
指定肥育地 ：南さつま市
飼料の内容 ：指定委託配合飼料

GI登録・農場HACCP・JGAP
ＧＩ登 録：無
農場HACCP：無
ＪＧＡＰ：無

販売指定店制度について
指 定 店 制 度 ：無
販 促 ツ ー ル ：－

商標登録の有無：有
登録取得年月日：2018 年 8 月 24 日
銘柄規約の有無：無
規約設定年月日：－
規約改定年月日：－

主な流通経路および販売窓口
◆主なと畜場 ：阿久根食肉流通センター、南さつま食肉流通センター
◆主な処理場 ：スターゼンミートプロセッサー阿久根工場・加世田工場
◆格付等級 ：－
◆年間出荷頭数 ：約600頭
◆主要取扱企業 ：スターゼン
◆輸出実績国・地域 ：－
◆今後の輸出意欲 ：有

特長	●肥育期間において、独自の指定配合飼料を給仕し、健康な牛づくりをモットーに、安心で安全な牛の生産に努めています。

概要	管 理 主 体： ㈲ウトファーム	電　　　話： 0993-53-3740
	代 表 者： 宇都 和子	Ｆ Ａ Ｘ： 0993-53-3740
	所 在 地： 南さつま市加世田川畑 6421	Ｕ Ｒ Ｌ： －
		メールアドレス： －

鹿児島県
みやじぎゅう
宮路牛

品種または交雑種の交配様式
黒毛和種

飼育管理
出荷月齢 ：28カ月齢以上
指定肥育地 ：－
飼料の内容 ：指定配合飼料

GI登録・農場HACCP・JGAP
ＧＩ登 録：未定
農場HACCP：未定
ＪＧＡＰ：未定

販売指定店制度について
指 定 店 制 度 ：無
販 促 ツ ー ル ：シール、のぼり

商標登録の有無：無
登録取得年月日：－
銘柄規約の有無：無
規約設定年月日：－
規約改定年月日：－

主な流通経路および販売窓口
◆主なと畜場 ：カミチク、大阪市食肉市場、名古屋市食肉市場、和牛マスターなど
◆主な処理場 ：－
◆格付等級 ：－
◆年間出荷頭数 ：1,200 頭
◆主要取扱企業 ：－
◆輸出実績国・地域 ：無
◆今後の輸出意欲 ：－

特長	●自社独自の指定配合飼料を与え、自然豊かな環境の中、赤身のおいしさのみならず、脂のおいしさにもこだわり、丹精込めて育てた黒毛和牛です。

概要	管 理 主 体： ㈲宮路畜産センター 　　　　　　　㈱宮路Ｋ畜産	電　　　話： 0993-76-3576
		Ｆ Ａ Ｘ： 0993-76-3586
	代 表 者： 宮路 孝蔵 代表取締役社長	Ｕ Ｒ Ｌ： www.k-cowboy.com
	所 在 地： 枕崎市板敷西町 363-23	メールアドレス： YM@k-cowboy.com

鹿児島県

もーもーなかやまぎゅう
も～も～中山牛

品種または交雑種の交配様式
黒毛和種

飼育管理
出荷月齢 ：28カ月齢平均 指定肥育地 ：鹿児島県内 飼料の内容 ：－

GI登録・農場HACCP・JGAP
GI 登　録：－ 農場HACCP：－ JGAP：－

販売指定店制度について
指定店制度：無 販促ツール：シール

商標登録の有無：有
登録取得年月日：2019 年 12 月 17 日
銘柄規約の有無：無
規約設定年月日：－
規約改定年月日：－

主な流通経路および販売窓口
◆主なと畜場 ：JA 食肉かごしま、ナンチク、福岡食肉市場、京都食肉市場、大阪市食肉市場 ◆主な処理場 ：同上 ◆格付等級 ：－ ◆年間出荷頭数 ：2,400 頭 ◆主要取扱企業 ：－
◆輸出実績国・地域 ：－
◆今後の輸出意欲 ：有

特長
- 鹿児島県鹿屋市「うしの中山」で肥育された牛のすべてを指す。
- 独自の配合飼料を独自の方法で与え、ほかでは真似のできないこだわりで育てている。
- ストレスレスに重きを置き、農場を設計している。
- 寒さや暑さへの対策も毎シーズン改善を心がけている。
- 肉質は高品質で A5 等級の出現率は 7 割を越える。

概要
管理主体：㈲うしの中山
代表者：中山　高司　代表取締役
所在地：鹿屋市串良町有里 5137-3
電話：0994-62-4510
FAX：0994-62-4520
URL：nakayama-kimotsuki.com/
メールアドレス：shibushifarm@gmail.com

鹿児島県

ろーずびーふ
Rose Beef

品種または交雑種の交配様式
黒毛和種

飼育管理
出荷月齢 ：28カ月齢平均 指定肥育地 ：鹿児島県内 飼料の内容 ：－

GI登録・農場HACCP・JGAP
GI 登　録：－ 農場HACCP：－ JGAP：－

販売指定店制度について
指定店制度：有 販促ツール：シール、ポスター

商標登録の有無：有
登録取得年月日：2019 年 12 月 17 日
銘柄規約の有無：無
規約設定年月日：－
規約改定年月日：－

主な流通経路および販売窓口
◆主なと畜場 ：JA 食肉かごしま、ナンチク
◆主な処理場 ：同上
◆格付等級 ：－ ◆年間出荷頭数 ：2,400 頭 ◆主要取扱企業 ：nixy
◆輸出実績国・地域 ：無
◆今後の輸出意欲 ：有

特長
- 鹿児島県鹿屋市「うしの中山」で育てられた肥育牛で A5 等級未満の雌牛。
- 赤いバラのような赤身と白いバラのような穏やかな霜降りが自慢の牛肉。
- 鹿屋市の市花に由来する。

概要
管理主体：㈲うしの中山
代表者：中山　高司　代表取締役
所在地：鹿屋市串良町有里 5137-3
電話：0994-62-4510
FAX：0994-62-4520
URL：nakayama-kimotsuki.com/
メールアドレス：shibushifarm@gmail.com

沖縄県

石垣牛
いしがきぎゅう・いしがきうし

品種または 交雑種の交配様式	主な流通経路および販売窓口

品種または交雑種の交配様式

黒毛和種

飼育管理

出荷月齢
：去勢24カ月以上35カ月以下
　雌24カ月以上40カ月以下
指定肥育地
：八重山郡内で生産・育成された登
　記書および、生産履歴書を有する
飼料の内容
：20カ月以上統一された独自配合
　飼料で肥育管理

GI登録・農場HACCP・JGAP

GI登　録：無
農場HACCP：無
JGAP：無

販売指定店制度について

指定店制度　：有
販促ツール　：大のぼり、小のぼ
　　　　　　り、ポスター、リー
　　　　　　フレット・シール

商標登録の有無：有
登録取得年月日：2008年 4月11日
銘柄規約の有無：有
規約設定年月日：－
規約改定年月日：－

特長
● 世界基準で食せる統一飼料と、ミネラルとカルシウムが豊富の牧草を給与することで、のどごしに脂質感が残らず霜降でもあっさりしている。

主な流通経路および販売窓口

◆ 主なと畜場
：八重山食肉センター

◆ 主な処理場
：同上
◆ 格付等級
：AB2～3を銘産・AB4～5を
　特選で表記
◆ 年間出荷頭数
：約800頭
◆ 主要取扱企業
：ニイチク、高那、八重山パーツミート
◆ 輸出実績国・地域
：台湾

◆ 今後の輸出意欲
：有

概要

管理主体	： JAおきなわ 　八重山地区畜産振興センター	電　話	： 0980-83-2577
代表者	： 石垣　信治　本部長	FAX	： 0980-83-2834
所在地	： 石垣市字大浜391	URL	： www.ishigakigyu.com/
		メールアドレス	： info@ishigakigyu.com

沖縄県

石垣島きたうち牧場
プレミアムビーフ
いしがきじまきたうちぼくじょう ぷれみあむびーふ

品種または交雑種の交配様式

黒毛和種（雌のみ）

飼育管理

出荷月齢
：36カ月齢以上
指定肥育地
：石垣市川平
飼料の内容
：大麦主体の独自飼料

GI登録・農場HACCP・JGAP

GI登　録：－
農場HACCP：－
JGAP：－

販売指定店制度について

指定店制度　：無
販促ツール　：琉球ガラス、シー
　　　　　　ル、のぼり

商標登録の有無：有
登録取得年月日：2013年 1月18日
銘柄規約の有無：有
規約設定年月日：2008年 4月
規約改定年月日：－

特長
● 沖縄・石垣島の大自然の中で、おいしさの遺伝子をもつ血統を選び抜き、雌牛のみを36～40カ月まで長期肥育しています。
● 脂の融点が非常に低く、すっきりとした脂の滑らかさ、赤身の深い味わい、芳醇な香りが特徴です。
● おいしさに優位性のある種雄牛や母牛を保有し、繁殖～肥育～食肉加工～レストランまで手がけることにより自社で責任をもって提供する体制を確立しています。

主な流通経路および販売窓口

◆ 主なと畜場
：八重山食肉センター

◆ 主な処理場
：同上

◆ 格付等級
：－
◆ 年間出荷頭数
：48頭
◆ 主要取扱企業
：ケイ・アール・エス

◆ 輸出実績国・地域
：－

◆ 今後の輸出意欲
：有

概要

管理主体	： 農業生産法人㈲石垣島きたうち牧場	電　話	： 06-6743-2900
代表者	： 北内　毅　取締役社長	FAX	： 06-6744-2930
所在地	： 石垣市字川平大高1218-257	URL	： krs-beef.jp
営業窓口	： ㈱ケイ・アール・エス	メールアドレス	： krs@cocoa.ocn.ne.jp

沖　縄　県

いしがきじまきたうちぼくじょう
ぷれみあむびーふふぉんじゅう
石垣島きたうち牧場
プレミアムビーフ40

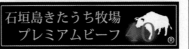

品種または交雑種の交配様式
黒毛和種（雌のみ）

飼育管理
出荷月齢 　：40カ月齢以上 指定肥育地 　：石垣市川平 飼料の内容 　：大麦主体の独自飼料

GI登録・農場HACCP・JGAP
ＧＩ登録：－ 農場HACCP：－ ＪＧＡＰ：－

販売指定店制度について
指定店制度：無 販促ツール：琉球ガラス、シール、のぼり

商標登録の有無：有
登録取得年月日：2013年 1月18日
銘柄規約の有無：有
規約設定年月日：2008年 4月
規約改定年月日：－

主な流通経路および販売窓口
◆主なと畜場 　：八重山食肉センター ◆主な処理場 　：同上 ◆格付等級 　：－ ◆年間出荷頭数 　：24 頭 ◆主要取扱企業 　：ケイ・アール・エス ◆輸出実績国・地域 　：－ ◆今後の輸出意欲 　：有

特長
● 沖縄・石垣島の大自然の中で、おいしさの遺伝子をもつ血統を選び抜き、雌牛のみを36～40カ月まで長期肥育しています。
● 脂の融点が非常に低く、すっきりとした脂の滑らかさ、赤身の深い味わい、芳醇な香りが特徴です。
● おいしさに優位性のある種雄牛や母牛を保有し、繁殖～肥育～食肉加工～レストランまで手がけることにより自社で責任をもって提供する体制を確立しています。

概要
管 理 主 体 ： 農業生産法人㈲石垣島きたうち牧場
代 表 者 ： 北内 毅 取締役社長
所 在 地 ： 石垣市字川平大高 1218-257
営 業 窓 口 ： ㈱ケイ・アール・エス
電 話 ： 06-6743-2900
Ｆ Ａ Ｘ ： 06-6744-2930
Ｕ Ｒ Ｌ ： krs-beef.jp
メールアドレス ： krs@cocoa.ocn.ne.jp

沖　縄　県

おきなわわぎゅう
おきなわ和牛

品種または交雑種の交配様式
黒毛和種

飼育管理
出荷月齢 　：30カ月齢平均 指定肥育地 　：沖縄県内 飼料の内容 　：－

GI登録・農場HACCP・JGAP
ＧＩ登録：　　　年　　月　　日 農場HACCP： ＪＧＡＰ：

販売指定店制度について
指定店制度：無 販促ツール：のぼり、シール

商標登録の有無：有
登録取得年月日：2006年 4月 1日
銘柄規約の有無：無
規約設定年月日：－
規約改定年月日：－

主な流通経路および販売窓口
◆主なと畜場 　：沖縄県食肉センター、アグリスワン、九州協同食肉 ◆主な処理場 　：JA おきなわミートパーツセンター ◆格付等級 　：等級指定なし ◆年間出荷頭数 　：1,200 頭 ◆主要取扱企業 　：ミートコンパニオン、ミーティッジ、西日本フード ◆輸出実績国・地域 　：タイ、マカオ、ベトナム、台湾 ◆今後の輸出意欲 　：有

特長
● 沖縄で生まれ、南の島の太陽の光と海の潮風の恵みを受けて育った子牛を、沖縄で丹精込めつくり上げた、安心、安全な牛肉です。

概要
管 理 主 体 ： 沖縄県農業協同組合
代 表 者 ： 普天間 朝重
所 在 地 ： 那覇市壺川 2-9-1
電 話 ： 098-831-5170
Ｆ Ａ Ｘ ： 098-853-9385
Ｕ Ｒ Ｌ ： www.ja-okinawa.or.jp/agriculture/wagyu/index.html
メールアドレス ： －

沖 縄 県

もとぶ牛
（もとぶぎゅう）

生産者：㈱もとぶ牧場

品種または交雑種の交配様式
黒毛和種

飼育管理
出荷月齢 　約30カ月齢 指定肥育地 　もとぶ牧場 飼料の内容 　糖蜜、発酵菌、ビールかすを混ぜた発酵飼料

GI登録・農場HACCP・JGAP
GI登録：無 農場HACCP：無 JGAP：無

販売指定店制度について
指定店制度　：－ 販促ツール：盾（琉球松、琉球ガラス）、ポスター、のぼり、Tシャツなど

商標登録の有無：有
登録取得年月日：2004年12月24日
銘柄規約の有無：有
規約設定年月日：－
規約改定年月日：－

主な流通経路および販売窓口

◆ 主なと畜場
　：サンキョーミート、沖縄県食肉センター
◆ 主な処理場
　：同上

◆ 格付等級
　：3等級以上
◆ 年間出荷頭数
　：約1,200頭
◆ 主要取扱企業
　：伊藤ハム

◆ 輸出実績国・地域
　：香港、シンガポール、マカオ、台湾、タイ
◆ 今後の輸出意欲
　：有

特長
● 独自の菌体発酵飼料（ビール粕、乳酸菌）を加えることでおいしい牛肉となっている。
● 脂肪融点が低く、口溶けの良い、とろけるような甘さが特長。

概要			
管理主体	㈱もとぶ牧場	電話	0980-47-5911
代表者	坂口　泰司　代表取締役	FAX	0980-47-5913
所在地	国頭郡本部町字大嘉陽472	URL メールアドレス	www.motobu-farm.com motobu-i@motobu-farm.com

---

沖 縄 県

八重山郷里牛
（やえやまきょうりぎゅう）

品種または交雑種の交配様式
黒毛和種

飼育管理
出荷月齢 　：32カ月齢以上 指定肥育地 　：沖縄県石垣市、島根県、佐賀県、山口県ほか 飼料の内容 　：子牛の育成期間は良質な牧草を給餌、肥育期間は各農家の基準による

GI登録・農場HACCP・JGAP
GI登録：　　年　　月　　日 農場HACCP： JGAP：

販売指定店制度について
指定店制度　：無 販促ツール：シール

商標登録の有無：有
登録取得年月日：2015年6月5日
銘柄規約の有無：有
規約設定年月日：2013年10月
規約改定年月日：2014年10月

主な流通経路および販売窓口

◆ 主なと畜場
　：全国

◆ 主な処理場
　：同上

◆ 格付等級
　：－
◆ 年間出荷頭数
　：－
◆ 主要取扱企業
　：ケイ・アール・エス

◆ 輸出実績国・地域
　：マカオ、台湾

◆ 今後の輸出意欲
　：有

特長
● 日本有数の繁殖地・八重山諸島で生まれた子牛（雌限定）のうち、父の血統を但馬系に限定し、おいしさの遺伝子にこだわった日本初の子牛農家によるブランド牛です。
● 世界に誇る美しい珊瑚礁の海に囲まれた八重山諸島には、青々とした良質な牧草が一年中生い茂ります
● 良質な牧草をたっぷりと食べた子牛は、日本各地の選抜肥育農家の手で秀逸な肉質に仕上げられ、最上質でうまみのある和牛「八重山郷里牛」として出荷されます。

概要			
管理主体	八重山郷里素牛事務局	電話	06-6743-2900
代表者	北内　毅	FAX	06-6744-2930
所在地	大阪府東大阪市長田東3-2-24 ㈱ケイ・アール・エス内	URL メールアドレス	yaeyama-kyori-beef.jp krs@cocoa.ocn.ne.jp

品種または 交雑種の交配様式	全　　　国	主な流通経路および販売窓口

だいこくせんぎゅう
だいこくせんぎゅうとにわん
大黒千牛
大黒千牛トニワン

信頼の証 　黒毛和種
大黒千牛

品種または交雑種の交配様式		
黒毛和種	商標登録の有無：有	◆主なと畜場 ：羽曳野食肉市場 　加古川食肉市場

飼育管理

出荷月齢
　：去勢28カ月以上、雌29カ月以上
指定肥育地
　：全国
飼料の内容
　：粗飼料にバカスを給与

◆主な処理場
　：同上

◆格付等級
　：－
◆年間出荷頭数
　：1,000 頭
◆主要卸売企業
　：－

GI登録・農場HACCP・JGAP

ＧＩ登　録：－
農場HACCP：－
ＪＧＡＰ：－

商標登録の有無：有
登録取得年月日：2012 年 9 月 14 日
銘柄規約の有無：有
規約設定年月日：2011 年 3 月
規約改定年月日：－

◆輸出実績国・地域
　：中国、ベトナム、カンボジア

◆今後の輸出意欲
　：有

販売指定店制度について

指定店制度：有
販促ツール：置物、のぼり、シ
　　　　　　ール、ポスター他

特長
●融点が 22℃で食べやすい。
●バカスの粗飼料を与えている。
●徹底した牛舎管理、全社員の衛生意識の向上と牛との一体感で、飼育・販売にあたっている。

概要	管　理　主　体　：　大正㈱	電　　　　　話　：　06-6773-9087
	代　　表　　者　：　濱門　美喜男	Ｆ　Ａ　Ｘ　：　－
	所　　在　　地　：　大阪市東住吉区住道矢田町 18-8	Ｕ　Ｒ　Ｌ　：　daikokusengyu.co.jp メールアドレス　：　daisei@daikokusengyu.co.jp

---

品種または 交雑種の交配様式	全　　　国	主な流通経路および販売窓口

たじまのきずな、ほうせん
但馬の絆、宝千

但馬の絆、
宝千
HOUSEN

品種または交雑種の交配様式		
黒毛和種		◆主なと畜場 ：羽曳野食肉市場 　加古川食肉市場

飼育管理

出荷月齢
　：雌の子牛を出産した経産牛を 6
　カ月以上肥育
指定肥育地
　：全国
飼料の内容
　：粗飼料にバカスを給与

◆主な処理場
　：同上

◆格付等級
　：－
◆年間出荷頭数
　：1,000 頭
◆主要卸売企業
　：－

GI登録・農場HACCP・JGAP

ＧＩ登　録：－
農場HACCP：－
ＪＧＡＰ：－

商標登録の有無：－
登録取得年月日：－
銘柄規約の有無：－
規約設定年月日：－
規約改定年月日：－

◆輸出実績国・地域
　：中国、ベトナム、カンボジア

◆今後の輸出意欲
　：有

販売指定店制度について

指定店制度：有
販促ツール：置物、のぼり、シ
　　　　　　ール、ポスター他

特長
●融点が 22℃で食べやすい。
●バカスの粗飼料を与えている。
●徹底した牛舎管理、全社員の衛生意識の向上と牛との一体感で、飼育・販売にあたっている。
●雌の子牛を出産した経産牛を 6 カ月以上肥育。

概要	管　理　主　体　：　大正㈱	電　　　　　話　：　06-6773-9087
	代　　表　　者　：　濱門　美喜男	Ｆ　Ａ　Ｘ　：　－
	所　　在　　地　：　大阪市東住吉区住道矢田町 18-8	Ｕ　Ｒ　Ｌ　：　daikokusengyu.co.jp メールアドレス　：　daisei@daikokusengyu.co.jp

全　国　なかなかびーふ

品種または 交雑種の交配様式			主な流通経路および販売窓口
黒毛和種 交雑種（ホルスタイン種 × 黒毛和種）			◆主なと畜場 　：東京都食肉市場、茨城県中央食 　　肉公社、仙台市食肉市場、北海道 　　畜産公社

なかなかびーふ

品種または交雑種の交配様式

黒毛和種
交雑種（ホルスタイン種 × 黒毛和種）

飼育管理

出荷月齢
　：－
指定肥育地
　：－
飼料の内容
　：専用飼料、フィードワン「なかな
　　かびーふ」、①脂質向上を目ざし
　　た設計②牛にとって非常に食べ
　　やすい設計および加工

GI登録・農場HACCP・JGAP

ＧＩ登録：無
農場HACCP：2020 年 11 月 4 日
　　　　　　（一部農場）
ＪＧＡＰ：無

販売指定店制度について

指定店制度：無
販促ツール：有

主な流通経路および販売窓口

◆主なと畜場
　：東京都食肉市場、茨城県中央食
　　肉公社、仙台市食肉市場、北海道
　　畜産公社
◆主な処理場
　：－

◆格付等級
　：－
◆年間出荷頭数
　：2,600 頭
◆主要取扱企業
　：首都圏

◆輸出実績国・地域
　：無

◆今後の輸出意欲
　：有

商標登録の有無：有
登録取得年月日：2004 年 3 月 19 日
銘柄規約の有無：有
規約設定年月日：2004 年 7 月
規約改定年月日：－

特長
- フィードワンと提携し、専用飼料「なかなかびーふ」を 1 年以上給与し、全国の認定生産者が丹精込めて飼育。
- とくに脂肪の質には自信があり、オレイン酸が多く「やわらか」で「うま味」のある牛肉に仕上がっている。

概要
管理主体：なかなかびーふ生産組合
代表者：袴田　誠二
所在地：茨城県石岡市国府 2-1-25
　　　　御幸ビル 2 Ｆ
電話：0299-56-5166
ＦＡＸ：0299-23-5135
ＵＲＬ：www.nakanaka-beef.com
メールアドレス：info@nakanaka-beef.com

全　国　ハーブ和牛

品種または交雑種の交配様式

黒毛和種

飼育管理

出荷月齢
　：23カ月齢以上
指定肥育地
　：全国
飼料の内容
　：ハーブを 3 カ月給与

GI登録・農場HACCP・JGAP

ＧＩ登録：無
農場HACCP：無
ＪＧＡＰ：無

販売指定店制度について

指定店制度：無
販促ツール：シール

ハーブ和牛

ハーブ和牛

商標登録の有無：無
登録取得年月日：－
銘柄規約の有無：無
規約設定年月日：－
規約改定年月日：－

主な流通経路および販売窓口

◆主なと畜場
　：全国

◆主な処理場
　：全国

◆格付等級
　：－
◆年間出荷頭数
　：約 500 頭
◆主要取扱企業
　：全国の市場

◆輸出実績国・地域
　：－

◆今後の輸出意欲
　：有

特長
- ハーブ（オレガノ）による飼育。

概要
管理主体：那須ハーブ牛協会
代表者：貝目　正行
所在地：さくら市狭間田 687
電話：028-682-5646
ＦＡＸ：028-681-2821
ＵＲＬ：www.sakurawagyu.jp
メールアドレス：info@nasu-harb-gyu.net

全国・九州

樺姫牛
(はなひめうし)

品種または交雑種の交配様式
黒毛和種
－

飼育管理
出荷月齢 ：－
指定肥育地 ：杉本本店グループ農場
飼料の内容 ：オリジナル

GI登録・農場HACCP・JGAP
G I 登 録：－
農場HACCP： 2018 年 7 月 2 日
Ｊ Ｇ Ａ Ｐ：－

販売指定店制度について
指定店制度：無
販促ツール：のぼり、シール

商標登録の有無：有
登録取得年月日：2019 年 11 月 1 日
銘柄規約の有無：－
規約設定年月日：－
規約改定年月日 －

主な流通経路および販売窓口

◆ 主なと畜場
：熊本中央食肉センター

◆ 主な処理場
：杉本本店

◆ 格付等級
：－
◆ 年間出荷頭数
：600 頭
◆ 主要取扱企業
：－

◆ 輸出実績国・地域
：－

◆ 今後の輸出意欲
：－

特長
● 自社の主力和牛ブランド「黒樺牛」の出産を終えた雌牛に約半年間、オリジナルの餌を与えて再肥育した。
● 2019 年から本格発売。

概要	管 理 主 体	：㈱杉本本店グループ	電 話	：0964-45-2611
	代 表 者	：杉本 光士郎	F A X	：0964-45-2988
	所 在 地	：熊本県宇城市豊野町巣林 538	U R L	：www.sugimotohonten-shop.com
			メールアドレス	：kurohanagyu@sugimoto-honten.jp

全 国

美味旨牛
(びみうまうし)

品種または交雑種の交配様式
黒毛和種、交雑種

飼育管理
出荷月齢 ：25～35カ月齢
指定肥育地 ：－
飼料の内容 ：－

GI登録・農場HACCP・JGAP
G I 登 録：無
農場HACCP：無
Ｊ Ｇ Ａ Ｐ：無

販売指定店制度について
指定店制度：無
販促ツール：無

商標登録の有無：有
登録取得年月日：2003 年 1 月 10 日
銘柄規約の有無：無
規約設定年月日：－
規約改定年月日：－

主な流通経路および販売窓口

◆ 主なと畜場
：群馬県食肉市場ほか

◆ 主な処理場
：コトラミートカルチャ

◆ 格付等級
：B.M.S. №3 以上
◆ 年間出荷頭数
：500 頭
◆ 主要取扱企業
：コトラミートカルチャ

◆ 輸出実績国・地域
：－

◆ 今後の輸出意欲
：有

特長
● グループ牧場で長期肥育し、脂質と肉質が一定基準以上のものを出荷しているので品質が安定している。

概要	管 理 主 体	：㈱コトラミートカルチャ	電 話	：0284-71-3057
	代 表 者	：小林 伸光 代表取締役	F A X	：0284-72-8979
	所 在 地	：足利市堀込町 1558	U R L	：www.0298.biz
			メールアドレス	：－

全　国

みちのく奥羽牛
みちのくおううぎゅう

黒毛和牛（父）、乳用種（母）の交雑種です。

品種または交雑種の交配様式	主な流通経路および販売窓口
交雑種（ホルスタイン種 × 黒毛和種）	

飼育管理

出荷月齢
：27カ月齢平均
指定肥育地
：東北地域
飼料の内容
：ほ育・肥育前期飼料はメーカー飼料、肥育後期は（農事）北岩手飼料組合製造飼料用米を利用した独自の配合飼料およびメーカーへの委託配合飼料

GI登録・農場HACCP・JGAP

GI登　録：無
農場HACCP：無
ＪＧＡＰ：無

販売指定店制度について

指定店制度：有
販促ツール：シール、のぼり等

主な流通経路および販売窓口

◆ 主なと畜場
：本庄食肉センター

◆ 主な処理場
：同上

◆ 格付等級
：2等級以上
◆ 年間出荷頭数
：1,200頭以上
◆ 主要取扱企業
：米久

◆ 輸出実績国・地域
：－

◆ 今後の輸出意欲
：無

商標登録の有無：無
登録取得年月日：－
銘柄規約の有無：無
規約設定年月日：－
規約改定年月日：－

特長	● 定期的に1頭ごとの体重測定など徹底した健康・衛生管理のもとで飼育。 ● 自社飼料工場でつくる独自の飼料メーカーへの委託飼料で飼育し、風味豊かで軟らかく、ジューシーで黒毛和種に匹敵するおいしい牛肉の仕上がりと手ごろな価格で供給。 ● 東北4県（青森、岩手、秋田、山形）で飼育されている。

概要	管理主体：㈲キロサ肉畜生産センター 代表者：金森 史浩 代表取締役 所在地：岩手県岩手郡岩手町大字川口 22-80-38	電話：0195-68-7766 ＦＡＸ：0195-68-7767 ＵＲＬ：kirosa.jp メールアドレス：info@kirosa.jp

---

全　国

名 人 和 牛
めいじんわぎゅう

品種または交雑種の交配様式	主な流通経路および販売窓口
黒毛和種	

飼育管理

出荷月齢
：30カ月齢平均
指定肥育地
：全国
飼料の内容
：ビタミンCなどを添加した配合飼料「名人」

GI登録・農場HACCP・JGAP

GI登　録：無
農場HACCP：無
ＪＧＡＰ：無

販売指定店制度について

指定店制度：有
販促ツール：枝肉証明書、シール、リーフレット、DVD、のぼり、包装紙

主な流通経路および販売窓口

◆ 主なと畜場
：東京食肉市場・茨城県中央食肉公社
◆ 主な処理場
：同上

◆ 格付等級
：－
◆ 年間出荷頭数
：約3,000頭
◆ 主要取扱企業
：SPECK、フリーダム、コシヅカ、石井大一商店
◆ 輸出実績国・地域
：無

◆ 今後の輸出意欲
：有

商標登録の有無：有
登録取得年月日：2005年3月1日
銘柄規約の有無：有
規約設定年月日：2009年4月24日
規約改定年月日：2016年2月24日

特長	● 産地にかかわらず、エサ（配合飼料「名人」）と管理を統一して生産された同じおいしさの和牛です。 ● 配合飼料「名人」は、高品質の原料にこだわり高価な「ビタミンC」も添加した高級飼料であり、粗飼料にはサトウキビを原料とした粗飼料「BIOバガス」も給与しているため、「名人和牛」は風味豊かな甘みのある赤肉と融点が低くあっさりとした脂肪が特徴です。 ● おいしさの成分「オレイン酸」の測定・開示にも取り組んでおります。

概要	管理主体：茨城県畜産農業協同組合連合会 代表者：斉藤 功 代表理事会長 所在地：茨城県水戸市梅香 1-2-56	電話：029-221-5397 ＦＡＸ：029-224-5070 ＵＲＬ：meijin-wagyu.jp メールアドレス：info@ibatiku.jp

九　　　州
きゅうしゅうさんかいたくぎゅう
九州産開拓牛

品種または 交雑種の交配様式
乳用種

飼育管理

出荷月齢
　：約21カ月齢
指定肥育地
　：－
飼料の内容
　：－

GI登録・農場HACCP・JGAP

ＧＩ登　録：無
農場HACCP：無
ＪＧＡＰ：無

商標登録の有無：有
登録取得年月日：－
銘柄規約の有無：有
規約設定年月日：－
規約改定年月日：－

主な流通経路および販売窓口

◆ 主なと畜場
　：九州のと畜場

◆ 主な処理場
　：九州の処理場

◆ 格付等級
　：2等級以上
◆ 年間出荷頭数
　：約500頭
◆ 主要取扱企業
　：ゼンカイミート、食肉加工メーカー
◆ 輸出実績国・地域
　：－

◆ 今後の輸出意欲
　：有

特長	● 「定時、定量、定質」「安心、新鮮、おいしさ」をモットーに、生産履歴の開示、指定肥育体系による肉牛生産を推進します。

販売指定店制度について

指定店制度：無
販促ツール：条件付きで有り

概要	管理主体：全国開拓農業協同組合連合会 代表者：平木 勇　代表理事会長 所在地：東京都港区赤坂1-9-13　三会堂ビル	電話：03-3584-5721 ＦＡＸ：03-3587-2373 ＵＲＬ：www.zenkairen.or.jp メールアドレス：info@zenkairen.or.jp

---

九　　　州
きゅうしゅうさんかいたくぎゅうこうざつしゅ
九州産開拓牛（交雑種）

品種または 交雑種の交配様式
交雑種 （ホルスタイン種 × 黒毛和種）

飼育管理

出荷月齢
　：約26カ月齢
指定肥育地
　：－
飼料の内容
　：－

GI登録・農場HACCP・JGAP

ＧＩ登　録：無
農場HACCP：無
ＪＧＡＰ：無

商標登録の有無：有
登録取得年月日：－
銘柄規約の有無：有
規約設定年月日：－
規約改定年月日：－

主な流通経路および販売窓口

◆ 主なと畜場
　：九州のと畜場

◆ 主な処理場
　：九州の処理場

◆ 格付等級
　：2等級以上
◆ 年間出荷頭数
　：約3,000頭
◆ 主要取扱企業
　：ゼンカイミート、食肉加工メーカー
◆ 輸出実績国・地域
　：－

◆ 今後の輸出意欲
　：有

特長	● 「定時、定量、定質」「安心、新鮮、おいしさ」をモットーに、生産履歴の開示、指定肥育体系による肉牛生産を推進します。

販売指定店制度について

指定店制度：無
販促ツール：条件付きで有り

概要	管理主体：全国開拓農業協同組合連合会 代表者：平木 勇　代表理事会長 所在地：東京都港区赤坂1-9-13　三会堂ビル	電話：03-3584-5721 ＦＡＸ：03-3587-2373 ＵＲＬ：www.zenkairen.or.jp メールアドレス：info@zenkairen.or.jp

九　　州

くろはなぎゅう
黒 樺 牛

品種または交雑種の交配様式
黒毛和種

飼育管理
出荷月齢 　：28カ月齢平均 指定肥育地 　：九州一円 飼料の内容 　：オリジナル

GI登録・農場HACCP・JGAP
Ｇ Ｉ 登　録：－ 農場HACCP：2018 年 7 月 2 日 Ｊ Ｇ Ａ Ｐ：2020 年 2 月 18 日

販売指定店制度について
指定店制度　：無 販促ツール　：ポスター、のぼり、 　　　　　　　　シール、楯

商標登録の有無：有
登録取得年月日：2005 年 1 月 7 日
銘柄規約の有無：有
規約設定年月日：－
規約改定年月日：－

主な流通経路および販売窓口
◆主なと畜場 　：熊本中央食肉センター ◆主な処理場 　：杉本本店 ◆格付等級 　：－ ◆年間出荷頭数 　：5,000～6,000 頭 ◆主要取扱企業 　：日本ハム、埴生ミートパッカー ◆輸出実績国・地域 　：シンガポール、香港 ◆今後の輸出意欲 　：有

特長	●おいしさの基本は安心、安全。黒樺牛は繁殖から肥育、出荷に至るまで一貫した管理システムの元に生産されています。

概要	管 理 主 体　：㈱杉本本店	電　　　　　話　：0964-45-2611
	代　表　者　：杉本 光士郎	Ｆ　Ａ　Ｘ　：0964-45-2988
	所　在　地　：熊本県宇城市豊野町巣林 538	Ｕ　Ｒ　Ｌ　：www.sugimotohonten-shop.com メールアドレス　：kurohanagyu@sugimoto-honten.jp

---

九　　州

ふじあやぎゅう
藤 彩 牛

品種または交雑種の交配様式
黒毛和種

飼育管理
出荷月齢 　：28カ月齢以上 指定肥育地 　：フジファーム 飼料の内容 　：－

GI登録・農場HACCP・JGAP
Ｇ Ｉ 登　録：－ 農場HACCP：－ Ｊ Ｇ Ａ Ｐ：－

販売指定店制度について
指定店制度　：無 販促ツール　：シール、のぼり、 　　　　　　　　リーフレット

商標登録の有無：有
登録取得年月日：2014 年 8 月 15 日
銘柄規約の有無：無
規約設定年月日：－
規約改定年月日：－

主な流通経路および販売窓口
◆主なと畜場 　：熊本中央食肉センター、熊本畜 　　産流通センター ◆主な処理場 　：フジチクほか ◆格付等級 　：－ ◆年間出荷頭数 　：1,000 頭 ◆主要取扱企業 　：－ ◆輸出実績国・地域 　：香港 ◆今後の輸出意欲 　：有

特長	●グループの肉牛牧場・フジファーム（飼養頭数 3,500 頭）で育てた和牛のプレミアムブランド。 ●キャッチコピーは「食生活を豊かに彩る」。2014 年夏から本格販売した。

概要	管 理 主 体　：㈱フジチク	電　　　　　話　：096-232-2919
	代　表　者　：藤本 健	Ｆ　Ａ　Ｘ　：096-213-5733
	所　在　地　：熊本県菊池郡菊陽町久保田 727-1	Ｕ　Ｒ　Ｌ　：www.fujichiku.jp メールアドレス　：fujichiku@fujichiku.jp

品種または 交雑種の交配様式	熊本・鹿児島・宮崎・大分	主な流通経路および販売窓口
黒毛和種	ぷれみあむくろはなぎゅう **プレミアム黒樺牛**	◆主なと畜場 ：熊本中央食肉センター

飼育管理		◆主な処理場 ：杉本本店
出荷月齢 ：28カ月齢平均 指定肥育地 ：熊本、鹿児島、宮崎、大分 飼料の内容 ：オリジナル		◆格付等級 ：－ ◆年間出荷頭数 ：－ ◆主要取扱企業 ：－

GI登録・農場HACCP・JGAP	商標登録の有無：有	◆輸出実績国・地域 ：－
ＧＩ登　録：－ 農場HACCP：一部農場 ＪＧＡＰ：一部農場	登録取得年月日：2020年 1 月16日 銘柄規約の有無：有 規約設定年月日：－ 規約改定年月日：－	◆今後の輸出意欲 ：－

販売指定店制度について	特長	●「黒樺牛」の中でもBMS No.10以上のプレミアムな牛に限る。
指定店制度：無 販促ツール：シール、のぼり		

概要	管 理 主 体：㈱杉本本店 代　表　者：杉本 光士郎 所　在　地：熊本県宇城市豊野町巣林538	電　　　　話：0964-45-2611 Ｆ Ａ Ｘ：0964-45-2988 Ｕ Ｒ Ｌ：www.sugimotohonten-shop.com メールアドレス：kurohanagyu@sugimoto-honten.jp

銘柄牛肉取り扱い
企業・団体紹介

松阪牛の伝統を販売で支え続ける専門店「朝日屋」

松阪牛の年間女王を決める松阪肉牛共進会が年末の恒例行事となっている。令和初の開催となった第70回大会は19年11月に三重県松阪市の松阪農場公園ベルファームで開催された。（20年の開催は新型コロナウイルス感染防止のため、開催中止となった）そして、本大会で松阪牛の頂点である優秀賞1席を落札したのが、同県津市の朝日屋（香田佳永社長）だ。同社の1席牛落札は28年連続で通算38回。世界に誇る松阪牛の伝統を流通・販売の面から永年に亘って支え続けている食肉専門店である。

魅力的な価格で販売

朝日屋が扱う松阪牛の頭数は年間約1,200頭（約300頭は12月の取り扱い）。畜種は牛、豚、鶏を取り扱うが、売上構成比の約9割を牛肉が占める。

昨年は新型コロナウイルス感染拡大の影響で銘柄牛の相場が大きく変動する中、松阪牛は引き合いの強さから底堅い価格を維持。こうした状況でも、朝日屋ではヒレ3,500円、ロース3,000円、スソ物が480円と驚くべきリーズナブルな価格帯で松阪牛を販売している。

平月の取扱量は黒毛和牛（松阪牛のみ）が7割、交雑牛が3割。松阪牛という日本でも有数のブランドを販売しながら、値打ち感のある価格設定が朝日屋の魅力の一つであり、遠方からも多くの馴染み客が松阪牛を求めて買いに来る。まとめ買いも多く、普段でも5～10kg、中には贈答で100kg以上を購入する人もいるという。とくに昨年は新型コロナウイルスの影響で巣ごもり需要や買い置き需要が高まり、通信販売の売り上げが前年の2倍以上となる月が多かった。

年末の販売イベントは例年盛況

年末は食肉専門店にとって、年間で最も大きな売り上げとなるが、朝日屋では毎年12月下旬に特産松阪牛なども通常価格で販売するイベントを開催している。昨年も「感謝市」として開催し、3密を避けるオペレーションで入店制限を行いながらも、つねにお客が来店するほどの盛況ぶりとなった。

朝日屋の香田社長

通信販売はフレッシュでの発送を基本としており、800～1,000kgを上限として販売する。また、商品管理を徹底するため、11月末～12月初旬までに年内のネット注文は打ち切っている（中には「お客様の要望」として冷凍を取り扱う場合がある）。さらに朝日屋では総菜商品も人気だが、精肉に対して1割規模の売上高。前年と比較しても1割程度増加傾向にあり「松阪牛コロッケ」「松阪肉ミンチカツ」などの人気を考えると、まだまだ売り上げを伸ばすことも可能だが、総菜は自家製を基本としていることから、現在の展開規模を継続する。

相場高の中でリーズナブルな価格で松阪牛を購入できることは、消費者にとっては大きな魅力であり、松阪肉牛共進会をはじめ、大紀町七保牛共進会

コロナ禍でも小売販売は堅調に推移

三重県津市に本店を構える朝日屋

など地域をあげたイベントが地元紙などで多く取り上げられ、それをみて来店するお客も多い。

朝日屋を支える職人たち

魅力ある価格設定を可能にしているのが、枝肉仕入れだ。年末の繁忙期には1日20頭近い枝肉を扱い、脱骨（半頭）だけで早くて5分、遅くて7分というスピードで作業を行う。枝肉のさばきは主に店舗2階で行い、営業で入社した人材もここで現場実習し教育していく。中にはそのままさばき（2階業務）の仕事に就く人もいる。

松阪牛の特長は肉質の高さだけでなく、上質な脂質をもつことにある。とくに特産松阪牛は、その傾向が顕著で、みた目にも触れた感触にもその良さが実感できる。中には脂質の良さから融点が低く、溶けることによって切りづらさも出てくる。それゆえに、良い松阪牛はスライスするにも技術力が必要となる。このように職人を必要とする現場だが、朝日屋では外国人実習生の受け入れも積極的に行っており、現在では15人が入社している。

東京でも好調維持、外食はテイクアウト対応

松阪牛は東京でもブランド力が高い。昨年は新型コロナウイルスの感染拡大から枝肉価格が大きく下落する局面もあったが、松阪牛は内食需要による小売販売などの好調さもあり、下落幅が小さかった。

こうした背景もあり、15年にオープンした「朝日屋東京白金台店」も好調な売り上げで推移している。

また、外食の店舗として17年に三重県桑名市ナガシマリゾート内にある商業施設「ジャズドリーム長島」に出店。アウトレットモール内ということもあり、当初は一見客が多いと予想していたが、意外とリピーターが多く、施設の集客効果もあり、客単価は3,500円で推移している。近年ではインバウンド需要も拡大していたが、昨年の新型コロナウイルスの影響から渡航客は減少。しかしながら需要が拡大しているテイクアウトに対応し、「松阪肉コロッケ」「自家製コロッケ」「しぐれ煮」などを販売するほか、予約があれば弁当も販売している。

通販や進物用の販売が例年以上に好調

牛飼いの匠が目指す、未来志向の和牛づくり

2020年の九州管内系統和牛枝肉共進会をはじめ近年、西日本地区の主要な品評会でチャンピオン牛を相次ぎ輩出する、うしの中山（中山高司代表）。同社を指揮する中山代表（69歳）は幼きころから庭先の牛と戯れてきた根っからの牛好き。自らを「牛飼い」と呼ぶ、生粋のつくり手だ。このなか2017年に稼働した新農場（4,800頭）は同社の高品質な和牛づくりを支える近代施設。「牛と人にやさしい畜産経営」をコンセプトに牛舎設計から肉牛の飼養管理まで、牛の立場にたったストレスフリーの環境を整備し、食味にこだわった和牛生産に励んでいる。

中山高司代表

健全な環境、緻密な管理で内臓までおいしく

場所は県内でも畜産の盛んな鹿屋市、13町歩の広大な敷地に40数棟の牛舎や堆肥場など真新しい施設が立ち並ぶ。ここは同社が祖業の地（同県長島町）を離れ、新たにたどり着いた新天地。牛舎はストレスから家畜を守るため広々としたスペースを確保し「ゆとりある経営」を実践するほか、夏場の暑さ対策の一環として牛舎の冷却効果を促す細霧装置や業務効率を高める自動給餌機の設置など数多くの近代設備を備えている。

その本稼働から3年半。農場への投資効果はてきめんに経営成績に表れている。直近の出荷成績は中山代表曰く5等級の発生率が8割超えと移転前に比べ1割近く上昇。枝肉重量も去勢（28か月齢平均）で同70kg増の540kgとその伸びは著しい。その要因は肉牛にとって健やかな環境整備に注力してきた前述の農場投資だけが理由ではない。長年、蓄積してきた同社の肥育技術とその思いが花開いた格好

ストレスをかけない緻密な管理が良質な和牛をつくる

㈲うしの中山

鹿児島県鹿屋市串良町有里5137―3

同社幹部がお墨付きを与えた
最上級の専売ブランド
「黒宝牛」

A5 等級未満の雌牛を厳選した
「ローズビーフ」

主力の総称ブランド
「もーもー中山牛」

だ。その理念は同社が創業以来、取り組んできた「おいしい和牛づくり」の追求だ。

この理念を支えるこだわりが長年、研究を重ねてきた独自配合のえさにある。同社では酵素やビールかす、ごまかすなど15種類以上の副資材をブレンドし「脂肪融点が低く、甘味がある」牛肉づくりを実践。いまでも代表自ら直営の焼肉店などで定期的な肉牛の食味試験を重ねており、「肉はもちろん、レバーなど内臓を食べてみれば特にその良さが実感できるはず」と話す自慢の逸品だ。

また肥育専業にとって不可欠な子牛の選畜についても独自のこだわりがある。同社では人気血統産子には固執せず、原則「過肥」でない小さな素牛を導入し、大きく育てるのが流儀。外観上の特徴や繁殖農家の実績などを総合的に考慮し「後伸びする」子牛を仕入れるのが特徴だ。これは和牛の遺伝的改良が進み「人気血統とはいえ（調達コスト以上に）枝肉の出来栄えに差異がない」ことや収支上の利点に加え、「個々の能力を最大限に引き出し、おいしく成仏させることが我々の使命」とプロの牛飼いとしての自負に他ならない。

そんな同氏の牛飼い哲学が「牛は人が手をかけただけ、結果に応えてくれる」。これは最もストレスを感じる存在が接する人間の側にあると指摘。良質な和牛づくりには最終的に人手による緻密な飼養管理が不可欠だという。このなか通常の大型農場では珍しい独自施策を農場スタッフに徹底させている。その一例が朝礼後、一頭、一頭の肉牛に対する「おは

よう」の声かけ運動だ。これは肉牛の体調変化をつぶさに把握し病気の早期発見を促す一方、肉牛と従事者の関係性を深めることで家畜の緊張を解きほぐしリラックスした環境づくりを狙ったものだという。

そんな同社の次なる目標は、肥育頭数を現在の倍の1万頭体制に引き上げていくこと。そして目指すは鹿児島・肝付から世界へ。新たな第2幕のステージに向けて日本の匠が仕掛けるその挑戦は始まったばかりといえる。

九州系統チャンピオンの座を射止めた枝肉
（2020 年九州管内系統和牛枝肉共励会）

世界的ブランドとして飛躍する「神戸ビーフ」

神戸ビーフ（神戸肉、神戸牛）は現在、アジア、米国、EU諸国など世界22カ国・地域に輸出され、キャビアやトリュフなどのような高級食材の一つとして世界中で賞味されるようになった。いまや日本が誇る最高級の芸術品といってもいいだろう。そして、このブランド管理を支えるのが1983年に設立された、生産から消費までの関係者からなる神戸肉流通推進協議会（森紘一会長、事務局＝全国農業協同組合連合会兵庫県本部）だ。

神戸ビーフのブランド力とは

神戸ビーフの最大の特徴は閉鎖育種により、歴代にわたって兵庫県有種雄牛のみを交配した「但馬牛（うし）」を、県内で畜産を営む神戸肉流通推進協議会の「指定登録生産者」が繁殖・肥育した枝肉のみが認定される点にある。

県内で生まれ、肥育された牛を認定するブランドは国内でもわずかで、しかも県が指定する県有「但馬牛（うし）」のみしか種雄牛として認められないというのは、数ある黒毛和牛ブランドの中でも異例中の異例だ。

DNA検査においても、一般的な黒毛和牛はいずれの産地も似た構造となっているのに対し、神戸ビーフは、それらと大きく異なる構造であることが明らかになっている。つまり、数多くの黒毛和牛の中でも、完全に独自の進化を遂げたブランドといえ、その独自性が神戸ビーフのブランド価値といえる。

神戸ビーフは、このような厳格な規約に基づき生産されていることから、味のバラツキが少なく、とくに肉質、脂質に優れたブランドとして知られている。現在は、流推協、県、県内食肉センターが協力

し、モノ不飽和脂肪酸含有量の測定、ロース断面の画像解析による"小ザシ"密度の計測などの研究を行っており、神戸ビーフのおいしさを科学的に示すとともに、客観的な評価でおいしさをはかることができるよう整備を進めている。

神戸ビーフと但馬牛（うし）、但馬牛（ぎゅう）の違い

神戸ビーフはこの独自の血統を持つ但馬牛の中で、県内食肉センターでと畜された、格付等級がAもしくはBかつ、BMS No.6以上で生後28カ月齢以上の未経産牛もしくは去勢牛と定められている。また、もう一つの大きな特徴として枝肉重量499.9kg以下という決まりがある。

肉牛の大型化が進む中で、神戸ビーフの最大の特徴であるキメ細やかな肉質を維持するため大きさを制限する必要があると考えられているとともに、適量のステーキのサイズを維持することで、高級飲食店で品位高く提供されるために取り組まれているもの。

なお「但馬牛（ぎゅう）」の認定は県内の食肉センターに出荷した生後28カ月齢以上から60カ月齢以下の雌牛・去勢牛で、歩留・肉質等

神戸ビーフの頭数と発生率

	平成29年度	平成30年度	令和元年度
但馬牛認定数	6,771	6,415	6,469
神戸ビーフ認定数	5,557	5,383	5,639
神戸ビーフ率	82.1%	83.9%	87.2%

神戸市西区玉津町居住88（事務局＝全国農業協同組合連合会兵庫県本部）

級が「A」「B」2等級以上などとなっている。ちなみに但馬牛（うし）は、但馬系統の生体牛もしくはその血統をいい、但馬牛（ぎゅう）は但馬牛（うし）からなる牛肉のブランド名をさす。

国　名	店舗数
香　港	5店
マカオ	6店
アメリカ	54店
タ　イ	6店
シンガポール	8店
モナコ	3店
デンマーク	3店
オーストリア	3店
フィリピン	2店
メキシコ	27店
ルクセンブルク	1店
フランス	21店
ドイツ	13店
ベルギー	3店
スウェーデン	8店
スイス	2店
ギリシャ	4店
イギリス	12店
ノルウェー	1店
スペイン	6店
台湾	13店
カナダ	20店
イタリア	12店
ベトナム	7店
オランダ	1店
ロシア	2店
UAE	2店
スロバキア	1店
ポーランド	4店
マルタ	2店
オーストラリア	2店

畜産物として初のGI保護認定

　神戸ビーフ、但馬牛は畜産物では初めて地理的表示（GI）保護制度によりGI登録され、わが国の知的財産としての評価を獲得した。これは国内のみならず海外でも通用するようブランド化を推進する目的でつくられた制度で、海外においても神戸ビーフのブランド価値を保証し、偽物を排除するなど、さらなるブランド力の向上が期待できる。

農林水産大臣登録　第3号

表示偽装などに対応する独自制度を導入

　神戸ビーフは偽物の流通を防ぐため指定販売店制度を設け、指定販売店に正規販売店であることを示すブロンズ製のモニュメントを提供している。このブロンズ像こそ本物の販売店である証であるとともに、正規店である誇りを販売店にもたらしている。

　加えて神戸ビーフ1頭ごとに証明書である「神戸肉之証」を発行するため、お客に対しても購入証明を行うことが可能。また、流推協ホームページ（http://www.kobe-niku.jp/top.html）では個体識別番号を活用した「但馬牛血統証明システム」により認定牛かどうかの識別、3世代前までの血統情報などが確認できる。

エコとおいしさ「神戸ワインビーフ」

神戸ワインは神戸市の神戸ワイナリー・農業公園などの神戸のブドウ畑だけで収穫されたブドウからつくられるワインで、神戸の地域特産品の一つ。晴天が多い瀬戸内海の気候と豊かな土壌で育てられたブドウの甘さが生かされた一杯といえる。

神戸ワインビーフは、その特産ワインの製造過程で出る搾りかすを発酵飼料として給餌した黒毛和種。いわば神戸が誇る地元のワインと、国内有数の産地である兵庫県産和牛のコラボレーションといえる。この神戸ワインビーフと神戸ワインの食べ合わせは当然のことながら絶品で、ステーキやローストビーフなどの食べ方で神戸のレストランでしばしばみかけられる。

神戸ワインビーフの成り立ち

神戸ワイン製造時に出る絞りかすはこれまで、すべて廃棄物として処分されていた。しかしこの絞りかすを飼料として利用することで、リサイクルにもなり、牛の健康にも寄与するのでは、という牛への気持ちとエコロジーへの思いから搾りかすに穀類を混ぜた配合飼料の開発が進められてきた。

そこでこの開発された配合飼料を肉牛に給餌したところ、絞りかすに含まれるポリフェノールなどの働きにより健康な胃となり食欲も増進され、生育が良くなることなどの良好な結果が出た。

この結果を受けて、神戸市の外郭団体や兵庫県内の食肉企業が連携し、2008年に新ブランド「神戸ワインビーフ」が立ち上がった。近年は食品残さの問題が取りざたされており、残さを利用した飼料「エコフィード」を利用した畜産物も増えてきたが、この絞りかすの利用もそのエコフィード。また現在、日本では「持続可能な農業」として廃棄物を肥料にするなどの「循環型農業」が目ざされている。日本は飼料の多くを海外からの輸入に頼っており、国産飼料の生産拡大が望まれているが、こういった国産エコフィードの利用による国産飼料の拡大も飼料国産化として期待されており、循環型農業への第1歩と考えられている。

神戸ワインビーフの特長

神戸ワインビーフは兵庫県内肥育牧場と連携し、肥育プログラムに基づいて1頭1頭が飼養管理され、安全・安心・衛生的でストレスのかからない肥

育環境を用意し、大切に育てられている。

　毎年5月の大型連休中に神戸市中央区の神戸港にある公園「神戸メリケンパーク」で開かれる「KOBEメリケンフェスタ」の核イベントである「神戸ミートフェア　神戸ワイン＆ビーフ祭」では例年、そのPRのために神戸ワインビーフの試食が行われている。

　兵庫県産の銘柄牛といえば神戸ビーフだが、その神戸ビーフとはコンセプトが異なり、神戸ワインビーフは但馬系などの血統や、県内産素牛の仕様などにはこだわらず、幅広いグレードで消費者が買いやすい牛肉の提供を目ざしている。

　新興ブランドではあるが、イベントへの参加や話題性の高さなどから認知度も年々高まっており、食肉専門店での店頭販売や、レストランでは神戸ワインとの食べ合わせで提供されるなど、販売機会もとくに増えている。もちろんこういった肉料理としての人気も高まっているが、そのほかにも加工品の販売も伸長しているようだ。

　畜産業と神戸ワインという地元農業を連携させた地場産の国産商品である神戸ワインビーフは、そのおいしさだけでなく地域活性化と地域振興としても注目されている。エコロジーとおいしさ、そして地産地消の観点からも考えられた“次世代の食肉商品”ともいえる神戸ワインビーフの人気は今度もさらに高まっていきそうだ。

神戸ワインビーフの主な定義

(1)神戸ワインビーフとは神戸ワインの製造時に出る副産物（絞りかす）を利用した発酵飼料を給与した国産牛肉で次の各号に掲げる要件をすべて満たすものとする
①神戸ワイン製造副産物（絞りかす）を利用した発酵飼料の給与期間は出荷前6カ月以上とする
②絞りかすの給与量は1日1頭あたり300g以上とする
③肥育月齢は28カ月以上とする
④神戸ワインビーフの生産において生産JAS法の手順を順守する
⑤出荷体重が500kg以上とする
⑥最長肥育地は兵庫県とする
(2)神戸ワイン製造副産物（絞りかす）の流通の条件は、飼料として給与する絞りかすは神戸ワインの製造に使われた神戸産ぶどうの絞りかすとする
(3)神戸ワインビーフの流通は、兵庫県内の食肉処理場でと畜し、解体されたものとする

神戸ワインと黒毛和牛のコラボレーション

※神戸ワインについて
　●神戸ワインは地場産のぶどうのみを使用し、1984年に販売を開始。
　●製造場所は神戸市の神戸ワイナリー・農業公園のほか同市の契約農家60人（栽培面積40ヘクタール）
　●喫食用のぶどうは製造せず、ワイン専門のぶどうづくりを行っている。
　●アジア最大規模の審査会「ジャパンワインチャレンジ2014」で金賞を受賞。世界26カ国から出品された1,416本のうち、金賞は46本。また価格以上の価値があるとして「ベストバリューアワード」にも選出された。

内食向けの小売店用アウトパックが堅調

安堂畜産（山口県岩国市）は皇牛、高森牛、無角和牛を柱に生産から卸、小売、飲食を展開している。グループの農業生産法人高森肉牛ファームの肥育頭数は約1,100頭。うち交雑牛が約900頭で、和牛が約200頭。和牛の繁殖も手掛けており、繁殖用母牛を80頭肥育し、微増傾向にある。皇牛、高森牛については自社牧場で肥育し、無角和牛は阿武町の無角和種振興公社のものを手当てする。

農場HACCP認証取得にも取り組む

高森牛については岡山県、熊本県から素牛を導入。皇牛は山口県産と山口県産と地元の見島牛（山口県産）を交配させた母牛をベースに子牛を産出するほか、山口県の素牛を導入することもある。学校給食や量販店向けに乳牛も取り扱っており、これについては全国から成牛を導入している。

牛を育てる際は製材所から出る国産の木材チップや地元岩国市で取れる米などを飼料に活用。繁殖用肉牛にだけ稲わらを発酵させ半年ほどおいたサイレージを与える。また、肥育段階で出るふんをストックヤードに集め、かくはん、発酵させ、良質な有機肥料を生産し米農家に還元する仕組みを構築している。

高森牛のロゴ

以前から取り組んでいた農場HACCP認証については、2020年2月に取得。将来的に農場、と畜場、加工場のすべてをHACCP対応とし、企業価値の向上につなげていく方針だ。

と畜は周東食肉センターで行う。同センターは、と畜業者と卸売企業で構成される玖西食肉加工事業協同組合が運営。処理作業には、すでに肥育から小売まですべての段階でISO22000の認証を取得している安堂畜産のノウハウを適用する。

出荷された牛は内臓を含め、基本的にすべて自社小売および卸売で活用。卸先は大手量販店や地元

山口県岩国市周東町上久原298−1

内食向け商品が堅調な安堂畜産

スーパー、指定小売店、飲食店など多岐にわたり、セット販売からステーキ、焼き肉、スライスなどコンシューマーパックでの供給まで幅広い形態で商品を提供している。

昨年は新型コロナウイルスの影響によって内食需要が増加。緊急事態宣言下では外食など業務用需要は落ち込んだものの、内食向けの小売店舗用アウトパック商品は堅調に動いた。

山口県で初めて生食商品も製造販売し始めた同社では、牛肉を常温乾燥熟成した干し肉も販売。近年は冷温でのドライエージングビーフも取り扱っているほか、食肉総菜の開発にも意欲的な姿勢をみせている。

現在の課題や新たな取り組みについて安堂社長は「生活に不可欠な食料生産としての維持を望む。とくに和牛は輸出する食料品として意味がずれてきている。また、消費者のし好の変化に対応するため、和牛のおいしさは霜降りだけではないという理由を提示していきたい」と述べている。

高森肉牛ファームでは1千頭強の肉牛を肥育

国産牛のほか、国産牛内臓肉の取り扱いが強み

㈱大浦ミート

兵庫県加古川市志方町志方町1306

大浦ミート（大浦達也社長）は兵庫県加古川市の食肉・内臓肉卸・小売。2020年に卸売事業の一部をのれん分けしたため、現在の卸と小売の売上比率は半々。小売事業は本社に隣接する本店と、JA兵庫南が運営する加古郡の農産物直売所「にじいろふぁ〜みん」内でセルフ主体の店舗をテナント出店しているほか、加古川市内のイオン加古川店内で対面販売を行っている。

国産内臓肉を多数扱う

2020年の小売事業は新型コロナウイルス感染症の拡大の影響もあって大幅に伸長。同社は創業が牛内臓肉専門業者だったこともあって内臓肉の扱いにたけており、ハラミ、タン、小腸、レバーといったアイテムがとくに好評を博した。

同社が卸売で扱う牛肉は、一部、輸入ビーフを取り扱うほかは和牛が5割、交雑牛が5割と国産が中心。定時定量扱っているブランドは「神戸ビーフ」と「佐賀牛」。仕入れは地元の加古川市場と、神戸市場、和牛マスター食肉センター（姫路市場）でのせり買いのほか、メーカーからも仕入れている。品物はサシが強すぎず、肉質が良く歩留まりに優れたものを厳選して扱っている。

輸入むきミノも人気

また、先の内臓肉については、国産では月間平均200頭分もの供給力を誇っており、専門業者ならではの洗浄技術、管理技術により、高鮮度の内臓肉を多数保有している。これらのホルモンは「プレミアムホルモン」として付加価値のある販売を行っている。

卸先は仲卸、精肉店、飲食店を中心に幅広い販路をもち、兵庫県の加古川、明石へルート販売を行うほか、宅配や運送代行による小ロットからの全国販売を実施する。

加えて同社といえばグループの㈲大浦フーズが輸入むきミノの取り扱いで全国に知られている。高度な衛生水準をもつ、むきミノの専用工場を有しており、水質が良く夏場でも冷たさが保たれる地下水に

次亜塩素酸とオゾンガスを加えて殺菌性を高めた洗浄水で丁寧に洗うため非常に鮮度が優れている。大浦フーズはミノのソムリエとして、サイズの大きさ、色合いなど要望に合わせた商品提供が可能となっており、豊富な供給力を誇る。

大浦ミートはこうした専門性に加えて、"人財"セミナーとして外部から講師を招いて定期的に勉強会を実施。また、従業員の子どもを見守るキッズルームを設置したほか、社員食堂、女性専用の休憩室を新たに設けるなど、福利厚生にも力を入れている。

プレミアムなホルモンと輸入品であることを示す飛行機のマークで有名なミノの箱

ハラミも特選を扱っている

講師を招いた社員研修を定期的に実施し、"人財"育成に力を注ぐ

衛生管理水準の高さに高い評価、輸出も好調

㈱銀閣寺大西

京都市左京区浄土寺東田町53

銀閣寺大西は、信州長野の特産地より同社が限定販売する超高級黒毛和牛「村沢牛」、肥よくな土と清らかな水に育まれた丹波の里で育てられる「京丹波平井牛」に象徴される厳選素材へのこだわりとともに、先進独自の品質管理が高い評価を得ている。

ブランドの差別化や経産和牛の輸出にも挑戦

平成13年に食肉小売・卸業界で初めてHACCPを本社工場で取得。ISO9001も取得しており、平成18年には京都市の「食品衛生特別優良施設」表彰も授与している。平成25年にはこうした取り組みを結実した外商部プロセスセンターを稼働させた。

同社では卸売業のほか、対面型の販売を行う本店、スーパー業態「エムジー」、飲食店「御肉処　銀閣寺大にし」などを展開。一昨年はシンガポールに海外第1号店となる食肉専門店をオープンさせ、好調な売れ行きをみせている。

それぞれに精肉を供給するのがHACCP対応のPC。本社工場では2階部分で生食製品製造を兼ね備えた調理食品群、3階部分でローストビーフ、焼き豚、ハンバーグなどを製造する。

取引先は旅館、ホテル、外食店など多岐にわたり、衛生管理水準の高さが評価されて近年は給食事業会社への供給も増加傾向にある。これらの取り組みを通じて病院、学校、企業などの給食への供給が増加し傾向にある。また、小売店やネット通販事業も堅調に推移している。昨年3月から開始した移動スーパー「とくし丸」での販売も好評を得ている。

近年取扱数量を伸ばしてきた輸出事業についても好調さを維持。昨年はコロナ禍により一時的に落ち込んだものの急増。ロックダウン解除後はフィンランドなど新規輸出国への供給が増えたほか、同社シンガポール店の販売が当初の3倍強に膨れ上がるなど自社販路が好調に推移したことから結果的に大幅な増加となった。同店では京都府の名産品も販売するなど新たな取り組みが好評を博している。

ブランドの差別化にも取り組んでいる。和牛の中でもロースしんの大きさやサシの入り具合などキメ細かな顧客ニーズをきいた上、目利きで厳選したも

外商部プロセスセンター

のだけを「ONISHI SELECTION」として台湾、オランダ、フランス、フィンランドに輸出している。

経産和牛の輸出にも挑戦。シンガポールでドライエージングに取り組みたいレストランをメインターゲットに、「肉にくしい肉を好むシェフも多い」ことから提案する。オーストラリアワギュウと同程度の価格で「和牛」をうたえることが顧客メリット。国内で3千頭ほどを再肥育する形で育てている生産者の牛肉を「Aged-Wagyu」のブランドで供給する予定だ。

絶大な人気の「銀閣寺大西シンガポール店」

京都府の名産品も販売するなど新たな取り組みが好評

昨秋に本店を大幅改装、自社販路強化へ

小売、卸、レストラン、ギフトと幅広く事業を展開する杉本食肉産業は食肉専門店や総菜店、飲食店を多数出店。近年は関東圏での営業強化に取り組んできたほか、中国をはじめとするアジア地域への出店を積極的に行うなど海外進出も果たしている。

新ブランド「ひらやの輝跡」を立ち上げ

取引先は多岐にわたり、国産、輸入物とも取り扱う。量販店との取引が多い国産牛では松阪牛や飛騨牛といった銘柄和牛を幅広く品ぞろえ。国産の比率は6割強で、うち6割を銘柄牛が占める。昨年8月には新オリジナルブランド牛肉「ひらやの輝跡（きせき）」を立ち上げた。

また、氷温（0℃以下で凍らない状態）で鮮度を保ちつつ、電磁波を流す手法で熟成させる氷温熟成の牛肉は、ホテルやステーキレストランなど、こだわり商品を取り扱う意識の高い企業から好評を得ており、この氷温熟成に関しては「氷熟」の商標登録を済ませている。

近年は供給源確保の観点から繁殖から肥育までの一貫生産を行う生産者との関係を強化しているほか、海外での素牛を確保する取り組みにも注力。農業法人スギモトファームも立ち上げており、豪州和牛はユニーで「美然牛」というブランド化をして好評を得ている。

また、総菜などを製造する工場「スギモトデリカファクトリー」の本格稼働により、総菜類や加工品の供給体制を強化。従来の主力工場だった豊田工場はハム・ソーセージ製造に特化し、他の総菜類をデリカファクトリーで製造する体制に移行している。

新たな取り組みでは昨年11月に本店を大幅リニューアル。「肉をもっとおいしく、楽しく」をコンセプトに、調味料やワインの品ぞろえを充実させたほか、「KITCHEN SUGIMOTO」コーナー展開するなど、情報発信型の店舗として会社のショールームのような店舗に生まれ変わらせた。

各種銘柄を品ぞろえ

肉に合う調味料を販売

「KITCHEN SUGIMOTO」

料理ごとにワインを提案

昨秋改装した「スギモト本店」

高いレベルの衛生管理、オンラインストアも強化

大和食品㈱

大阪府堺市中区毛穴町126ー1

大和食品（大阪府堺市、西井克好社長）は食肉の原料販売、加工食品の製造販売を行っており、本社工場と和泉工場を有する。大阪市北区に営業本部を構えるほか、東京都、福岡県に営業所を展開している。

工場に保育所併設し労働環境に配慮

原料販売、加工品販売を行っており、原料販売のうち約9割を牛肉が占める。牛肉は約7割が輸入ビーフで豪州産、米国産のほか、メキシコ産フローズンや内臓類を販売。仕入れは主に商社系企業から行う。3割を占める国産は各地の牛肉を扱っており、物量ベースでは北海道産乳牛去勢が多い。

加工食品ではローストビーフを中心とする生食アウトパック商品への評価が高い。また、業務用のキット商品やタレ漬け商品などのアウトパック商品、銘柄食肉を使ったギフト商品などバリエーション豊かな商品群を取りそろえている。

主要販路は量販店と生協、宅配業態。そのほか、オンラインストア「利休の郷」での販売に力を入れている。同社が日本全国、世界各国からストーリー性のある食材だけを選りすぐり、生産者の思いを最高の形で食卓に届けるために生まれたブランドだ。

2020年12月4日に販売した「食べ比べセレクション」第1弾では、全国屈指の名牛「米沢牛のローストビーフ」、豪州産WAGYUを使用した「1ポンドローストビーフステーキ」、幻の豚「TOKYO Xローストポーク」をぜいたくに詰め合わせた「ローストビーフ＆ポーク3種食べ比べセット」を提案した。

商品を製造するのは本社工場と和泉工場。本社工場は平成22年6月、食肉製品製造業、食肉処理業、総菜製造業として、和泉工場は平成30年11月に食肉の処理加工業および食肉製品の製造業としてそれぞれ「大阪版食の安全安心認証制度」認証を取得。もともと衛生管理体制には定評のある同社だが、和泉工場では一昨年FSSC22000を取得し、さらなる強化に努めている。

ちなみに同社工場では稼働時から働く従業員のために保育所を設置。食肉処理業でこのような施設を設けるのは珍しいが、労働環境にも配慮した取り組みといえる。

ＦＳＳＣ２２０００取得済みの和泉工場

働く従業員のために保育所を設置

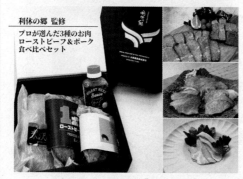

オンラインストア「利休の郷」

労働環境にも配慮した取り組み

「なかやま牛　亜麻仁の恵み」で付加価値訴求

㈱なかやま牧場

肉牛生産から加工、卸、小売店経営まで一貫して行うなかやま牧場（広島県福山市）は、自社店舗「ハート」で商品を販売するほか、量販店、生協、百貨店、外食店などに「なかやま牛」の名称で商品を供給。商社や業務卸企業を経由しての取引も多く、商品は全国に流通している。

ＥＣ販売やギフトカタログ販売などを強化

同社では出荷前８カ月以上かつ最長肥育期間がグループ牧場で肥育されたものだけを「なかやま牛」と定義。付加価値を高める取り組みとしてオメガ3系脂肪酸を含む亜麻仁由来の成分を配合した飼料を３カ月以上与えた牛を「なかやま牛　亜麻仁の恵み」として供給している。

肥育頭数は和牛１，３００頭、交雑牛６，５００頭、乳牛１４００頭。飼料、肥育方法にこだわり、環境の良い直営牧場と協力農家で育てられた肉牛は福山市食肉センターでと畜後、衛生管理の行き届いた自社の加工場で処理される。

近年は繁殖部門の強化にも注力。繁殖農家をやめる牛舎などを活用しながら供給基盤の拡大に努めてきた。受胎率の向上が認められるなど成果もあがっており、生産コストを抑制。また、素牛の導入についても社内保育増加や導入地域拡大などに取り組んでいる。

本年度は内食需要の高まりを受け、自社店舗「ハート」の販売も好調に推移している。自社販路の比率は現在は３３～４０％くらいだがＰＣ供給分を含め最終的には５０％近くまで引き上げたい意向だ。そのＰＣはＩＳＯ２２０００取得済み。２０１８年度版の認証も取得している。

また、加工品工場の老朽化と人手不足問題に対応し加工品のＯＥＭを進めているほか、自社店舗の人員の確保も問題視されており本社工場をフル活用できる仕組みづくりにも取り組む。

マスコットキャラクター「モ～ちゃん」

卸売部門では、量販店などの小売向けには切り落としやミンチといった頻度品のＳＫＵおよび品ぞろえを充実させる。セット販売のモモ、カタなどを切り落とし材にしたスペックの提案により回転率と鮮度感をアップ。また、低価格のステーキ需要に対するモモセットのスペックを提案するとともに、残りを切り落とし材として活用する。

同社では、現在需要が高まっているＥＣ販売やギフトカタログ販売などのチャネルへ販売を強化。出荷頭数が年間約３００頭増の予定であるため、営業は新規開拓と高級部位のギフトに注力し１頭あたりの販売価格を上げ、生産では体重増とＢ3の発生率を上げることに注力する。工場では１頭あたりの歩留りを１％でも上げることを目標に掲げている。

「亜麻仁の恵みコンビーフ」

自社店舗「ハート」で商品を販売

広島県福山市駅家町法成寺1575—16

衛生管理体制の強化進め、品質も向上

㈱フジエール

広島県福山市神辺町西中条883―5

フジエールは広島県、岡山県を中心に牛肉専門の卸売業を展開しており、量販店、メーカー、卸売企業、食肉専門店、学校給食などに商品を供給している。近年はスポットで和牛の特売を提案するなど堅調に推移している。

量販店への供給が堅調に推移

ここ数年は量販店への販売比率が9割以上とさらに拡大。既存取引先の新規出店、新規の量販店との取引が増えたほか、取引先の金融機関からの紹介などもあるという。

仕入れは基本的に枝肉で手当て。以前は、せりで仕入れることもあったが、取扱数量が増加傾向にあり、物量と品質を安定確保するため相対取引が主流となっている。月間の取り扱いは約200頭、産地の協力工場で80頭ほどを処理する。

品種別の取扱構成比は乳牛が約65%を占め、和牛が約15%、交雑牛が約20%。昨年は和牛の相場

食で家族の健康と
幸福に貢献します

衛生管理体制への評価は高い

が軟調に推移したこともあり、量販店で単品の拡販が行われるなど、和牛の取り扱いがやや増えた。和牛は宮崎牛、佐賀牛、鹿児島黒牛などを取りそろえる。乳牛は北海道、栃木県、群馬県、千葉県、岡山県などから導入している。

昨年は新型コロナウイルスの影響で内食需要が拡大したことを受け、主要取引先である量販店からの引き合いが強まった。ただ、ロイン系の動きは鈍ったため、これについては価格を下げて特売に使用してもらうなど在庫過多にならないよう努めるとともに、赤身系のアイテムに関しては評価を上げて販売するなど工夫を凝らした。

現在の大きな課題は人の確保と育成。量販店へはセンターおよび店舗への直接納品の両方を行っているが、いまは店舗への直接納品のほうが多い。量販店ではバックヤードの人員削減や作業効率改善に努める企業が増えていることもあり、商品化の最終段階の一歩手前まで加工した状態での納品が求められるケースが増えている。

2017年には広島県の
食品自主衛生管理の認証を取得

同社ではこれまでセット供給していたものをパーツ供給に切り替えたり、店舗ごとにバラして納品したり、小スペック対応の商品を供給したりと顧客の要望にかなりキメ細かく対応している。作業量が増加する中、工場内でのスタッフをさらに充実させたい考えだ。

衛生管理、温度管理が徹底された工場への評価は高く、2008年には福山食品衛生協会、15年には広島県食品衛生協会から食品衛生優良施設の表彰を受けており、17年7月には広島県の食品自主衛生管理（広島県版HACCP）の認証を取得。衛生管理体制の強化を進めるとともに、品質向上につなげている。

量販店からの引き合いは強い

フジミツハセガワの取り組み

FUJIMITSU HASEGAWA

フジミツハセガワは、グループ牧場「長谷川グループ牧場」で肉牛約5,500頭を肥育。オリジナルブランド「阿波黒牛」や徳島県産ブランド「阿波牛」などを取り扱っている。とくに出荷月齢26カ月以上と長期肥育される交雑牛「阿波黒牛」の市場評価は高い。同社はこれまでに早期からの取組みにより、衛生管理認証（HACCP）認証の取得や、ハラール認証などを取得し多様化する市場ニーズへの対応を図ってきた。

HACCP、HALAL、JGAP の認証取得

「阿波黒牛」は、黒毛和牛の中でも厳選された血統の交雑種の子牛をさらに厳選し、永年の肉用牛ノウハウに基づいた独自の配合飼料と長期肥育によって、和牛により近い肉質に仕上げている。

同社では「うまみ成分を重視しており、味は一般の交雑牛に比べ、オレイン酸やグルタミン酸が驚くほど高い数値が出ている。それだけ手間ひまかけて黒毛和牛により近い味に仕上げているが、価格面では一般的な交雑牛と同じ市場価格並「値ごろ感を訴求しやすい商品」と高い自信を誇る。

また、同社は2015年、併設すると徳島市立食肉センターとともに、イスラム教の戒律に沿った牛肉処理施設として認証機関からハラール認証を受けており、徳島県内では初のハラール認証食肉処理加工施設となった。さらに、同じく徳島市立食肉センターとともに衛生管理認証（HACCP）の認証を取得。フジミツハセガワは食肉加工工程、徳島市立食肉センターはと畜処理工程での認証区分。

新たな取り組みとしては2019年8月、安全・安心な農場づくりを目ざし、長谷川グループ牧場がJGAP認証を取得。もともとは東京オリンピック・パラリンピックへの食材供給条件を意識して取り組み始めたものだが国内最大手小売業や大手食肉メーカーなどの納入条件として求められたり、海外輸出も手掛ける同社にとっては、中長期的に判断としても

徳島が生んだ「安心・安全・美味しい」牛肉

「世界基準の要件を満たす農場」は必要不可欠な案件だった。

さらにレベルアップのための取り組みは続く。2019年、AIを活用して牛の行動をデーター管理するモニタリングシステム「U-motion®」を導入。同システムは、牛にセンサーがついた首輪を装着し、採食、飲水、起立、横臥、歩行、反すうなどの行動データを24時間連続で収集し、健康状態などをリアルタイムで検知。起立困難などの異変が起こればスマートフォンやタブレットなどに通知が送られてくるというものだ。毎日の牛の行動データを蓄積し異変を予測。疾病など体調の悪い牛の早期治療が可能になるため、目視で明らかに異常な状態を発見してから治療する場合に比べより早く治療ができ、重量の減少といったロスを最小限に防ぐことが可能になる。このシステムを導入することによって牛の活動状況をリアルタイムでモニタリングすることができ、事故率を低減させるなど1頭1頭のキメ細かな飼養管理に結びつく。

また、フジミツハセガワでもリアルタイムにデータを共有できるため、子牛が牧場に来てから出荷するまでの間、1頭1頭の牛がどの牛舎で飼養されているか、牛の治療歴など、さまざまなデーターを牧場とフジミツハセガワで共有することが可能になる。

同社の主な販路は、食肉メーカー、食肉卸売業、量販店など。また、海外輸出にも意欲的で東南アジアにはハラールビーフなどを輸出。国内ムスリムや訪日外国人観光客向けにも販売しているハラールビーフについては、今後、あらゆる国ぐにへの供給を目ざす。

【銘柄別索引】

キタウシリ	北海道	12	蔵王牛	宮城県	58
北里八雲牛	北海道	13	蔵王和牛	山形県	67
北信州美雪和牛	長野県	109	佐賀牛	佐賀県	166
北の逸品 八雲黒毛和牛	北海道	13	佐賀産和牛	佐賀県	167
北の情熱 八雲牛	北海道	14	さがみ牛	神奈川県	102
北見和牛	北海道	14	佐賀和牛	佐賀県	167
九州産開拓牛	九州	194	さくら和牛	栃木県	78
九州産開拓牛（交雑種）	九州	194	薩州牛	鹿児島県	180
京丹波平井牛	京都府	131	薩摩黒牛	鹿児島県	181
京都肉	京都府	132	薩摩錦牛	鹿児島県	181
京の肉	京都府	132	さつまビーフ	鹿児島県	182
霧峰牛	宮崎県	176	薩摩和牛	鹿児島県	182
キロサ牧場 富士山麓牛	山梨県	106	佐藤さんちの神居牛	北海道	16
銀山和牛	島根県	150	讃岐牛	香川県	161
釧路アップルビーフ	北海道	15	サロマ黒牛	北海道	17
熊野牛	和歌山県	142	サロマ和牛	北海道	17
くまもとあか牛	熊本県	171	三田牛／三田肉	兵庫県	137
くまもとあか牛 阿蘇王	熊本県	171	三田和牛	兵庫県	137
くまもと黒毛和牛	熊本県	172	三戸・田子牛	青森県	40
くまもと黒毛和牛			三陸金華和牛	宮城県	59
プレミアム「和王」	熊本県	172	しあわせ絆牛	千葉県	92
くまもとの味彩牛	熊本県	173	しあわせ満天牛	千葉県	93
食通の静岡牛	静岡県	120	潮凪牛	島根県	150
食通の静岡牛 葵	静岡県	120	志方牛（志方肉、志方ビーフ）	兵庫県	138
紅の牛	栃木県	77	茂野ウコン牛	北海道	18
黒毛和牛日高見	宮城県	57	市場発 横浜牛	神奈川県	102
黒潮牛	愛知県	126	静岡和牛	静岡県	121
黒田庄和牛	兵庫県	135	紫峰牛	茨城県	72
黒樺牛	九州	195	しほろ牛	北海道	18
群馬牛	群馬県	86	しほろ牛クロス	北海道	19
玄米育ち 岩手めんこい黒牛	岩手県	51	しほろ牛若丸	北海道	19
玄米育ち 岩手めんこい姫牛	岩手県	51	士幌黒牛	北海道	20
甲州牛	山梨県	107	しまね和牛肉	島根県	151
甲州産和牛	山梨県	107	四万十牛	高知県	162
甲州麦芽ビーフ	山梨県	108	下野牛	栃木県	78
甲州ワインビーフ	山梨県	108	しゃくなげ和牛	福島県	69
神戸髙見牛	兵庫県	135	熟豊和牛	島根県	151
神戸ビーフ（神戸肉、神戸牛）	兵庫県	136	上州牛	群馬県	87
神戸ワインビーフ	兵庫県	136	上州新田牛	群馬県	87
黒宝牛	鹿児島県	180	上州和牛	群馬県	88
小倉牛	福岡県	164	湘南和牛	神奈川県	103
五穀和牛／五穀牛	群馬県	86	白老牛	北海道	20
こだわりの美深牛	北海道	15	白糠牛	北海道	21
こめこめう米牛	宮城県	58	知床牛	北海道	21
根釧牛	北海道	16	信州白樺若牛	長野県	109
㋖ 彩さい和牛／彩さい牛	埼玉県	89	信州肉牛	長野県	110
埼玉武州和牛	埼玉県	90	信州プレミアム牛肉	長野県	110
彩の夢味牛	埼玉県	90	信州和牛出荷組合	長野県	111

名称	産地	頁
新生漢方牛	宮城県	59
皇牛	山口県	158
世羅みのり牛	広島県	155
仙台牛	宮城県	60
仙台黒毛和牛	宮城県	60
せんば牛	千葉県	93
せんば和牛	千葉県	94
相州牛	神奈川県	103
相州和牛	神奈川県	104
宗谷黒牛	北海道	22
宗谷岬和牛	北海道	22
曽於さくら牛	鹿児島県	183
た 大国牛	島根県	152
大黒千牛／大黒千牛トニワン	全国	190
大雪高原牛	北海道	23
大地の物語	栃木県	79
太陽サンサン牛	岩手県	52
但馬牛（但馬ビーフ）	兵庫県	138
但馬の絆、宝千	全国	190
伊達の赤	宮城県	61
伊達の忍	宮城県	61
田原牛	愛知県	126
短角和牛	岩手県	52
たんち牛	宮城県	62
丹波篠山牛	兵庫県	139
ちがさき牛	神奈川県	104
筑穂牛	福岡県	164
知多牛（響）	愛知県	127
知多和牛（誉）	愛知県	127
千葉県旭市産 コウゴ牧場牛	千葉県	94
チバザビーフ	千葉県	95
千葉しあわせ牛	千葉県	95
千葉しおさい牛	千葉県	96
千葉若潮牛	千葉県	96
千屋牛	岡山県	154
つくば牛	茨城県	73
つくば山麓飯村牛	茨城県	73
筑波和牛	茨城県	74
紬牛	茨城県	74
つるい牛	北海道	23
東京黒毛和牛	東京都	101
東伯牛	鳥取県	143
東伯和牛	鳥取県	143
東北ビーフ	岩手県	53
とうや湖和牛	北海道	24
十勝あおぞら牛	北海道	24
とかち鹿追牛	北海道	25
十勝四季彩牛	北海道	25
十勝ナイタイ和牛	北海道	26
十勝ハーブ牛	北海道	26
とかちポロシリ黒牛	北海道	27
とかちポロシリ和牛	北海道	27
十勝和牛	北海道	28
特選和牛 静岡そだち	静岡県	121
土佐和牛	高知県	163
とちおとめ牛	栃木県	79
とちぎ霧降高原牛	栃木県	80
とちぎ高原和牛	栃木県	80
栃木ハーブ牛	栃木県	81
とちぎ和牛	栃木県	81
鳥取 F1 牛	鳥取県	144
鳥取牛	鳥取県	144
鳥取米そだち牛	鳥取県	145
鳥取和牛	鳥取県	145
鳥取和牛オレイン 55	鳥取県	146
とやま牛	富山県	115
とやま和牛	富山県	115
な ナイスビーフ	千葉県	97
長崎ほまれ牛	長崎県	169
長崎和牛	長崎県	169
なかなかびーふ	全国	191
なかやま牛	広島県	156
なぎビーフ	岡山県	155
那須高原牛	栃木県	82
那須ハーブ牛	栃木県	82
那須和牛	栃木県	83
七牛	岩手県	53
ＮＡＭＩＫＩ和牛		
ＮＡＭＩＫＩ牛		
ＮＡＭＩＫＩビーフ	青森県	41
南州黒牛	鹿児島県	183
にいがた和牛	新潟県	114
にいがた和牛 村上牛	新潟県	114
日光高原牛	栃木県	83
のざき牛	鹿児島県	184
能登牛	石川県	116
は ハーブ和牛	全国	191
博多和牛	福岡県	165
はこだて大沼牛	北海道	28
はこだて大沼黒牛	北海道	29
はこだて和牛	北海道	29
八甲田牛	青森県	41
花園牛	茨城県	75
華鶴和牛	鹿児島県	184
樺姫牛	全国	192
花巻黄金和牛	岩手県	54

浜中牛	北海道	30	松阪牛	三重県	130
浜中黒牛	北海道	30	松島和牛	宮城県	62
早池峰ビーフ	岩手県	54	まつなが牛	島根県	152
早池峰和牛	岩手県	55	まつなが和牛	島根県	153
葉山牛	神奈川県	105	万葉牛	鳥取県	146
磐梯牛	福島県	70	みかも牛	栃木県	84
磐梯和牛	福島県	70	みかわ牛	愛知県	128
美夢牛	北海道	31	みさき牛	愛知県	129
びえい牛	北海道	31	瑞穂牛	茨城県	76
びえい黒牛	北海道	32	美歎牛	鳥取県	147
びえい和牛	北海道	32	みちのく奥羽牛	全国	193
東通牛	青森県	42	みちのく日高見牛	宮城県	63
東藻琴牛	北海道	33	みちのく和牛	青森県・岩手県	42
美笑牛	千葉県	97	みついし牛	北海道	37
飛騨牛	岐阜県	117	みっかび牛（黒毛和種）	静岡県	123
常陸牛	茨城県	75	みっかび牛（交雑種）	静岡県	124
美味旨牛	全国	192	みつば牛	宮崎県	176
姫路和牛	兵庫県	139	南さつま和牛	鹿児島県	185
ひらい牧場伊豆牛	静岡県	122	宮崎牛	宮崎県	177
びらとり和牛	北海道	33	みやざきハーブ牛	宮崎県	177
広島牛	広島県	156	みやざわ和牛	千葉県	99
ひろしま牛	広島県	157	宮路牛	鹿児島県	185
広島血統和牛元就	広島県	157	みらい牛	北海道	37
ファゼンダ牛	大分県	174	みらい黒牛	北海道	38
深谷牛	埼玉県	91	むかわ和牛	北海道	38
福岡牛	福岡県	165	むなかた牛	福岡県	166
福島牛	福島県	71	村沢牛	長野県	111
富士朝霧牛	静岡県	122	名人和牛	全国	193
藤彩牛	九州	195	も〜も〜中山牛	鹿児島県	186
ふじやま和牛	静岡県	123	もとぶ牛	沖縄県	189
ふらの大地和牛	北海道	34	八重山郷里牛	沖縄県	189
ふらの和牛	北海道	34	八千代牛	千葉県	99
プレミアム黒樺牛	熊本県、鹿児島県、宮崎県、大分県	196	八千代黒牛	千葉県	100
PREMIUM 姫路和牛	兵庫県	140	山形牛	山形県	67
豊後湯布院牛	大分県	175	山口県特産　無角和牛肉	山口県	158
ベゴどろぼう	秋田県	66	大和牛	奈良県	142
鳳来牛	愛知県	128	やまゆり牛	神奈川県	105
北総花牛	千葉県	98	雪降り和牛 尾花沢	山形県	68
北総和牛	千葉県	98	湯村温泉但馬ビーフ	兵庫県	141
北海黄金和牛	北海道	35	与一和牛	栃木県	85
北海道和牛	北海道	35	横濱ビーフ	神奈川県	106
北海和牛	北海道	36	米沢牛	山形県	68
本場　経産但馬牛	兵庫県	140	流氷牛	北海道	39
本場但馬牛	兵庫県	141	りんごで育った信州牛	長野県	112
前沢牛	岩手県	55	りんご和牛 信州牛	長野県	112
前日光和牛	栃木県	84	Ｒｏｓｅ　Ｂｅｅｆ	鹿児島県	186
馬追和牛	北海道	36	和一	徳島県	160
増田和牛	群馬県	88	若狭牛	福井県	116

広告索引

銘柄牛肉ハンドブック2021

2021年3月発行

発行者　株式会社 食肉通信社

〒550-0005　大阪市西区西本町3-1-48
TEL （06）6538-5505
FAX （06）6538-5510

本体価格　1,000円（税　別）

ＵＲＬ　https:www.shokuniku.co.jp　　ISBN 978-4-87988-148-9

～スターゼングループは、「生産者の皆様とともに」安心・安全な牛肉をお届け致します～

指宿牛／さつまビーフ（鹿児島県産黒毛和種）
【水迫畜産グループ】

〒891-0304　鹿児島県指宿市東方 10808-10

 〈商標登録
第 5904706 号〉

 〈商標登録
第 5291175 号〉

	県産地	畜種	生産者	銘柄
サロマ黒牛	北海道	交雑種	トップファームグループ	サロマ黒牛
北海道 士幌黒牛	北海道	交雑種	ポテもーふぁーむ㈱	士幌黒牛
北海道 浜中黒牛	北海道	交雑種	北海道はまなか肉牛牧場㈱	浜中黒牛
十勝あおぞら牛	北海道	乳用種	十勝あおぞら牛出荷協同組合	十勝あおぞら牛
	青森県	黒毛和種	三戸畜産農業協同組合	三戸・田子牛
	青森県	黒毛和種	あおもり牛販売促進協議会	あおもり牛
	青森県	交雑種	あおもり牛販売促進協議会	あおもり牛
	青森県	乳用種	あおもり牛販売促進協議会	あおもり牛
	岩手県	交雑種	新岩手農業協同組合 奥中山肥育牛生産部会	奥中山高原牛
仙台牛	宮城県	黒毛和種	仙台牛銘柄推進協議会	仙台牛
宮崎牛	宮崎県	黒毛和種	より良き宮崎牛づくり対策協議会	宮崎牛
ハーブ あやざきハーブ牛	宮崎県	交雑種	宮崎県乳用牛肥育事業農業協同組合	宮崎ハーブ牛
	宮崎県	交雑種	あやめグループ	あやめ牛
華鶴和牛	鹿児島県	黒毛和種	JA鹿児島いずみ 銘柄牛推進協議会	華鶴和牛
薩州牛	鹿児島県	交雑種	薩州牛銘柄協議会	薩州牛
みつば牛	宮崎県	交雑種	㈱宮崎三ツ葉畜産	みつば牛

スターゼン株式会社
〒108-0075　東京都港区港南 2-5-7
https://www.starzen.co.jp

良い牛肉は、
良い餌から。

名人
和牛 究極の餌で育てた
「名人和牛」

「名人会」運営協議会 http://meijin-wagyu.jp

川口市場発ブランド「ほほえみ牛」を提供しています。
特許庁より（登録50942719）認可

川口食肉市場より指定農家が自信をもって、お届けする安心と信頼のある
美味しいブランド牛

農林水産省指定市場、川口食肉地方卸売市場

 川口食肉荷受株式会社

代表取締役社長　石 井 一 雄

〒332-0004 埼玉県川口市領家 4 － 7 － 1 8
電　話 （048） 223－3121 ㈹
ＦＡＸ （048） 224－2917

安全・安心で良質な食肉の提供

 京都食肉市場株式会社

代表取締役　駒 井 栄 太 郎

〒601-8361　京都市南区吉祥院石原東之口 2
電　話 (075) 681 - 8781 (代表)　ＦＡＸ (075) 681 - 2417

西宮市食肉地方卸売市場卸売業者

西宮畜産荷受株式会社

代表取締役　中筋　裕輝

〒662-0934　兵庫県西宮市西宮浜2-32-1
TEL 0798（23）2911　　FAX 0798（34）0880

和牛マスター食肉センター
（姫路市食肉地方卸売市場）　卸売業者

姫路畜産荷受株式会社

代表取締役　池田　政隆
外役員一同

〒670-0821　姫路市東郷町1451-5
電話（079）224-6044　　FAX（079）224-8876

横浜食肉市場株式会社

代表取締役 山 口 義 行
外 役 職 員 一 同

〒230-0053 横浜市鶴見区大黒町 3-53
電 話 （045）521 - 1171
ＦＡＸ（045）504 - 5182

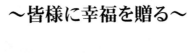

常陸牛

ひたちぎゅう

豊かな大地に
恵まれた銘柄牛 常陸牛

茨城県常陸牛振興協会
http://ibaraki.lin.gr.jp/hitachigyuu.html

（有）うしの中山

Ushinon
Nakayama

Since 1970

『牛を飼うことが何よりも好き』
そしてその牛の能力を最大限に引き出すことによって
『美味しい肉』を作ることができると考えています。

素牛が牧場に来て二十ヵ月間命を全うするまで、『良い牛を育てることが使命である』と従業員に伝えています。

大変な仕事でも手間を惜しまない。手間をかける、餌を寄せる、寄せた餌に手を通す。一つでも多くの思い、牛への思いが重要です。

うしの中山 公式WEB URL
http://www.nakayama-kimotsuki.com
TEL 099-462-4510

 お肉に関してのご連絡はこちらまで
担当 荒木　080-6420-4323